Ralf Tide

SolidWorks 2011 für Experten

Strategien für stabile und performante Modelle

Ralf Tide

SolidWorks 2011 für Experten

Strategien für stabile und performante Modelle

HANSER

Der Autor
Dipl.-Ing. Ralf Tide ist seit mehr als 12 Jahren Anwender von SolidWorks. Seit 2004 gehört er zu den ehrenamtlichen Moderatoren des SolidWorks-Forums auf CAD.DE.

Alle in diesem Buch enthaltenen Informationen wurden nach bestem Wissen zusammengestellt und mit Sorgfalt getestet. Dennoch sind Fehler nicht ganz auszuschließen. Aus diesem Grund sind die im vorliegenden Buch enthaltenen Informationen mit keiner Verpflichtung oder Garantie irgendeiner Art verbunden. Autor und Verlag übernehmen infolgedessen keine Verantwortung und werden keine daraus folgende oder sonstige Haftung übernehmen, die auf irgendeine Weise aus der Benutzung dieser Informationen – oder Teilen davon – entsteht, auch nicht für die Verletzung von Patentrechten, die daraus resultieren können.

Ebenso wenig übernehmen Autor und Verlag die Gewähr dafür, dass die beschriebenen Verfahren usw. frei von Schutzrechten Dritter sind. Die Wiedergabe von Gebrauchsnamen, Handelsnamen, Warenbezeichnungen usw. in diesem Werk berechtigt also auch ohne besondere Kennzeichnung nicht zu der Annahme, dass solche Namen im Sinne der Warenzeichen- und Markenschutz- Gesetzgebung als frei zu betrachten wären und daher von jedermann benützt werden dürften.

Bibliografische Information Der Deutschen Nationalbibliothek:
Die Deutsche Nationalbibliothek verzeichnet diese Publikation in der Deutschen Nationalbibliografie; detaillierte bibliografische Daten sind im Internet unter http://dnb.d-nb.de abrufbar.

Gesamtlektorat: Sieglinde Schärl
Sprachlektorat: Sandra Gottmann, Münster-Nienberge
Herstellung: Stefanie König
Umschlagkonzept: Marc Müller-Bremer, www.rebranding.de, München
Umschlagrealisation: Stephan Rönigk
Datenbelichtung: Kösel, Krugzell
Printed in Germany

ISBN 978-3-446-41857-8
www.hanser.de

Inhalt

Vorwort

Man sollte glauben, dass Philosophie in einem technischen Buch fehl am Platze ist. Selten zeigt sich jedoch, dass man in Betriebsblindheit das eine oder andere Feature noch nicht ausprobiert hat, vielleicht aber auch den Zugang zu den anderen Anwendern mit gleichen Problemen noch nicht gefunden hat.

An einer Stelle also, wo man glaubt, mit den bisher gelernten Techniken nicht weiterkommen zu können, befragt man gerne Spezialisten. Spezialisten, die einem meistens auch nicht weiterhelfen können, die auch feststellen, dass man in seinem Fachgebiet schon fast alle Sackgassen ausprobiert hat und Holzwege durch komfortable Straßen ersetzen konnte. Hier setzt dann die Philosophie ein.

Wie sind wir zu diesem Punkt gekommen? Angefangen hat alles mit schwierigen Dingen wie der Auswahl eines CAD-Systems, der absolvierten Grundschulung, dem ersten eigenen Teil nach der Grundschulung, der ersten eigenen Baugruppe und zwischendurch der ersten Zeichnung (bewusst zwischendurch, weil die Zeichnung ja von ganz alleine entsteht ...) bis hin zum ersten abgeschlossenen Projekt mit dem neuen CAD-System. Auch das nächste Projekt läuft noch ganz gut, obwohl die Anforderungen steigen, der Projektleiter erkennt, wie die Vorteile des neuen CAD-Systems genutzt werden können, und der Vertrieb sich freut, dass er schon Bilder vom neuen Produkt bekommen kann, bevor auch nur ein einziges Musterteil erstellt wurde. Natürlich müssen bei diesem zweiten Projekt mindestens genau so viele Details ausgearbeitet werden wie im ersten Projekt. Aber wir können ja auch Daten vom ersten Projekt übernehmen ...

Wer hat unter diesen Umständen nicht bemerkt, dass auf einmal die Bearbeitungszeit länger geworden ist? Nein, nicht nur der subjektive Eindruck, dass es länger dauert, auch tatsächlich messbare Zeiten zeigen, dass man länger wartet, bis eine Operation fertig ist. Der Detaillierungsgrad und die Anzahl der detaillierten Komponenten nehmen zu. Die Wartezeiten auch. Sicher – man sieht es an vielen Stellen mit der Stoppuhr – die Software entwickelt sich weiter. Beim täglichen Arbeiten ist das aber wenig zu spüren. Es bleibt immer die Frage: Hat man wirklich alles getan, um schnell fertig zu werden? Zeit ist Geld ...

Natürlich kann man gar nicht alles berücksichtigen, was zu einem performanten, stabilen Modell, zu einer performanten, stabilen Baugruppe gehört. Manche Dinge widersprechen sich. Man muss den besten Kompromiss für sich und seine Teile, Baugruppen und Zeichnungen finden. Hier sind wir schon wieder bei der Philosophie.

CAD-Richtlinien könnte man auch als (Firmen-)Philosophie auffassen. Solche Standards können sehr zur Gesamtleistung (Performance) beitragen. Wenn alle sich auf einen Standard einigen können, ist es kein Problem, zusammen zu arbeiten, kann ein anderer das Projekt übernehmen, Aufgaben erledigen, während die anderen Mitarbeitenden wechselweise in Urlaub gehen dürfen ...

Wichtig ist beim Festlegen der Standards, dass man flexibel bleibt. Die Möglichkeiten erweitern sich ständig. Auch kann man nicht immer absehen, welche neue Software-Funktion arbeitserleichternd wirkt. Manche ergeben sich erst im Zusammenspiel mit anderen Funktionen oder Programmen. Eine Anpassung der Arbeitsgewohnheiten (Workflow) kann auch Einsparungen in anderen Bereichen bringen.
Die Möglichkeiten zu kennen ist also Grundlage. An die Informationen zu kommen, ist schwieriger. Die Beschaffung von Informationen ist mittlerweile sehr leicht geworden. Aber leider ist die Menge der unwichtigen Informationen viel schneller gestiegen als die der wichtigen ...

Dieses Buch befasst sich daher speziell mit den Möglichkeiten, die SolidWorks zurzeit bietet. Aber auch altbekannte, bewährte Techniken werden hier noch mal dargestellt. Das Buch soll Ihnen – Anfänger, Fortgeschrittener oder Experte – als Nachschlagewerk für andere Ansätze und Lösungsmöglichkeiten dienen, Alternativen zu vielleicht schon eingefahrenen Wegen bieten.

Viel Spaß beim Lesen!

Ralf Tide

Pohlheim, im September 2010

Über dieses Buch

Bücher zum Thema SolidWorks gibt es schon in größerer Menge. Nicht nur der Hanser Verlag bietet mehrere Titel an, auch der Software-Hersteller SolidWorks bietet sehr gute Bücher für den Bereich der Ausbildung. Die Bücher des Herstellers sind als Begleitung bei den von den Resellern durchgeführten Trainings gedacht. Das Selbststudium mit diesen Unterlagen ist relativ schwer.

Dieses Buch ist anders: Ziel ist nicht die Ausbildung. Es wird zwar weitergebildet, aber im Wesentlichen soll das Buch Anregung zum weiteren Selbststudium geben. Die Themen Leistung, Systematik und Stabilität sind hier etwas genauer betrachtet als in den Schulungen. In den Schulungen geht es im Wesentlichen darum, die Funktionalität kennenzulernen. Die Erfahrung im Umgang mit dem Gelernten macht man meist erst in der eigenen Firma.

Der Titel SolidWorks 2011 für Experten kann vielleicht als Provokation aufgefasst werden, soll aber nicht als solche verstanden werden. Ich konnte mir dadurch etwas die Arbeit erleichtern. Es werden häufig nur wenige einführende Worte zu Befehlen gegeben statt einer vollständigen Beschreibung, wie z.B. in der SolidWorks-Hilfe. Das ist meine Erwartung an einen Experten: Ein Experte bewegt sich **in seinem Fachgebiet** mit hoher Sicherheit. Er kann sich in fremde Sachgebiete mit Anleitung schnell einfinden, erkennt Strukturen und Zusammenhänge. Er besitzt die Fähigkeit zu abstrahieren und die Kreativität, die vorgestellten Techniken für eigene Anwendungen zu kombinieren oder zu erweitern.

In vielen Fällen sind die Dateien zu den vorgestellten Techniken zum Download verfügbar. Auf der Webseite **http://downloads.hanser.de** kann man unter Angabe der ISBN die Daten zu den einzelnen Kapiteln herunterladen. Wie im Text zu lesen, sind die Daten in den verschiedensten SolidWorks-Versionen erstellt. Da SolidWorks nicht abwärtskompatibel ist, kann es vorkommen, dass Daten nicht eingelesen werden können. Wenn im Fenster der Fehlermeldung ein Teil des Textes

unter ***zukünftige Version*** zu lesen ist, verwenden Sie eine SolidWorks-Version, die älter ist als die Dateiversion, die von mir zur Verfügung gestellt wurde. Die neueste Dateiversion der bereitgestellten Daten ist in allen Fällen die SolidWorks-Version 2010.

Die offizielle SolidWorks-Version 2011 war zum Zeitpunkt des Redaktionsschlusses erst wenige Tage verfügbar. Aus diesem Grund sind auch nur wenige Informationen über die neue Version im Buch vorhanden. Für die Vergleichstests (Kapitel 2 und Kapitel 4) konnte das Final Release (SP0 DVD Version) verwendet werden. Falls Sie, als geneigte Leser, eine defekte Datei oder andere Fehler feststellen, bitte ich um entsprechende Benachrichtigung (buch2011@tidecad.de), damit dies behoben werden kann - vielen Dank.

Wer über diese Änderungen per Email informiert werden möchte, schickt bitte an die gleiche Email Adresse (buch2011@tidecad.de) eine Nachricht mit dem Betreff INFO JA. Der Betreff INFO NEIN löscht die Email Adresse aus dem Verteiler.

Danksagung

Natürlich müssen an dieser Stelle viele, viele Menschen erwähnt werden.

Die Liste der Helfer scheint endlos. Angefangen beim Verlag, Sieglinde Schärl, Stefanie König, geht es weiter mit meinen Freunden und Korrekturlesern Stefan Giehl und Dietmar Notz, bis zur Beratung von Michael Jonischkeit, der Unterstützung mit Hardware durch AMD/ATI von Matthias Willecke, und schließlich sind da die vielen Freunde, Bekannte, cad.de-Nutzer, Moderatoren und nicht zuletzt meine Familie, insbesondere meine Frau, die mich immer wieder zum Weitermachen motivierte – danke!

1 Erweiterte Entwurfsplanung

Eine Art Einleitung oder: Warum werden komplexe Baugruppen geplant?

Wer eine SolidWorks-Grundschulung besucht oder einmal das Buch der SolidWorks-Grundschulung gelesen hat, dem ist vielleicht der Begriff Entwurfsplan geläufig. Man macht sich Gedanken, wie das Teil modelliert werden soll, untersucht z.B. Symmetrie, Ausrichtung zum Koordinatensystem, legt die Strategie der Modellierung fest.

> Für den eiligen Leser: Im Vorwort wurde kurz die Geschichte der CAD-Auswahl und der ersten Modelle skizziert. Zu Anfang ist die Bottom-up-Methode besser geeignet. Man kann sich auf das Erlernen der SolidWorks-Funktionen konzentrieren.

Mit erweiterter Entwurfsplanung sind Strategien gemeint, die einen Ansatz für den Aufbau von (komplexen) Baugruppen, aber auch das Modellieren komplexer Einzelteile bieten.

Wenn die Baugruppen komplexer werden und die Anzahl der gemeinsam am Projekt arbeitenden Personen steigt, muss eine Aufgabenteilung stattfinden. Gleichzeitig müssen alle relevanten Informationen an der entsprechenden Stelle zur Verfügung stehen. Die systematische Planung von Baugruppen bietet hierzu im Entwurfsprozess eine ganze Reihe von Vorteilen. Mit Konsequenz durchgeführt lässt sich die Konstruktionsabsicht bis in die kleinste Unterbaugruppe abbilden.

Auf einfacher Basis aufgebaut (beim ersten Projekt in dieser Gestalt sind ein paar einfache Skizzen zu empfehlen) wird die Steuerung der Baugruppen von einem Einzelteil (manchmal auch Baugruppen) gestartet. Die wesentlichen Abmessungen, die Struktur- und Stoffübergänge werden hier definiert (Schnittstellen). Diese Definition ermöglicht eine einfache Verteilung der relevanten Informationen in die Unterbaugruppen und Einzelteile. In jedem Projekt legt man dadurch die führende Informationsquelle fest, alle anderen werden davon gesteuert. In dieser führenden Informationsquelle ist ebenfalls die Hierarchie der Baugruppen festgelegt, die Zuordnung der Aufgabenverteilung im Projekt könnte auch geleistet werden. Änderungen der Konstruktionsabsicht werden nur an dieser Quelle vorgenommen, die dadurch automatisch verteilt wird.

Zusammengefasst: Das Verteilen der Konstruktionsabsicht lässt paralleles Arbeiten zu, da alle Baugruppen auf dieselbe zentrale Informationsquelle zugreifen. Dadurch kann die Projektlaufzeit verkürzt werden. Durch Verwenden derselben Informationsquelle können zum Beispiel Kollisionen alleine mit den benachbarten Baugruppen getestet werden. Die übergeordnete Baugruppe (in der die zu testenden Baugruppen alle eingebaut sind) muss dazu nicht geladen werden. Das verkürzt die Ladezeiten zur Prüfung. Die Prüfungen selbst sowie Bearbeitungen und Speichervorgänge sind mit kleineren Datenmengen schneller durchgeführt. Auch die Systemressourcen werden weniger beansprucht. Die Verwendung der zentralen Informationsquelle führt auch zu mehr Sicherheit, da ein Nachführen der Information an verteilten Informationsquellen nicht erforderlich ist.

Der Anfang der Planung: Wie sehen Baugruppen aus?

Die von der Struktur her einfachere Variante für Baugruppen ist die klassische **Bottom-up-Baugruppenmodellierung**:

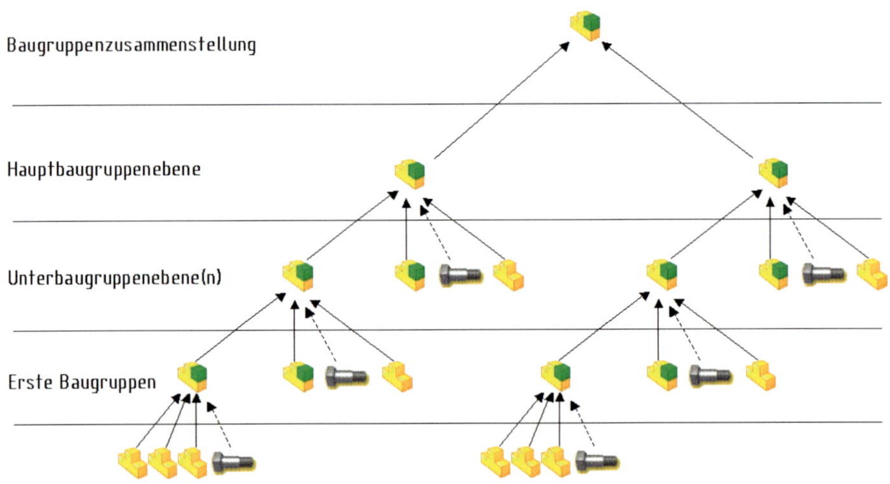

Abb. 1-1 Bottom-up-Baugruppenmodellierung

Diese Methode ist für Einsteiger bestens geeignet, um sich mit SolidWorks als CAD-System vertraut zu machen. Vorgehensweise: Zunächst werden die Einzelteile modelliert und diese in erste Baugruppen eingefügt. In der nächsten (Unter-) Baugruppenebene werden Baugruppen und Einzelteile gemischt eingefügt. Die Hauptbaugruppen bilden die Hauptfunktionen der Zusammenstellung ab. In der Zusammenstellung werden (in aller Regel) nur noch Baugruppen eingefügt (die Pfeilrichtung bildet die Entstehung der Daten ab). Wesentliches Merkmal dieser Methode: Jedes Einzelteil ist ohne Bezug zu Baugruppendateien *lebensfähig*. Dies ist in vielen Fällen wünschenswert, besonders dann, wenn diese Einzelteile (oder Baugruppen) mehrfach, auch in anderen Baugruppen, Verwendung finden.

Der Nachteil dieser Methode ist bei konstruktiven Änderungen zu sehen: Jedes betroffene Teil, jede betroffene Baugruppe muss von Hand geändert werden. Generell bildet dieses Verfahren den Entwicklungs- und Konstruktionsprozess nur sehr schlecht ab. Theoretisch müsste man bei diesem Verfahren zu Beginn der Entwicklung/Konstruktion wissen, wie die Einzelteile und die Baugruppenstruktur aussehen.

Eine **Top-down-Baugruppenmodellierung** ist dem Konstruktionsprozess deutlich näher. Man startet prinzipiell in der Zusammenstellung, erzeugt darin die Hauptbaugruppen. In den Hauptbaugruppen entstehen die Unterbaugruppen und erste Einzelteile. Wenn man mit der Bottom-up-Methode vergleicht, zeigen nur die Pfeile in die entgegengesetzte Richtung. In realen Baugruppen gibt es natürlich keine Top-down-Modellierung in Reinform. Norm- und Kaufteile (ebenso Fertigungsteile/Fertigungsbaugruppen aus schon erstellten Baugruppen werden wieder verwendet) werden nach Bottom-up-Methode hinzugefügt.

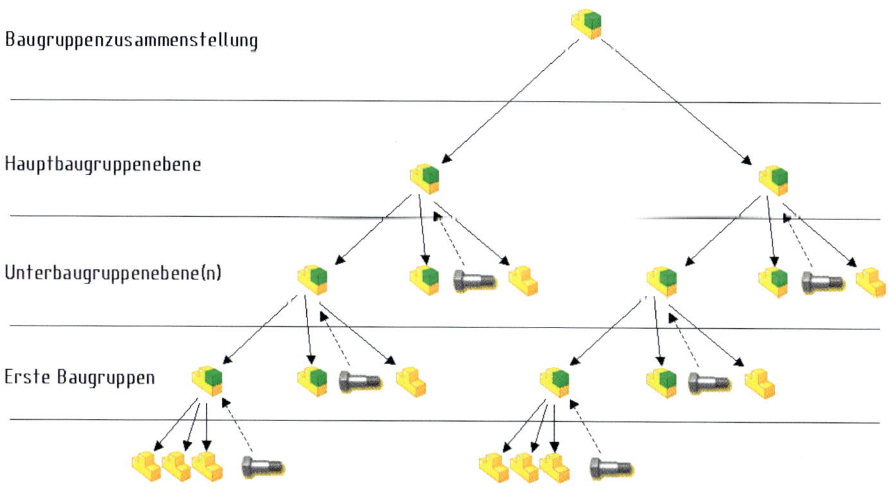

Abb. 1-2 Top-down-Baugruppenmodellierung

Ganz so einfach ist das aber nicht. Die Entstehung von Daten in der Top-down-Methode basiert auf In-Kontext-Bezügen. Zwar zeigt das Diagramm eine nahezu gleiche Darstellung, die Pfeile deuten aber entgegengesetzt der Montagereihenfolge. Im Gegensatz zur Bottom-up-Methode sind hier die Einzelteile von den Baugruppen und anderen Einzelteilen abhängig. Auch hier zeigen die schwarzen Pfeile die zeitliche Entstehung der Daten.

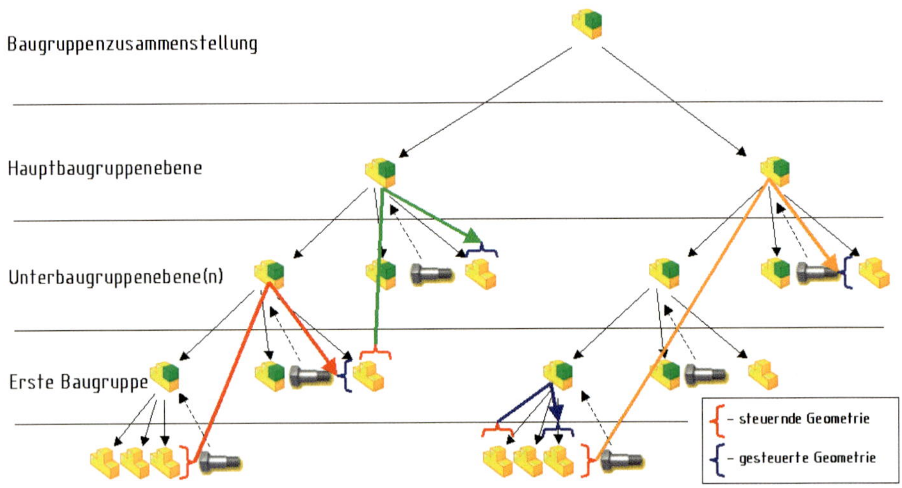

Abb. 1-3 In-Kontext-Referenzen in der Top-down-Baugruppenmodellierung

Der wesentliche Vorteil besteht darin, dass Änderungen (an der richtigen Stelle!) durchgängig durch alle Einzelteile und Baugruppen gehen können. Im Beispieldiagramm ist die Steuerung innerhalb einer Baugruppe (blaue Pfeile) bzw. auch über mehrere Baugruppenebenen (rote, grüne und orange Pfeile) gezeigt. Dargestellt ist der einfache Kontext, d.h. steuernde/gesteuerte Geometrie ist durch jeweils eine Baugruppe dargestellt. Als mehrfacher Kontext bezeichnet man die Steuerung von Geometrie eines Einzelteils, das sich die Bezüge von anderen Einzelteilen/Baugruppen über verschiedene Baugruppen holt.

Man erahnt schon, dass eine genaue Kenntnis der Einzelteile und Baugruppen erforderlich ist, um diese zu ändern – oder eine gemeinsam festgelegte Strategie (z.B. in Form einer CAD-Richtlinie). Häufig wird auch in der CAD-Richtlinie festgelegt, zu welchem Zeitpunkt der Entwicklung/Konstruktion eine Auflösung der In-Kontext-Referenzen vorzunehmen ist. Dies geschieht zumeist aus logischen Gründen: Die Teile und Baugruppen sollen ohne weitere Einzelteile und Baugruppen lebensfähig sein. Dies ermöglicht die Mehrfachverwendung dieser Einzelteile und Baugruppen, ohne dass man auf die Konzeptteile und Konzeptbaugruppen referenziert.

Die im Folgenden vorgestellten Ansätze zur Baugruppenmodellierung verwenden Mischverfahren von Bottom-up und Top-down. Gerade wenn In-Kontext-Referenzen nicht gewünscht/zulässig sind (z.B. nach den Konstruktionsrichtlinien), gibt es vielleicht doch den ein oder anderen verwertbaren Ansatz.

Die Ansätze zum geplanten Modellieren von Baugruppen sind auch unter den Begriffen Skelett-, Layout-, Master- oder Bauraummodellierung bekannt. Generell sind diese Planungsmechanismen mit allen SolidWorks-Versionen möglich, auch sind diese Verfahren in anderen CAD-Systemen möglich. Im folgenden Kapitel werden auch Ansätze diskutiert, die teilweise erst mit Funktionen in neueren SolidWorks-Versionen möglich sind. Es gibt einen entsprechenden Hinweis.

Zunächst wird die Verwendung von einfachen Skizzen beim Modellieren von Teilen und Baugruppen an einfachen Beispielen erläutert. Komplexe Skizzen zum Aufbau komplexer Einzelteile, komplexe Skizzen in Baugruppen, Konzeptteile und Konzeptbaugruppen bilden den Abschluss des Kapitels.

Zur Begriffserläuterung:

- Konzeptteil (zur Abgrenzung des Begriffs Layout(-teil), da der Begriff auch für eine SolidWorks-Funktion verwendet wird):
  - Im Kontext einer Baugruppe als Referenzgeometrie für weitere Einzelteile und Baugruppen
  - Verwendung als Referenz in einer Baugruppenebene als Hülle
  - Teil in Teil als Referenzgeometrie zum Erzeugen weiterer Features
  - Abspalten zum Erzeugen von Einzelteilen einer Baugruppe aus einem Konzeptteil
- Konzeptbaugruppe:
  - Verwendung als Positionsreferenz für Unterbaugruppen in komplexen Baugruppen

Die Techniken können einzeln oder in Kombination verwendet werden. Unter Umständen kann eine Einschränkung der Methoden durch vorhandene weitere Software (PDM-System) erfolgen, wenn diese Software z.B. In-Kontext-Referenzen nicht verwalten kann.

Auch Techniken **ohne** In-Kontext-Referenzen werden behandelt:

- Konzeptskizze in der Baugruppe als Positionsskizze
- Konzeptteile zur Positionierung von Einzelteilen in Baugruppen
- Konzeptteile zur Positionierung von Einzelteilen und (Unter-)Baugruppen in mehreren (Unter-)Baugruppen
- Verwenden eines Bauraummodells

Die Verwendung solcher Techniken verlangt einiges an Disziplin von den Anwendern, da es keine steuernde/gesteuerte Geometrie gibt, sondern jedes Dokument für sich ohne externe Referenzen dargestellt wird. Änderungen, die mehrere Teile/Baugruppen betreffen, müssen einzeln, **ausschließlich von Hand** gepflegt werden.

Basis jeglicher Planung ist natürlich die Skizze. Kaum eine der auf den nächsten Seiten beschriebenen Skizzen wird für die Erstellung eines Features verwendet. Die Skizzen dienen im Wesentlichen zur strukturierten Ablage von Informationen. Der Grund liegt fast schon auf der Hand: die Stabilität. Mehr Stabilität als eine Skizze hat nur eine Ebene oder eine Achse (die dann aber nur auf Ebenen, Achsen und mögliche, zusätzliche Parameter zurückgehen).

1.1 Einfache und komplexe Skizzen

Um nicht mitten in komplexere Baugruppen einzusteigen, werden zunächst einfache Ansätze für strukturierte Vorgehensweise untersucht. In den nächsten Abschnitten ist es die Skizzenverwendung in Einzelteilen und Baugruppen. Die Skizzenverwendung in Einzelteilen wird in einem der nachfolgenden Kapitel noch detaillierter untersucht. Hier werden die Skizzen zur Positionierung für Features verwendet - zumeist für Bohrungen. Die Anwendung ist aber auch für andere Features möglich, dazu verwendet man ein skizzengesteuertes Featuremuster.

1.1.1 Lochbildskizze in Einzelteilen

Die einfachste Variante findet man bei Einzelteilen in Form einer Lochbildskizze. In einer Lochbildskizze werden die Positionen von Bohrungen aus einer Bearbeitungsrichtung festgelegt. Beispiel:

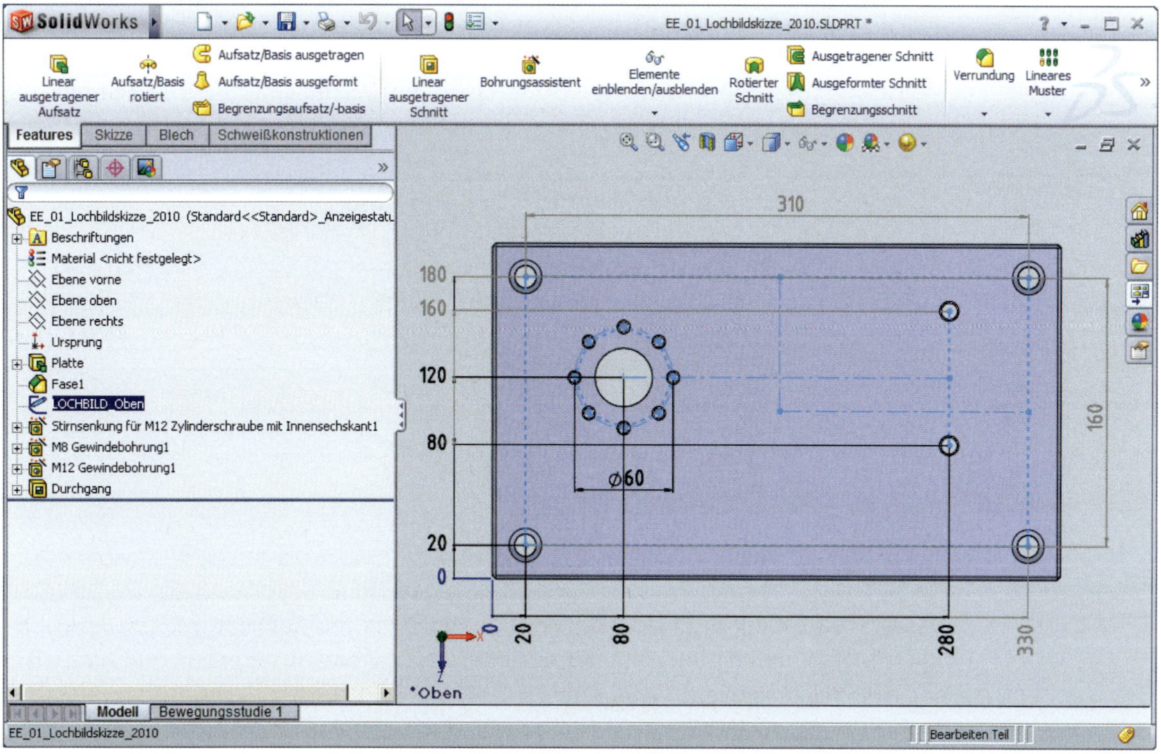

Abb. 1-4 Lochbildskizze mit Bemaßungen; Datei (Version 2009): 1-1_Lochbildskizze.sldprt

Die skizzierte Geometrie kann aus Konstruktionsgeometrie und/oder normaler Geometrie bestehen. Endpunkte können, genauso wie separat gesetzte Skizzenpunkte, für weitere Features angewählt werden. Die Lochbildskizze(n) werden in der Regel nicht für Features verwendet. Es spielt aus diesem Grund auch keine Rolle, ob die skizzierte Geometrie einfacher oder komplexer Natur ist.

> Einfache Skizzengeometrie: Ein offener Linienzug, ein geschlossener Linienzug bzw. mehrere geschlossene Linienzüge ohne mehrfach eingebettete Konturen können direkt für ein Feature verwendet werden (SolidWorks zeigt in aller Regel eine Vorschau). Komplexe Skizzengeometrie: völlig wahlfrei, kann nicht ohne Konturauswahlwerkzeug (oder SelectionManager) für ein Feature verwendet werden.
>
> Zumeist wird in den CAD-Richtlinien festgehalten, dass diese zur Freigabe ausgeblendet werden sollen, da sie sonst in der übergeordneten Baugruppe sichtbar sind.

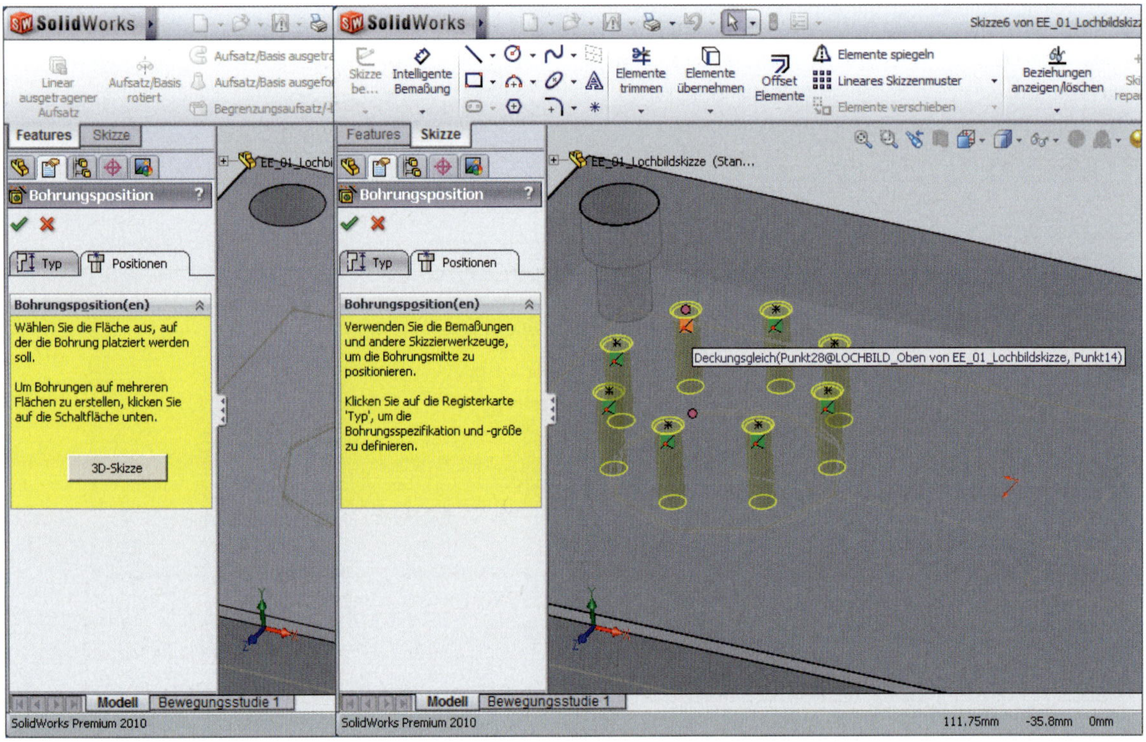

Abb. 1-5 Verwenden der Lochbildskizze für den Bohrungsassistenten; Datei (Version 2009): 1-1_Lochbildskizze.sldprt

Seit SolidWorks 2010:

Die Auswahl einer Planfläche zur Verwendung einer 2D-Skizze für die Positionen im Bohrungsassistenten ist vorab nicht mehr erforderlich, man kann auch im laufenden Befehl (Reiter Positionen) die Fläche wählen oder eine 3D-Skizze verwenden.

Wenn die Positionen (die Skizzenpunkte) der Bohrungen definiert werden, kann man mit dem Punktwerkzeug einfach die (End-/Skizzen-)Punkte aus der Lochbildskizze anklicken. Der Skizzenpunkt wird automatisch Deckungsgleich mit dem (End-/Skizzen-)Punkt der Lochbildskizze gesetzt. Voraussetzung: Man muss NORMAL AUF die Lochbildskizze sehen.

In Verbindung mit dem Bohrungsassistenten (oder Skizzen mit Punkten für ein skizzengesteuertes Muster) hat man zusätzlich den Vorteil, dass die Punkte für die Bohrungen direkt auf die Punkte aus der Lochbildskizze gesetzt werden können. Die Meldung (Abb. 1-6) erscheint nicht.

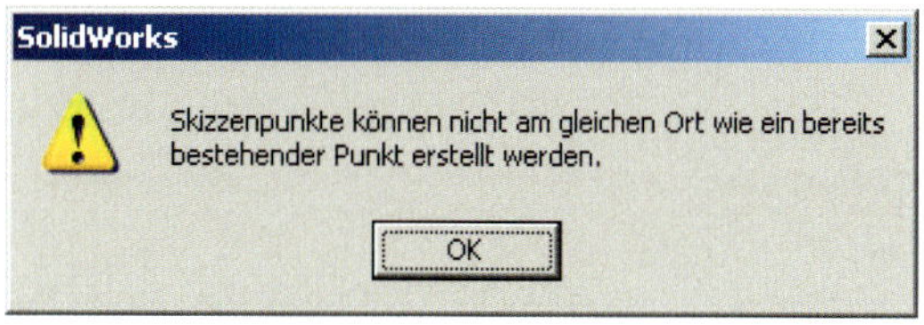

Abb. 1-6 Punkt am gleichen Ort

Diese Arten der Positionsdefinition bieten auch noch den Vorteil der übersichtlicheren Maßanzeige in der Zeichnung, wenn die Funktion MODELLELEMENTE in Verbindung mit AUSGEWÄHLTES FEATURE genutzt wird. In der Zeichnung muss zunächst die Lochbildskizze eingeblendet sein, um die Bemaßungen in die Zeichnung übertragen zu können. Beim anschließenden Ausblenden der Lochbildskizze werden zwar die Bemaßungen ebenfalls ausgeblendet, sie können aber wieder im Kontextmenü eingeblendet werden. Diese Vorgehensweise ist auch für *normale Bemaßungen* in der Zeichnung möglich (Beschriftung in der Zeichnung, die keinen Einfluss auf das Modell hat).

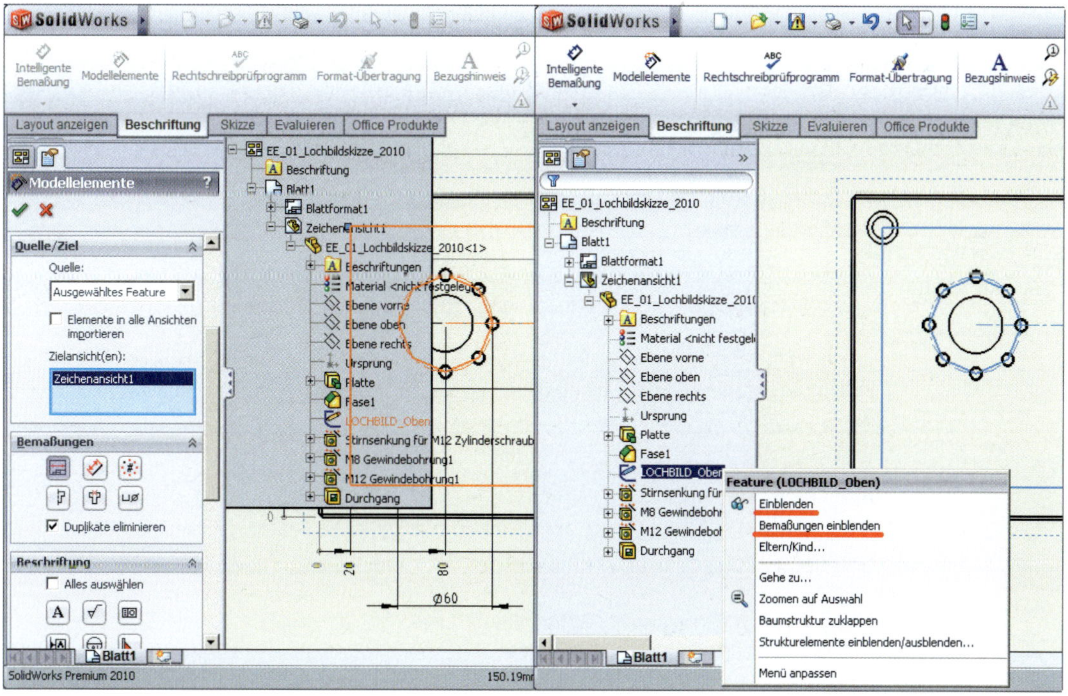

Abb. 1-7 Verwenden der Lochbildskizze in der Zeichnung; Datei (Version 2009): 1-2_Lochbildskizze.slddrw

In der übergeordneten Baugruppe sollten die Bohrungsassistent-Bohrungen sowie die skizzengesteuerten Muster als Basis von featuregesteuerten Komponentenmustern verwendet werden.

Zu beachten bei Komponentenmustern: Verknüpfungen zu Komponenten eines Komponentenmusters sind temporäre Verknüpfungen. Die Verknüpfungen werden, wie auch alle anderen Verknüpfungen, gleichzeitig gelöst. Auf die Verknüpfungen folgen im FeatureManager™ die Komponentenmuster, die als Nächstes berechnet werden. Jetzt könnte es sein, dass eine der zur Verknüpfung verwendeten Musterinstanzen die Position ändert. Jetzt müssen die Verknüpfungen erneut berechnet werden. Es wird mehr Rechenleistung benötigt, um die Baugruppe korrekt darzustellen (z.B. ein zweiter Modellneuaufbau). Nach Möglichkeit sollten diese zirkulären Bezüge vermieden werden.

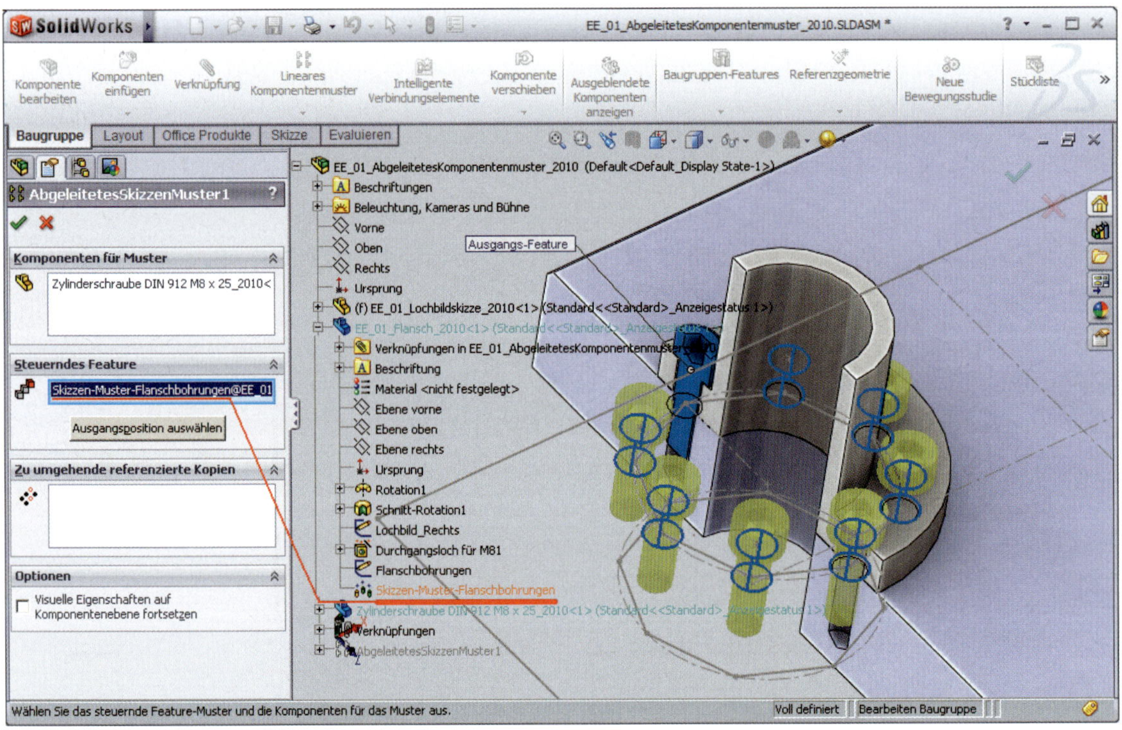

Abb. 1-8 Featuregesteuertes Komponentenmuster; Datei (Version 2009): 1-3_AbgeleitetesKomponentenmuster.sldasm

1.1.2 Lochbildskizzen in Baugruppen

Sehr ähnlich wie in den Einzelteilen kann man auch Lochbildskizzen für Baugruppen verwenden. Naheliegend ist diese Anwendung z.B. für geschweißte Konsolen, die nach dem Fügen spanend bearbeitet werden, oder auch für Baugruppen, deren Teile bei Montage gebohrt werden.

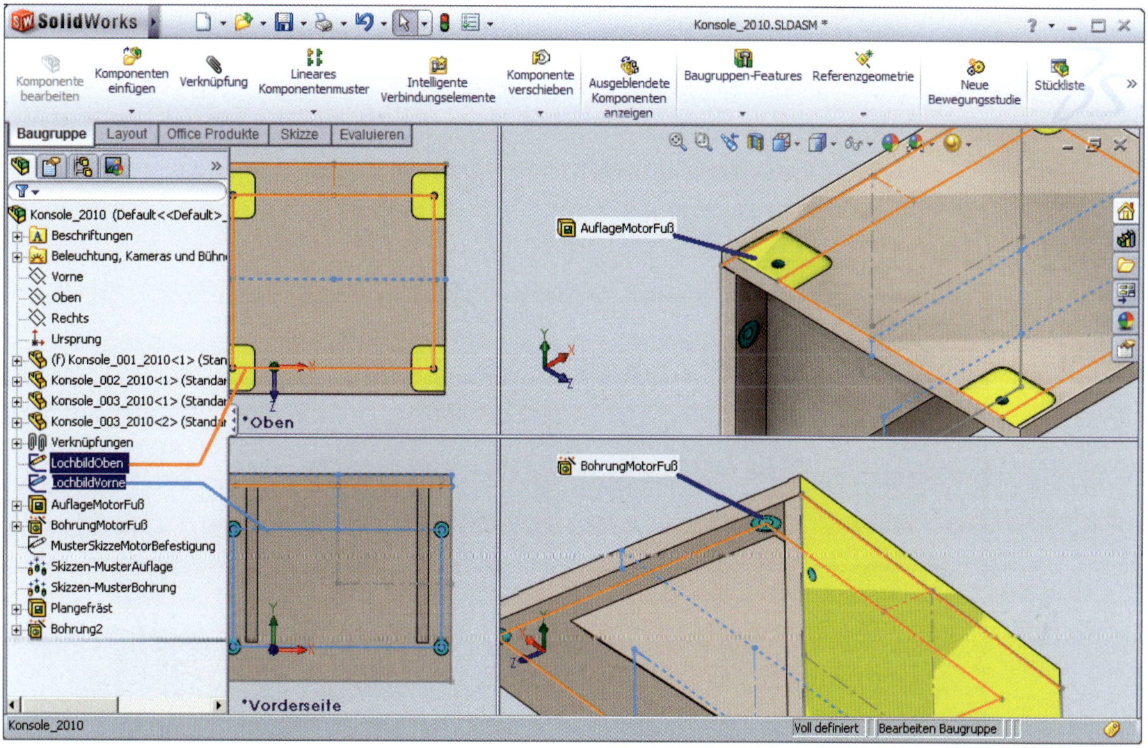

Abb. 1-9 Lochbildskizzen in Schweißbaugruppe; Datei (Version 2008): 1-4_Konsole.sldasm

Im FeatureManager™ (Abb. 1-9) sind direkt unter den Verknüpfungen die Baugruppenfeatures angefügt. Die beiden Skizzen (LochbildOben, LochbildVorne) werden, wie auch schon für das Einzelteil beschrieben, nur für die Position weiterer Features verwendet. In der Skizze LochbildVorne ist, neben der Position zur Befestigung der Konsole, die Tiefe des Schnittfeatures (AuflageMotorFuß) für die Motorbefestigung definiert. Im Feature selbst ist die Endbedingung BIS ECKPUNKT gewählt. Die Position des Schnittfeatures und der Bohrung (BohrungMotorFuß) für die Befestigungsschrauben ist in der Skizze LochbildOben definiert. Die beiden Features werden nur an einer Position ausgeführt. In der anschließenden Skizze (MusterSkizzeMotorBefestigung) sind die Punkte für das skizzengesteuerte Muster

(Skizzen-Muster-Auflage) angelegt. Diese Punkte sind mit der Beziehung DEKKUNGSGLEICH zu Elementen der Skizze LochbildOben definiert. Auch hier ist anschließend die Verwendung von featuregesteuerten Komponentenmustern sinnvoll. Je nach CAD - Richtlinie kann man das Komponentenmuster direkt in dieser oder in der nächsten Baugruppenstrukturebene verwenden. Als steuerndes Feature können in der Beispielbaugruppe das skizzengesteuerte Muster (Skizzen-MusterAuflage) für die Befestigung des Motors (Motor nicht dargestellt) und die Bohrungsassistent-Bohrung (Bohrung2) zur Befestigung am Rahmen (übergeordnete Baugruppe, nicht dargestellt) verwendet werden.

1.1.3 Basisskizzen in Einzelteilen – Startgeometrie komplexer Teile

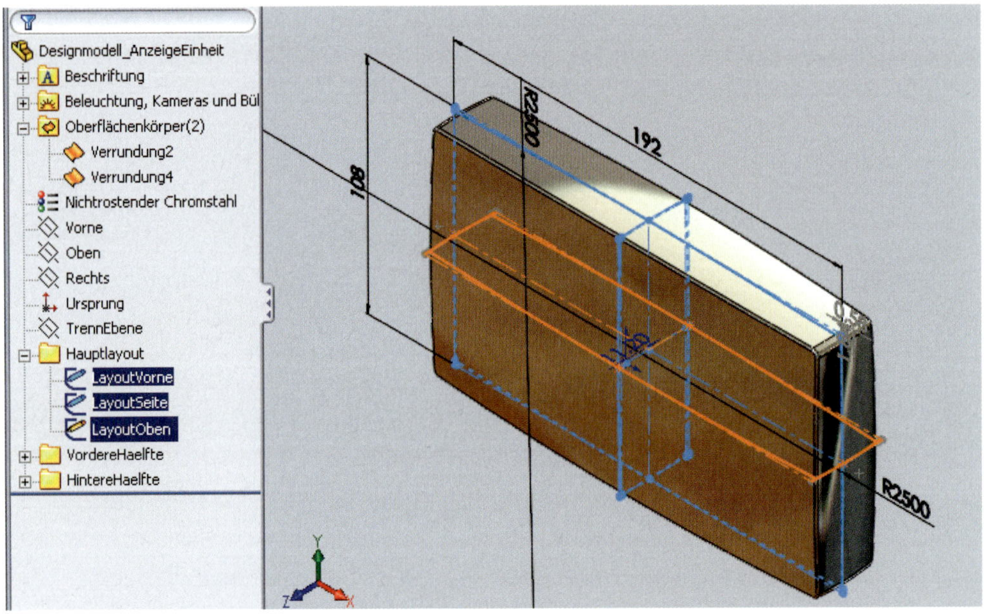

Abb. 1-10 Basisskizzen als Startgeometrie zur Teileerstellung; Datei (Version 2008): 1-5_Designmodell_AnzeigeEinheit.sldprt

Auch die Basisskizzen für komplexere Bauteile können als Startgeometrie am Anfang im FeatureManager™ die wesentlichen Konturen des Modells beinhalten. Der wesentliche Vorteil besteht darin, dass die Skizze beliebig komplex sein kann (z.B. mehrfach eingebettete Konturen, kreuzende Linien, mehrere offene Linienzüge ...). Im Beispiel (Abb. 1-10) sind drei Skizzen als Basis für die Erzeugung der Vorder- und Rückfläche verwendet. Elemente dieser Skizzen werden in neue Skizzen übernommen und für Features verwendet. Es ist zwar auch möglich, einzelne oder mehrere Skizzenelemente der Skizze mit dem Konturauswahlwerkzeug für Features zu verwenden. Dies trägt aber nicht zur Übersichtlichkeit des Modells bei. Weiterer Vorteil: Mit dem Befehl ELEMENTE ÜBERNEHMEN in eine neue Skizze übertragen, können diese neuen Skizzen auch mit anderen Skizzenelementen erweitert werden. Auch das Verändern in den Konstruktionsgeometriestatus ist in einer neuen Skizze möglich und beeinflusst die ursprüngliche (Basis-)Geometrie nicht, behält aber immer den Bezug zu dieser.

1.1.4 Basisskizzen in Einzelteilen – 2D zu 3D Übertragung

Die Verwendung von Basisskizzen könnte man auch als einen Ansatz zur Übertragung von 2D-Zeichnungen in 3D-Volumen nutzen (Abb. 1-11). Z.B. könnte man die Elemente in neue Skizzen übernehmen, die dadurch erstellten Beziehungen löschen, neue Beziehungen und Bemaßungen vergeben, um von der ursprünglichen (2D-)Geometrie unabhängig und voll parametrisch zu werden. Dies ist besonders dann sinnvoll, wenn man aus einer bestehenden 2D-Konstruktion eine neue Variantenkonstruktion im 3D anlegen will.

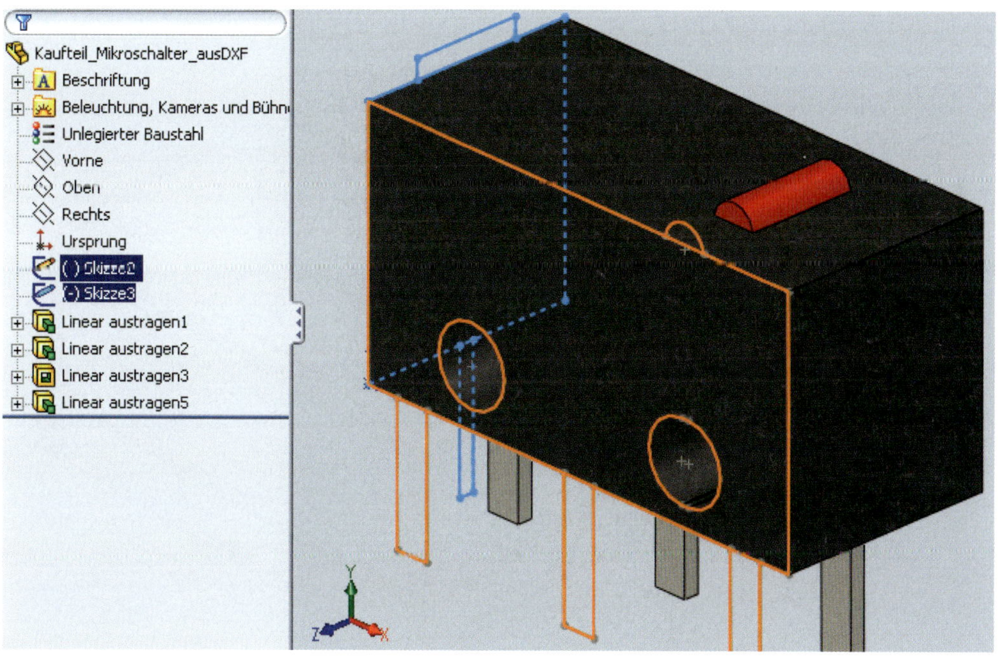

Abb. 1-11 Importierte 2D-Skizzen als Basis für die Teileerstellung; Datei (Version 2008): 1-6_Kaufteil_Mikroschalter_ausDXF.sldprt

Auch bei der schnellen Übertragung von Kaufteildaten, die nur im 2D zur Verfügung stehen, ist dies ein praktikabler Ansatz. Hier ist ein Löschen des Bezugs zur Basisskizze nicht erforderlich, da zweckmäßigerweise ein Neutralformat erzeugt wird, das erneut in SolidWorks eingelesen wird. Bei den meisten Kaufteilen macht es wenig Sinn, eine volle parametrische Bemaßung mitzuführen, da die Abmessungen durch die Spezifikation des Lieferanten festgelegt sind.

Auch sinnvoll: Nach dem Erstellen des Kaufteils als Volumen wird daraus eine Neutralformat-Datei erzeugt. Anschließend wieder in SolidWorks eingelesen, hat man nur ein Feature (meist Importiert1). Damit kann man die Zeit für die Berechnung der parametrischen Features einsparen (Featurestatistik).

1.1.5 Basisskizzen in Einzelteilen – 2D- und 3D-Skizzen für Schweißbauteile

Auch die Skizzengeometrie für Schweißbauteile könnte man als Basisskizze (oder Skelett) verstehen. Die Linien aus der/den Skizze/n werden als Pfade für die Austragung der Profile verwendet.

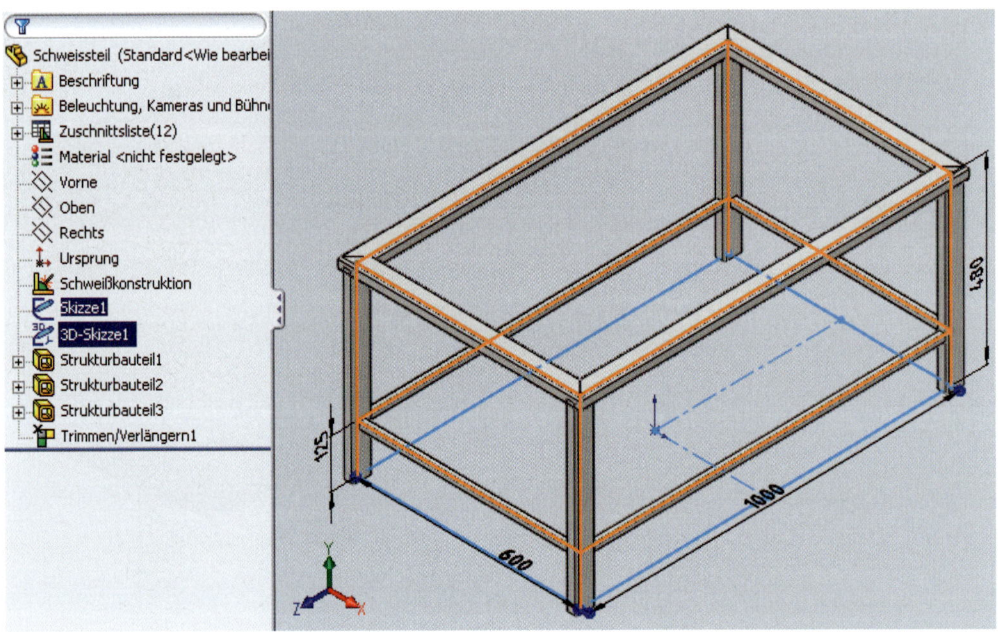

Abb. 1-12 3D- und 2D-Skizze als Basis für Schweißkonstruktionen; Datei (Version 2008): 1-7_Schweissteil.sldprt

1.1.6 Basisskizzen in Baugruppen

Denkbar wären auch Basisskizzen in Baugruppen. Diese könnten durch In-Kontext-Referenzen auch für Features in Einzelteilen verwendet werden. Im gezeigten Beispiel sind nur einzelne Teile verwendet. Hier wäre natürlich auch die Basisgeometrie einer steuernden Baugruppe denkbar. Man könnte den Bauraum der Hauptbaugruppen definieren. Natürlich entsteht bei dieser Vorgehensweise eine externe Referenz in den Komponenten, die sich auf die Baugruppenskizze beziehen. Wesentlich eleganter und auch effizienter ist die Verwendung von Basisskizzen in Einzelteilen, die für eine Konzeptbaugruppe verwendet werden.

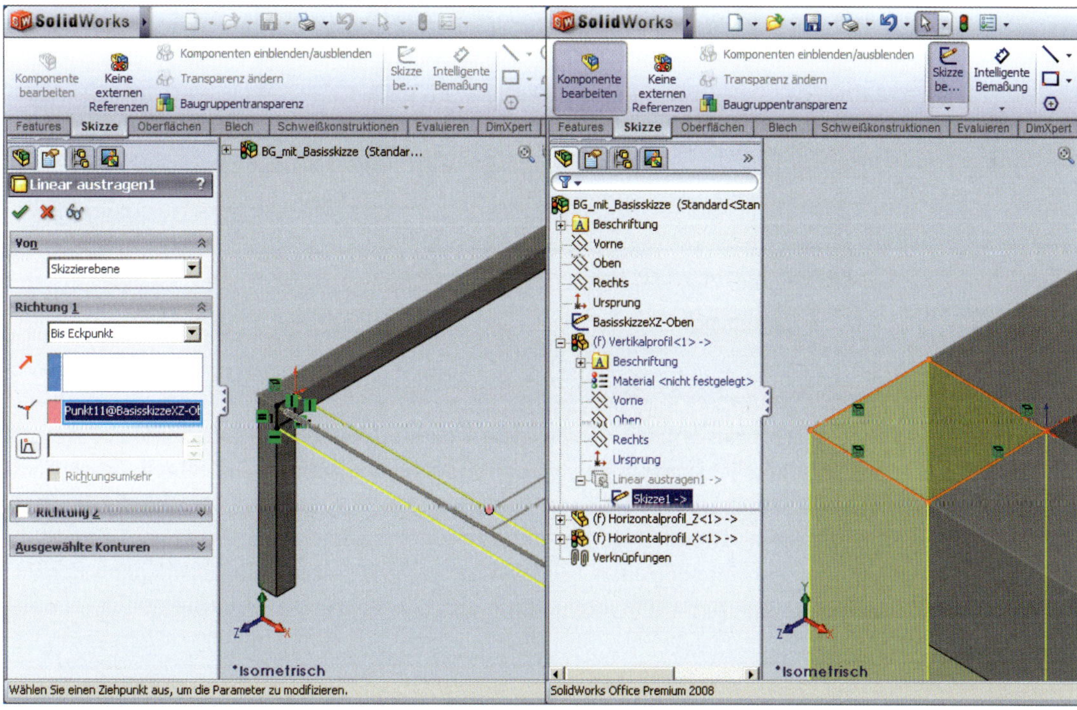

Abb. 1-13 Basisskizze als steuernde Geometrie; Datei (Version 2008): 1-8_BG_mit_Basisskizze.sldasm

In Abb. 1-13 sieht man in der linken Hälfte, dass die Länge des Profils in X-Richtung BIS ECKPUNKT ausgetragen wird. Dieser Eckpunkt ist ein Skizzenpunkt der BasisskizzeXZ-Oben (ist in der rechten Bildhälfte im FeatureManager™ zu sehen), dies ist eine externe Referenz. In der rechten Hälfte des Bildes auch zu sehen: Die Außengeometrie des Y-Profils wurde aus der Basisskizze übernommen (gekennzeichnet durch die dunkelgrünen Symbole der Skizzenbeziehung AUF KANTE), ebenfalls eine externe Referenz.

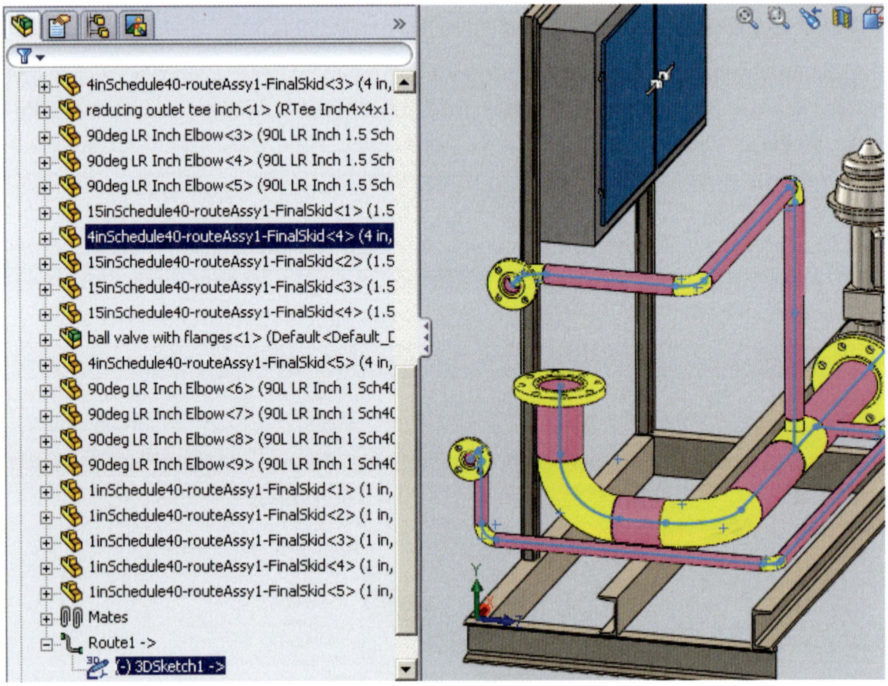

Abb. 1-14 3D-Skizze als Basis für Rohrleitungen; Datei ist in den SolidWorks-Beispielen enthalten.

Vergleichbar dazu arbeitet die Zusatzanwendung ROUTING. Ähnlich wie der Aufbau einer SolidWorks-Schweißkonstruktion, nur in der Baugruppenumgebung und mit In-Kontext-Features, wird auf der Basis von 3D-Skizzen das Volumen der Rohrleitungen erstellt. Dieses Zusatzmodul kann weitaus mehr als das, was sich hier in einem Satz beschreiben lässt. Aber an dieser Stelle ist nur die Ähnlichkeit der Basisskizze(n) für Schweißbauteile und der 3D-Skizze des Routingmoduls erwähnenswert.

1.2 Skizzen zur Positionierung von Komponenten

In den folgenden Beispielen werden Skizzenelemente in Skizzen oder Blöcken zum Positionieren von Komponenten verwendet. Manchmal ist es einfacher, gerade wenn Komponenten in Baugruppen getauscht werden müssen, die Komponenten zu Ebenen zu verknüpfen. Eine mögliche Vorgehensweise: die Ebenen auf Basis der Skizzenelemente in den Positionsskizzen erzeugen. Dies wird in den folgenden Beispielen **nicht** explizit herausgearbeitet, sondern als bekannte Möglichkeit vorausgesetzt.

1.2.1 Positionsskizzen in Baugruppen - statisch

Um Komponenten in Baugruppen zu platzieren, ist eine solche Positionsskizze hilfreich. Man kann sich die Suche nach der passenden (Abstands-)Verknüpfung, um die Position zu verändern, sparen.

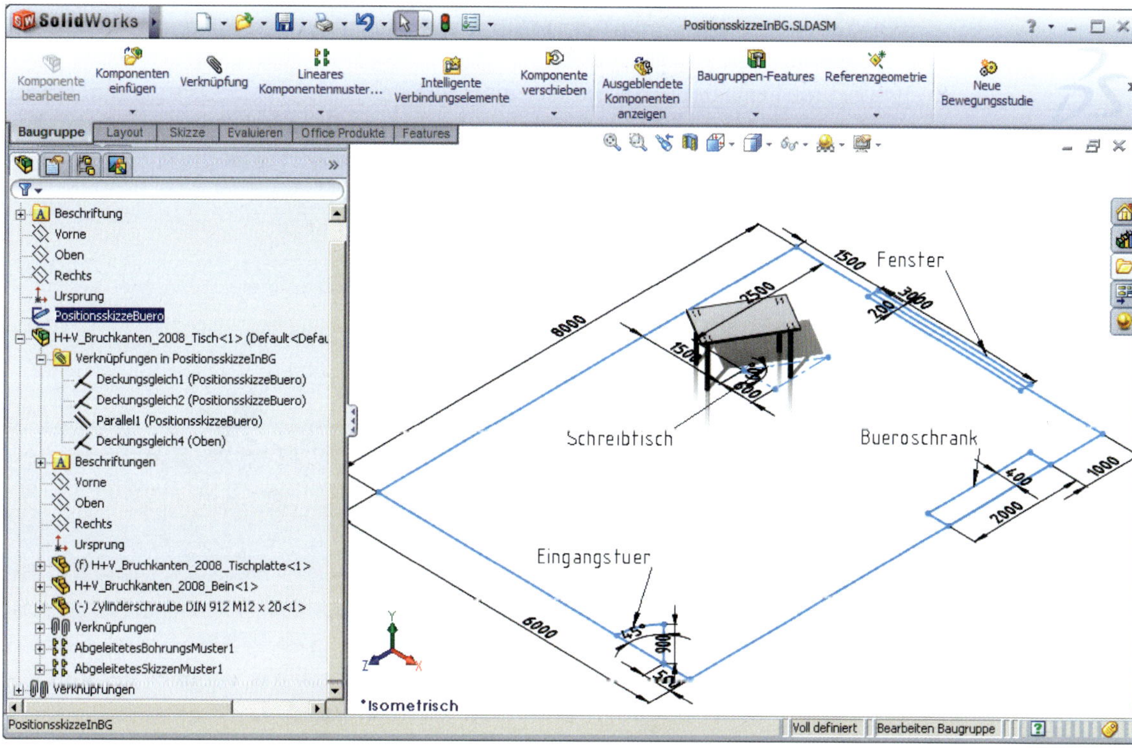

Abb. 1-15 Positionsskizze zur Verknüpfung von Komponenten; Datei (Version 2008): 1-9_PositionsskizzeInBG.sldasm

In Abb. 1-15 sieht man im FeatureManager™ die Positionsskizze. Die Verknüpfungen der Unterbaugruppe (Deckungsgleich1, Deckungsgleich2 und Parallel) beziehen sich auf die Positionsskizze. Zur Veränderung der Position des Tisches kann man die Maße 2500 und 1500 verwenden. Für den Winkel zum Fenster findet man im Beispiel direkt unter dem Tisch eine Winkelbemaßung.

1.2.2 Positionsskizzen in Baugruppen - dynamisch

Um es gleich vorwegzunehmen: Dynamisch wie in der Baugruppenumgebung ist hier nicht gemeint. Aber eine Positionsskizze kann auch für bewegliche Elemente genutzt werden. Die Verknüpfungen der Komponenten sind, wie zuvor schon bei der statischen Positionsskizze, direkt zu den Skizzenelementen anzulegen. Die Bewegung selbst wird am leichtesten dadurch erreicht, indem man die Skizze nicht vollständig definiert. Sinnvollerweise werden alle Längen bzw. Abstände von Drehpunkten mit Maßen oder durch Fixierung definiert. Würde man die Längen/Abstände nicht definieren, würde dies z.B. einem Hebel mit *flexibler Länge* entsprechen. Eine solche unterdefinierte Skizze verhält sich ähnlich wie eine Baugruppe mit Verknüpfungen, bei der nicht alle Freiheitsgrade festgelegt sind, Bewegungen entsprechend der undefinierten Freiheitsgrade möglich sind. Mit dem Befehl FEATURES VERSCHIEBEN / GRÖßE ÄNDERN kann diese Skizze auch in Versionen **vor** SolidWorks2008 zu einer fast *dynamischen* Bewegung genutzt werden. Seit der Version 2008 wird dafür die Funktion INSTANT3D genutzt.

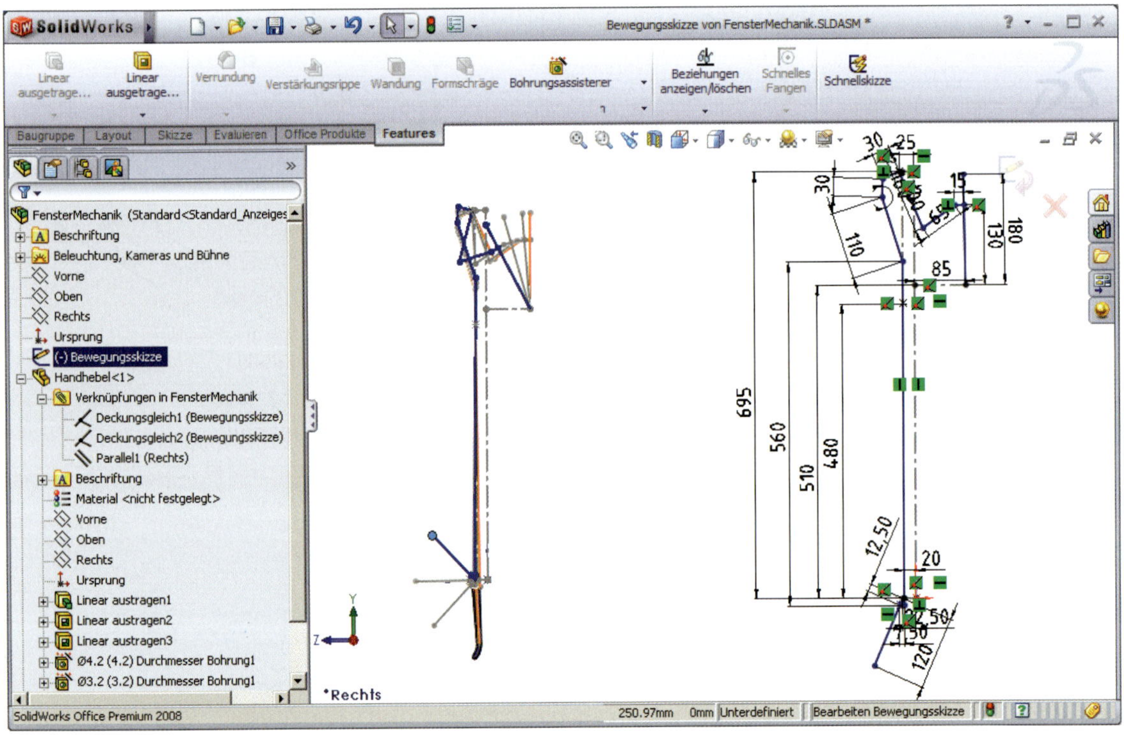

Abb. 1-16 Positionsskizze zur Verknüpfung von Komponenten; Datei (Version 2008): 1-10_FensterMechanik.sldasm

Das einfache Beispiel einer Fensterschließmechanik in Abb. 1-16 zeigt eine Bewegungsskizze im FeatureManager™. Diese Skizze ist auch rechts am Bildrand noch einmal als Detail zu sehen. In der Mitte des Bildes ist die Skizze als bewegte Darstellung zu sehen, man kann mit der Maus per Drag and Drop an einem Skizzenelement ziehen und je nach Freiheitsgrad(en) in der Skizze die Elemente verschieben. Durch die Verknüpfungen Deckungsgleich1 und Deckungsgleich2 zwischen der Komponente und Elementen in der Bewegungsskizze folgen die Komponenten den bewegten Skizzenelementen in der Position. Voraussetzung hierfür ist natürlich das aktivierte INSTANT3D oder in älteren Versionen von SolidWorks die Funktion FEATURES VERSCHIEBEN / GRÖßE ÄNDERN.

Verwendeter Befehl ab SolidWorks-Version 2008

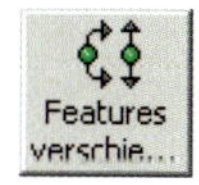

Verwendeter Befehl bis SolidWorks-Version 2007

Um die Elemente in der Positions- oder Bewegungsskizze verschieben zu können, muss INSTANT 3D aktiv sein. Für ältere SolidWorks-Versionen findet der Befehl FEATURES VERSCHIEBEN / GRÖßE ÄNDERN Anwendung.

1.2.3 Positionsskizzen mit Skizzenblöcken

Die neueren Versionen von SolidWorks (ab Version 2006) bieten die Möglichkeit, in einer Teile- oder Baugruppenskizze auch Blöcke zu verwenden. Ein solcher Skizzenblock kann in einer normalen Skizze erstellt werden. Speichern, Bearbeiten und Auflösen des Blockes ist möglich. Ein weiterer Vorteil ist, dass man den Block in sich vollständig unterdefiniert lassen kann, die Skizze ihrerseits aber vollständig definiert ist, wenn man den Block und eventuelle Skizzenelemente durch Beziehungen/Bemaßungen definiert. Durch die Möglichkeit der Wiederverwendung der Blöcke lassen sich damit auch im 2D-Bereich Layouts ohne Voluminformation erstellen.

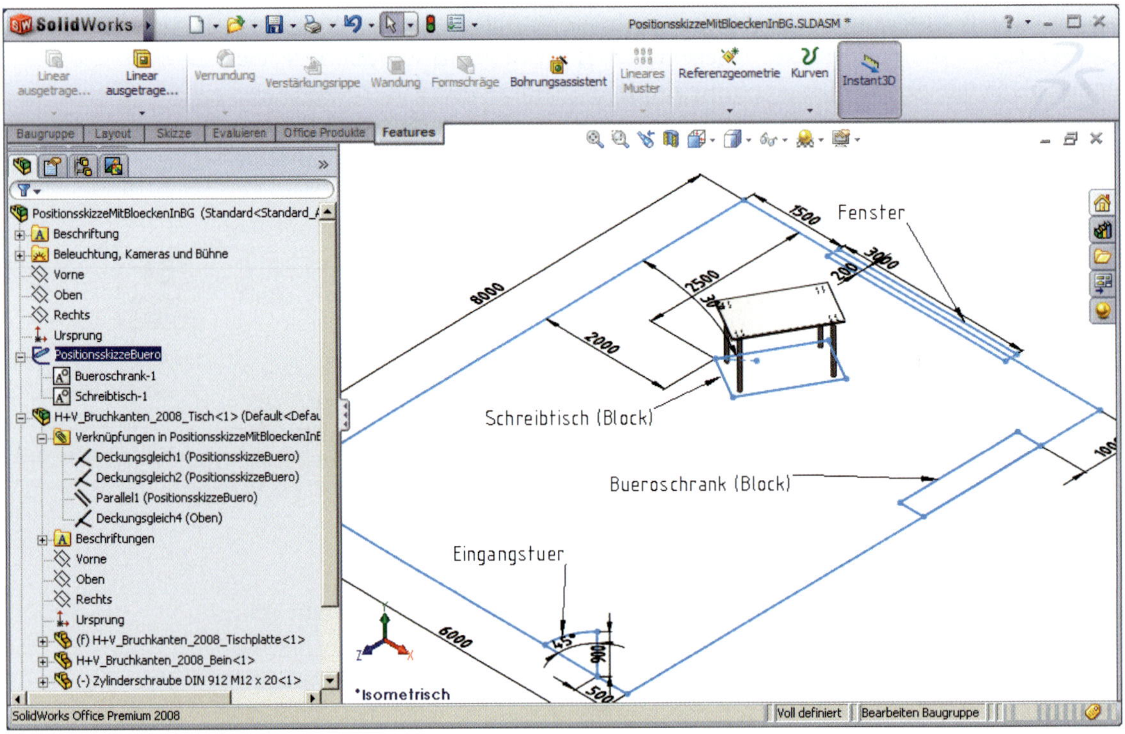

Abb. 1-17 Positionsskizze mit Skizzenblöcken zur Verknüpfung von Komponenten; Datei (Version 2008): 1-11_PositionsskizzeMitBloeckenInBG.sldasm

In Abb. 1-17 sind im FeatureManager™ unterhalb der Positionsskizze zwei Skizzenblöcke zu sehen. Der Block *Büroschrank-1* ist mit einer Bemaßung und Beziehung zur Skizzengeometrie definiert. Daran ist noch keine Volumengeometrie verknüpft (wird hier im Beispiel auch nicht ausgeführt). Mit dem Block *Schreibtisch-1* ist die Baugruppe H+V_Bruchkanten_2008_Tisch mit den Verknüpfungen DECKUNGSGLEICH1, DECKUNGSGLEICH2 und PARALLEL1 verknüpft. Dadurch wird die Position in zwei Dimensionen bestimmt. Die dritte Dimension (in y-Richtung) wird durch die DECKUNGSGLEICH4-Verknüpfung mit der Baugruppenebene Oben festgelegt.

1.2.4 Skizzenblöcke in Baugruppenskizzen

Ähnlich wie schon mit Positionsskizzen lassen sich hier Bewegungen abbilden. Statt die Komponenten an Skizzenelemente der Skizze direkt zu verknüpfen, werden hier Skizzenelemente des Blocks verwendet. Die Funktion selbst unterscheidet sich nicht von der zuvor schon beschriebenen. Auch hier sind die allgemeinen

Vorteile der Blockverwendung zu erwähnen: die Möglichkeit der Wiederverwendung von Blöcken, unterdefinierte Elemente im Block, die sich in der Skizze starr verhalten, und keine Berechnung der Elemente im Block.

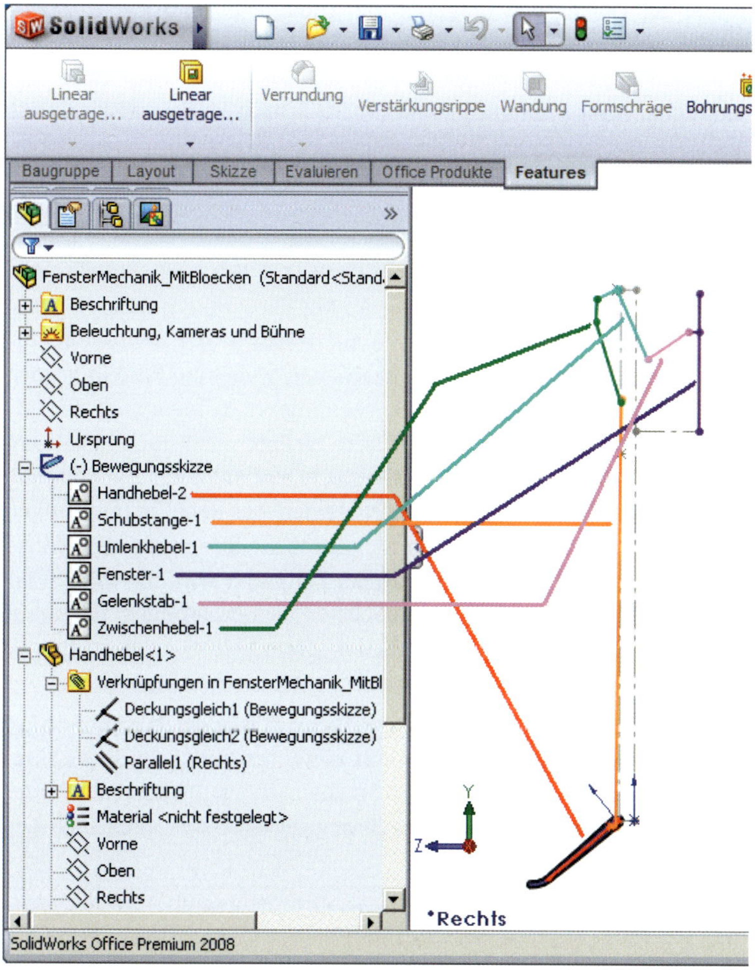

Abb. 1-18 Bewegungsskizze mit Skizzenblöcken zur Verknüpfung von Komponenten; Datei (Version 2008): 1-12_FensterMechanik_MitBloecken.sldasm

In Abb. 1-18 sieht man in der (unterdefinierten) Bewegungsskizze die verschiedenen Blöcke (farblich voneinander getrennt). Die Konstruktionsgeometrie der Skizze ist grau dargestellt. Die Konstruktionsgeometrie bildet hier das Gerüst der Mechanik und gibt die Lagerpunkte für die Gelenke vor. Man könnte natürlich auch noch mehr Inhalt in die Skizze nehmen, was aber das Ganze in diesem Beispiel nicht übersichtlicher macht. Zwischen den einzelnen Blöcken und/oder der Skizzengeometrie werden Beziehungen bzw. Bemaßungen erstellt. Eine deckungsgleiche Beziehung von (End-)Punkten zweier Blöcke (oder auch Punkten der Skizzengeometrie) kann man als Gelenk interpretieren. Der Handhebel<1> ist an die Geometrie des Skizzenblocks *Handhebel-2* verknüpft und somit in seiner Lage definiert. Da aber die *Bewegungsskizze* nicht VOLL DEFINIERT ist, lässt sich der Handhebel<1> bewegen. Randbedingung: INSTANT 3D ist aktiviert (oder FEATURES VERSCHIEBEN / GRÖßE ÄNDERN in den SolidWorks-Versionen vor 2008).

1.2.5 Layout erstellen

Ähnliches Arbeiten, wie schon zuvor beschrieben, ermöglicht die SolidWorks-Funktion LAYOUT ERSTELLEN. Deutliche Unterschiede: Mit der Funktion SOLIDWORKS-LAYOUT arbeitet man in einer 3D-Skizze (wird so aber nicht in der Statuszeile angezeigt). Zumeist wird auf einer Skizzierebene gearbeitet, wobei die Funktion noch ein paar mehr Möglichkeiten bietet: Aus den Skizzenblöcken können auch Einzelteile entwickelt werden, die Beziehungen der Blöcke bleiben auch nach Erstellung der Volumengeometrie in den Einzelteilen erhalten. Die Beziehungen zur Skizzierebene und die Beziehungen zu anderen Blöcken werden bei den Verknüpfungen angezeigt. Man kann die Blöcke auch von der Skizzierebene lösen und diese Blöcke/Komponenten frei im Raum bewegen. Ab diesem Zeitpunkt wird die Komplexität der Funktion klar: Es können auch dreidimensionale Bewegungen mit ihren Randbedingungen abgebildet werden. Vorhandene (schon selbst erstellte) Blöcke können für das SOLIDWORKS-LAYOUT mit Referenz zur Datei verwendet werden.

In der Arbeit mit den Blöcken liegt auch die wesentliche Stärke der Funktion: Man kann kinematische Untersuchungen aufgebaut auf einfacher Entwurfs- bzw. Skizzengeometrie durchführen. Wenn man die Zusatzanwendung SIMULATION (früher COSMOS MOTION) zur Verfügung hat, lassen sich Bewegungsanalysen allein mit diesen Skizzenblöcken vornehmen.

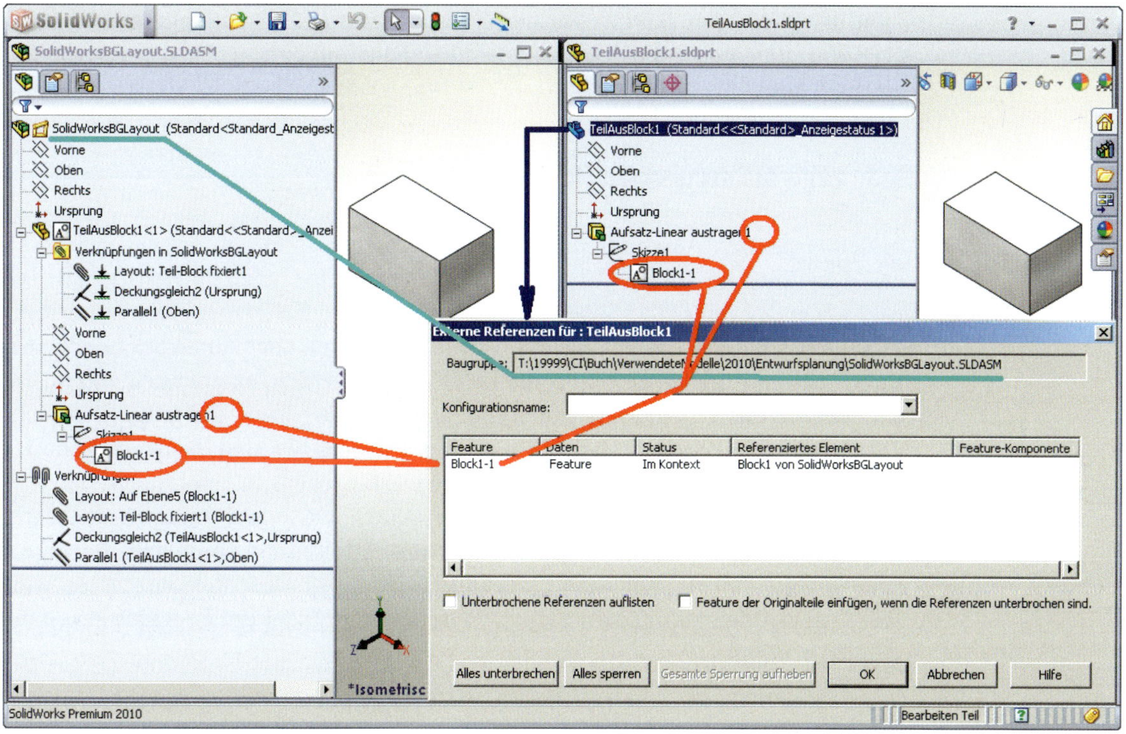

Abb. 1-19 Die Zusammenhänge der Funktion SOLIDWORKS LAYOUT lassen sich nur mit dem Abrufen der externen Referenzen untersuchen.

Die Funktion SOLIDWORKS-LAYOUT bietet zwar die Möglichkeit, Baugruppenentwürfe zu erstellen, ist aber im Gegensatz der zuvor besprochenen (und auch nachfolgenden) Techniken zum Entwurf von Baugruppen begrenzt auf ein LAYOUT (eine 3D-Skizze) in der Baugruppe. Die gesamte Information muss in der einen 3D-Skizze LAYOUT erstellt werden. Man kann die Information nicht in mehrere Layouts aufteilen. Die Zusammenhänge sind am Anfang gewöhnungsbedürftig: Die Blöcke können über Beziehungen und Bemaßungen im LAYOUT definiert werden. Die Blöcke bilden die Basis für die Komponenten, z.B. die Außenkontur oder Punkte bzw. Endpunkte von Skizzenelementen als Verbindungsachsen (funktionieren z.B. als Gelenk). Die Komponentenverknüpfungen und die Beziehungen der Blöcke (im LAYOUT) sind gemeinsam in den Verknüpfungen zusammengefasst.

Die Analyse dieser Struktur ist nicht ganz so einfach und übersichtlich wie konventionelle Skizzentechniken. Die inkonsistente Darstellung der externen Referenzen (über mittlerweile vier SolidWorks-Versionen – 2008 bis 2011) lässt die Vermutung zu, dass diese SolidWorks-Funktion selten genutzt wird. Je nach Komplexität der Baugruppe (könnte für den Entwurf einer Unterbaugruppe mit beweglichen Komponenten interessant sein) ist diese Funktion entsprechend eingeschränkt zu empfehlen.

1.3 Teile als steuernde Geometrie

In den bisherigen Abschnitten war der Bezug immer direkt im Teil oder direkt in der Baugruppe zu finden (Skizze, Block, Ebene, Achse oder Referenzpunkt). Die jetzt folgenden Beispiele stützen sich auf Skizzen und Referenzgeometrie aus Konzeptteilen, auch als Master-, Layout-, Skelett-, Basisteil oder Ähnliches bezeichnet. Diese Teile sind in den Teilen, in die sie eingefügt werden, externe Referenzen, die ähnlich wie ein Teil in einer Baugruppe oder ein Teil (bzw. Baugruppe) in einer Zeichnung zu verstehen sind. Explizit der Hinweis: Es sind keine In-Kontext-Referenzen, wie sie durch die Bearbeitung eines Einzelteils in einer Baugruppe entstehen können. Die schon zuvor gezeigten Vorgehensweisen kommen auch hier zur Anwendung. Sobald aber eine geometrische Information von einem Teil zu einem anderen übertragen wird, entstehen auch In-Kontext-Referenzen. Es wird aber – außen den betroffenen Teilen – keine weitere Datei (im Regelfall eine Baugruppe) benötigt.

1.3.1 Teil in Teil als Referenzgeometrie

Um eine Trennung zwischen verschiedenen Arbeitsschritten vorzunehmen, kann man die Funktion EINFÜGEN->TEIL... verwenden. Zur Vollständigkeit hier erstmals erwähnt, findet sich diese Funktionalität im Bereich der strukturierten Planung von Einzelteilen detailliert wieder.

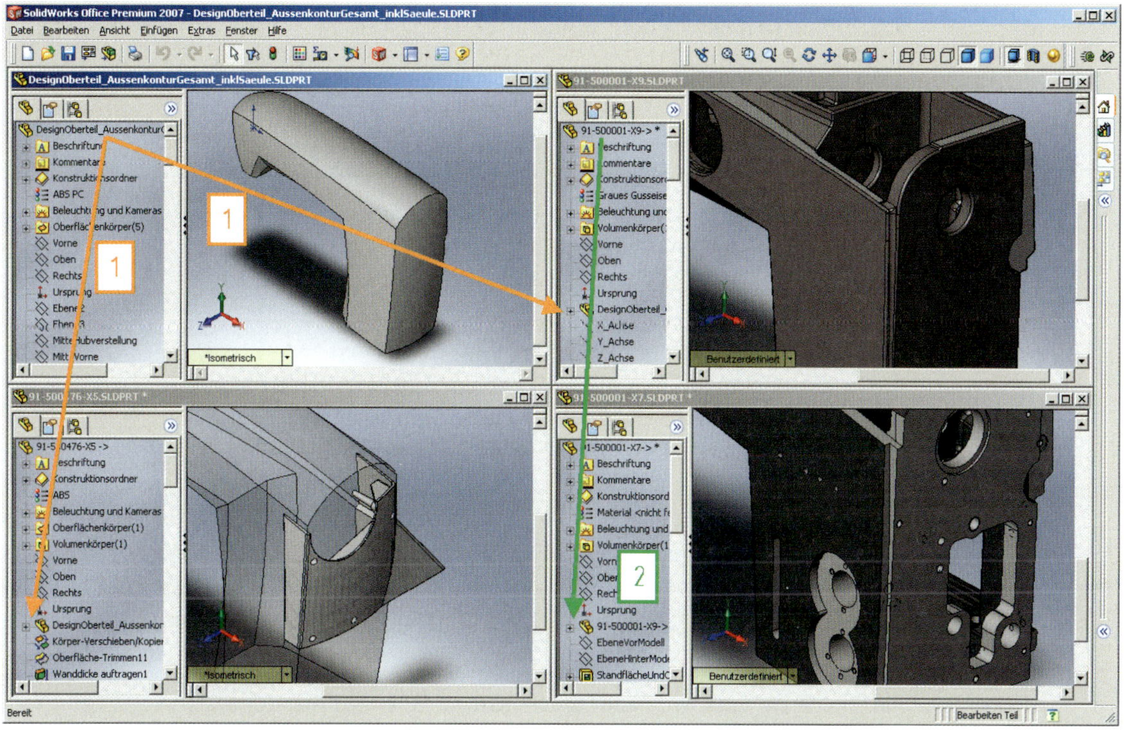

Abb. 1-20 Designmodell als Basisteil (mit freundlicher Genehmigung der Firma PFAFF Industrie Maschinen AG)

Im gezeigten Bild (Abb. 1-20) oben links ist die Außenkontur der gesamten Maschine definiert. Dieses Modell wird als Teil in ein neues Teil (1) eingefügt. Unten links wird auf der Außenkontur sofort ein Modell aufgebaut, das in dieser Form direkt wieder in die Montagebaugruppe eingefügt wird. Oben rechts wird zunächst ein Gussmodell erzeugt, das anschließend zur mechanischen Bearbeitung als Teil in die Teiledatei (2) unten rechts eingefügt ist. Da diese Modelle auf dem identischen Modell beruhen (gleicher Referenzpunkt), kann man auf Verknüpfungen der Teile in den Baugruppen verzichten. Beim Einfügen in die Baugruppe(n) werden die Koordinatensysteme zwischen Einzelteil und Baugruppe zur Deckung gebracht. Alle Komponenten, die auf dem Außenkonturmodell basieren, sind dadurch zueinander passend platziert.

1.3.2 Teil in Teilen einer Baugruppe (Teil steuert Teile der Baugruppe)

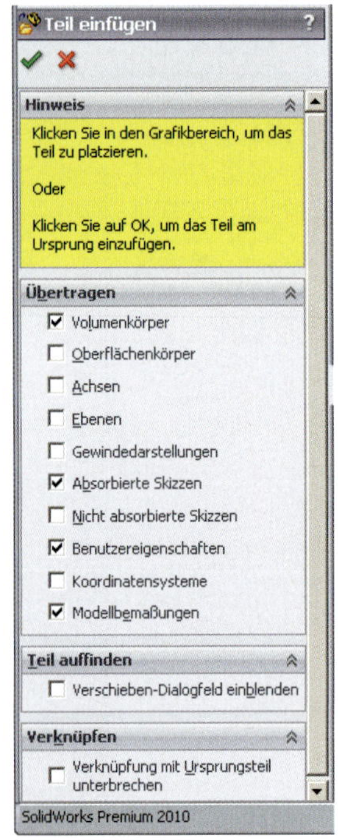

Abb. 1-21 Der Dialog TEIL EINFÜGEN im FeatureManager™

Die Methode, ein Teil in ein neues Teil einzufügen, ist eine sehr effiziente Möglichkeit, Informationen in Baugruppen zu verteilen. In früheren Versionen war dies nur begrenzt möglich. Die Volumeninformation und die Konfiguration des eingefügten Teils lassen sich als Informationsquelle schon in sehr frühen Versionen verwenden (SolidWorks-Version 2001plus), Achsen, Ebenen, Oberflächen und Gewindedarstellungen mit den SolidWorks-Versionen 2003 bis 2007. Seit der SolidWorks-Version 2008 lassen sich deutlich mehr Informationen aus dem eingefügten Teil abrufen (siehe Abb. 1-21).

Steuernde Teile ohne Volumen – Skizzen steuern weitere Teile

Im folgenden Beispiel ist die Möglichkeit, Informationen durch Skizzen – ohne Volumeninformation – auf andere Einzelteile zu verteilen, näher untersucht.

Diese Art der Weitergabe von Informationen eines Entwurfs- oder Konzeptteils funktioniert nicht nur auf Baugruppenebene, sondern auch auf Teileebene, was in einem der nachfolgenden Kapitel näher erläutert wird. Das Konzeptteil 1-18_BasisSkizzen.sldprt wird als HÜLLE in eine Baugruppe eingefügt (EINFÜGEN->HÜLLE->VON DATEI...), wodurch die steuernden Parameter direkt zur Verfügung stehen. Andernfalls muss erst das Einzelteil 1-18_BasisSkizzen.sldprt geöffnet werden, um steuernd auf die Teile einzuwirken.

> Hülle
>
> Die Hülle ist eine Spezialfunktion in SolidWorks-Baugruppen. Die Hülle basiert auf einem Einzelteil. Dieses Einzelteil wird nicht in Stücklisten, übergeordneten Baugruppen oder Zeichnungen ausgewertet. Selbst wenn die Hülle ein Volumen haben sollte, werden die Masse und das Volumen beim Evaluieren der Gesamtmasse einer Baugruppe oder bei Kollisionsuntersuchungen nicht berücksichtigt.

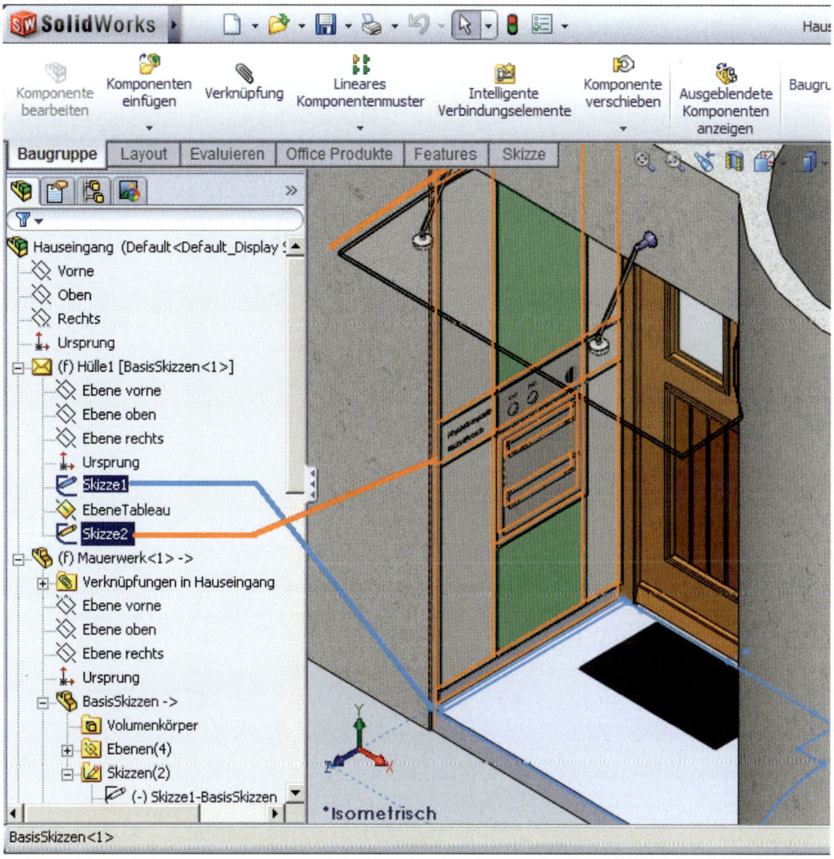

Abb. 1-22 Skizzen im steuernden Teil (mit freundlicher Genehmigung der Firma LiftConsulting)

In Abb. 1-22 sind zwei Skizzen hervorgehoben, welche die wesentlichen Parameter zur Steuerung einiger Einzelteile dieser Baugruppe beinhalten. In diesen gesteuerten Einzelteilen wird das Teil BasisSkizzen.sldprt als Teil eingefügt (Einfügen->Teil...), zu sehen in der Komponente Mauerwerk<1>. An diese Skizzengeometrie werden weitere Ebenen und Skizzen angefügt und/oder Elemente übernommen. Das eingefügte Teil zeigt einen Pfeil für eine externe Referenz. Anders als bei externen Referenzen, die in Baugruppen durch In-Kontext-Features erstellt werden, ist dies eine Referenz ähnlich eines Einzelteils in einer Baugruppe bzw. ein Einzelteil in einer Zeichnung.

Die nähere Untersuchung im Einzelteil (Abb. 1-23, Glas-Dach.sldprt) zeigt, dass der Querschnitt des Teils aus der Skizze1 (des Teils BasisSkizzen.sldprt) übernommen wird – leicht erkennbar an den Skizzenbeziehungssymbolen, hier: Auf Kante.

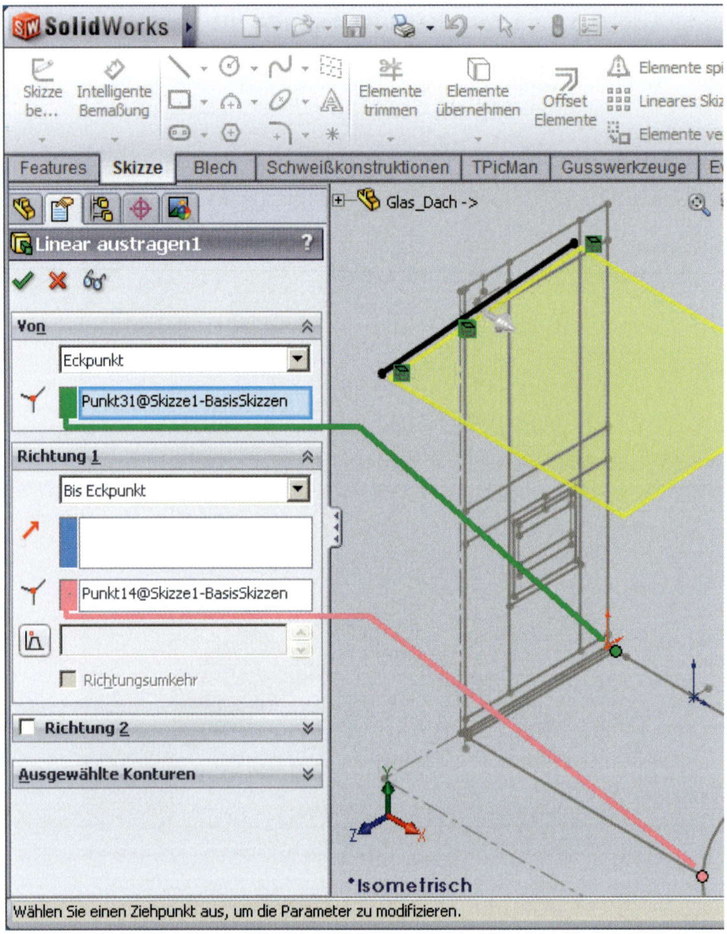

Abb. 1-23 Feature Start und Ende; Datei (Version 2009): 1-13_Glas_Dach.sldprt

Das Feature **Linear austragen1** startet nicht von der Skizzierebene (EbeneTableau-BasisSkizzen), sondern von Punkt31@Skizze1-BasisSkizzen und endet unter Verwendung der Endbedingung BIS ECKPUNKT am Punkt14@Skizze1-BasisSkizzen. So kann gewährleistet werden, dass eine Änderung der Breite aus Skizze1 vom steuernden Teil BasisSkizzen.sldprt entsprechend in diesem und auch in anderen Teilen übernommen wird. Natürlich muss auch bei den anderen Teilen mit gleicher Vorgehensweise gearbeitet werden. Die so erstellten Teile können dann in Baugruppen eingefügt werden, wobei auf Verknüpfungen verzichtet werden kann, da die Teile alle auf dem Konzeptteil (BasisSkizzen.sldprt) aufgebaut sind. Dessen Koordinatensystem mit Ursprung stellt den Referenzpunkt dar.

Teile ohne Volumen – Oberflächen bilden Basis für Einzelteile

Die Teile dieser Beispielbaugruppe (1-21_AnzeigeGehaeuse.sldasm) basieren ebenfalls auf einem Einzelteil (1-5_Designmodell_AnzeigeEinheit). Auch hier wird mit der Technik Teil in Teil gearbeitet.

> Im Teil 1-5_Designmodell_AnzeigeEinheit.sldprt (Abb. 1-10, Seite 24) kann man im FeatureManager™ im Ordner Oberflächenkörper mit RMT auf einen der Körper klicken und im Kontextmenü IN NEUES TEIL EINFÜGEN auswählen. Der geübte Anwender findet dieses Teil im FeatureManager von Abb 1-24.

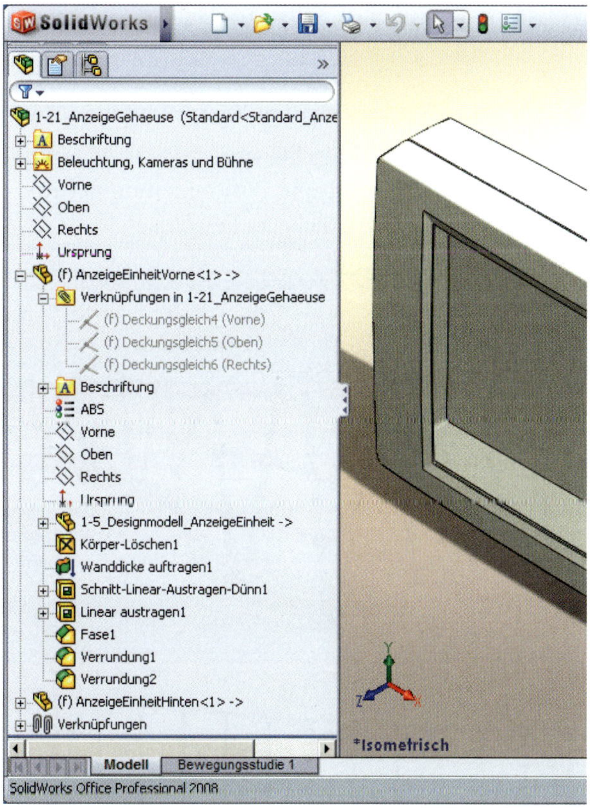

Abb. 1-24 Flächenmodell steuert Teile einer Baugruppe; Datei (Version 2008): 1-21_AnzeigeGehaeuse.sldasm

Das Designmodell, bestehend aus Oberflächenkörpern, bildet die Grundlage für die beiden Gehäusehälften. Nach dem Einfügen des Designmodells in das Modell AnzeigeEinheitVorne werden zunächst die nicht benötigten Oberflächenkörper gelöscht. Der verbleibende Oberflächenkörper ist die Basis für das Volumenmodell AnzeigeEinheitVorne. An diese Technik angelehnt wird auch die Gehäuserückwand erzeugt. Das Zusammensetzen in einer Baugruppe kann mit dem Einfügen auf den Ursprung erfolgen, d.h., Ursprung von Baugruppe und Einzelteil sind deckungsgleich, ebenso sind die Standardebenen deckungsgleich mit gleicher Ausrichtung. Die Komponenten sind an dieser Stelle fixiert. Es sind zwar im FeatureManager™ Verknüpfungen zu sehen, diese werden aber durch die Fixierung (f) unterdrückt und nicht berechnet. Der Vorteil dieser redundanten Verknüpfung: Wenn man (z.B. durch einen Anwenderfehler) die Fixierung aufhebt, werden die Komponenten automatisch an der richtigen Stelle verknüpft bleiben. Es wird in keinem Fall zu einer versehentlichen Verschiebung kommen (wird später noch mal genauer untersucht).

Teile mit Volumen – Skizzen steuern Teile, Features steuern Komponentenmuster

Eine Variante dieser Vorgehensweise ist im folgenden Beispiel gezeigt. Wesentliche Teile der Aufgabenstellung sind hier, die Anzahl und Positionierung der Knotenkugeln in der Gesamtbaugruppe einer Seilhängebrücke zu bestimmen.

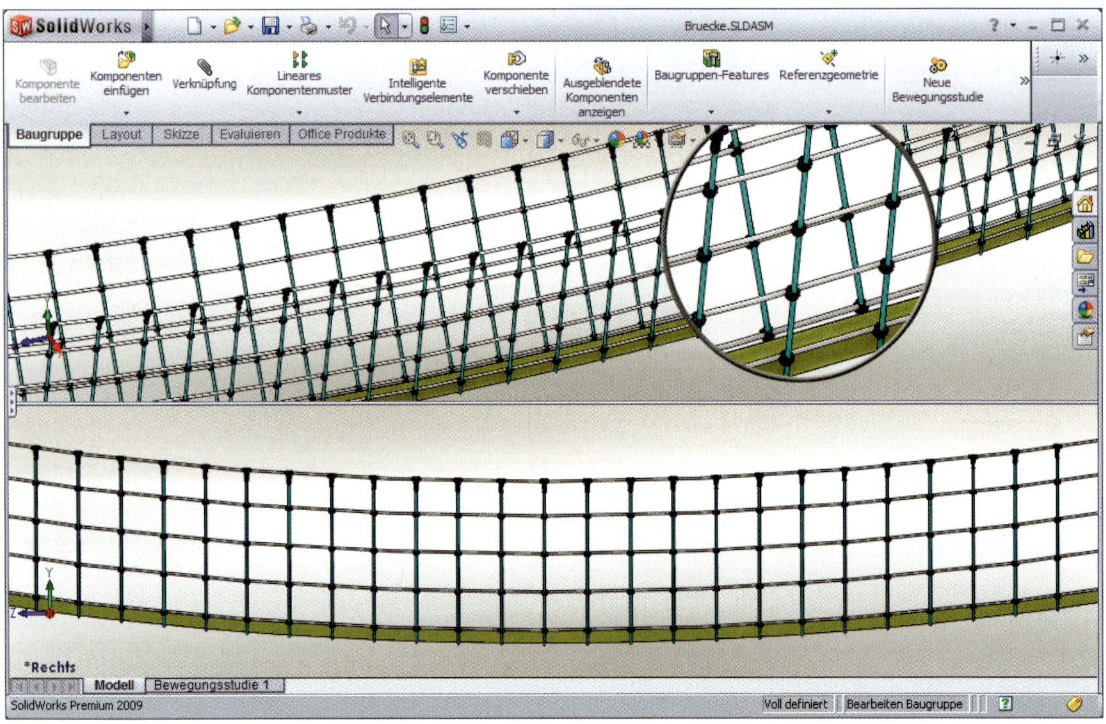

Abb. 1-25 Seilhängebrücke mit Detail der Knotenkugeln

Die Baugruppe selbst soll sich durch Verändern weniger Parameter in verschiedenen Varianten, ohne Konfigurationen, darstellen lassen (ist für die Untersuchung hier nicht weiter von Bedeutung). Da in Baugruppen nur lineare und kreisförmige Muster erzeugt werden können, ist man in einem solchen Fall auf ein abgeleitetes Komponentenmuster angewiesen. In Abb. 1-26 zeigt die linke Bildhälfte das Konzeptteil (Brueckenlayout) mit einem kurvengesteuerten Muster. Im Beispiel wurde das kurvengesteuerte Muster mit einem Volumenkörper erzeugt, auf den diese Art Muster angewendet wird. Der Volumenkörper würde eine Verfälschung der Masseeigenschaften und Stücklistenauswertung mit sich bringen. Alternativ: Ein Feature am Ende des FeatureManager™ (Körper löschen) könnte den Mangel der verfälschten Masseeigenschaften beheben. Die Komponenteneigenschaft AUS STÜCKLISTE AUSSCHLIEßEN könnte auch den zweiten Nachteil beheben.

Es wäre auch ein kurvengesteuertes Muster mit Oberflächenkörpern möglich. Dies hätte auch keine Auswirkungen auf die Masseeigenschaften in der Baugruppe.

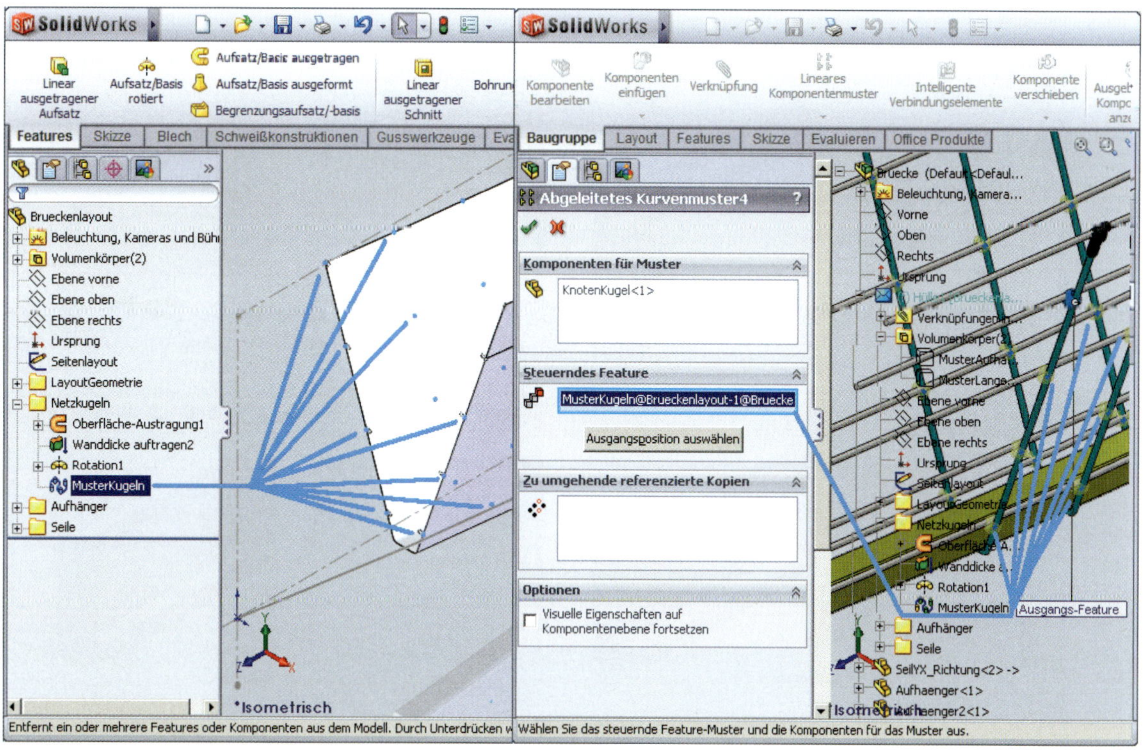

Abb. 1-26 Verwenden eines kurvengesteuerten Musters zum Erstellen eines abgeleiteten Komponentenmusters

In einer Baugruppenzeichnung müsste die Komponente ausgeblendet sein. An dieser Stelle sind die speziellen Eigenschaften der HÜLLE-Funktion von Nutzen: Das Hüllenteil (hier Brueckenlayout, rechte Hälfte Abb. 1-26) wird, wie schon berichtet, bei Massenberechnungen und Kollisionsprüfungen nicht berücksichtigt, wird in Stücklisten nicht mitgezählt, in übergeordneten Baugruppen und Zeichnungen der Baugruppe nicht angezeigt.

Teil mit Volumen – Mehrkörperteil als Basis für Gehäuseteile einer Baugruppe

Wie schon zuvor mit einem Konzeptteil mit mehreren Oberflächen gezeigt, kann man alternativ mit einem Volumenmodell mit mehreren Volumenkörpern ähnlich arbeiten. Zusätzlich zur Teil-in-Teil-Methode (z.B. im FeatureManager™ RMT auf einen Körper im Ordner Volumenkörper klicken und im Kontextmenü IN EIN NEUES TEIL EINFÜGEN auswählen) gibt es bei Volumenmodellen die Möglichkeit, Körper abzuspalten und diese direkt als Datei zu erzeugen. Durch die Überarbeitung der Funktion ist das erneute Anfügen an das ursprüngliche Modell ab SolidWorks-Version 2009 stabiler in der Anwendung geworden.

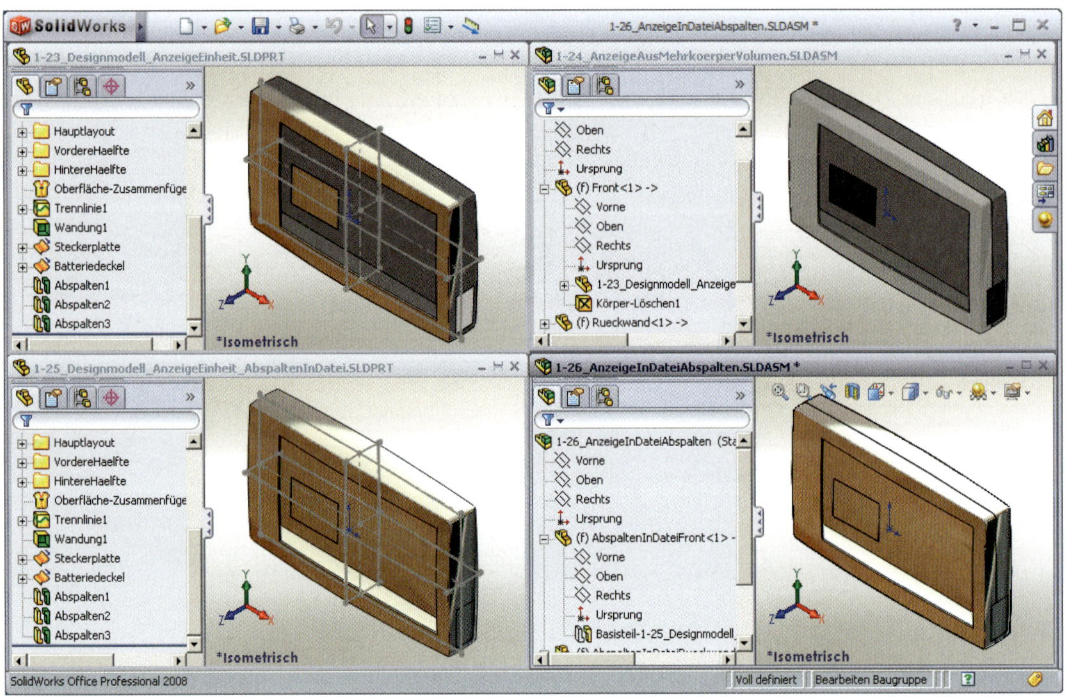

Abb. 1-27 Mehrkörperteil steuert Baugruppeneinzelteile; Dateien (Version2008): 1-23_Designmodell_AnzeigeEinheit.sldprt, 1-24_AnzeigeAusMehrkoerpervolumen.sldasm, 1-25_Designmodell_Anzeigeeinheit_AbspaltenInDatei.sldprt, 1-26_AnzeigeInDateiAbspalten.sldasm

In Abb. 1-27 sind die beiden Varianten zum Vergleich dargestellt. Aus dem Teil 1-23_Designmodell_AnzeigeEinheit.sldprt oben links wird mit der Teil-in-Teil-Methode die Baugruppe 1-24_AnzeigeAusMehrkoerperVolumen.sldasm oben rechts entwickelt. Die Features Abspalten1, Abspalten2 und Abspalten3 trennen den Volumenkörper auf. In ein neues Teil (Front) eingefügt, werden die nicht benötigten Körper gelöscht und weitere Features angefügt. Die untere Hälfte zeigt die zweite Variante, wobei in der Definition der Features Abspalten1, Abspalten2 und Abspalten3 im Einzelteil (1-25_Designmodell_AnzeigeEinheit_AbspaltenIn-Datei.sldprt) gleichzeitig die Einzelteildateien der späteren Baugruppe 1-26_AnzeigeInDateiAbspalten.sldasm (z.B. AbspaltenInDateiFront<1>) erzeugt werden.

1.3.3 Teil zum Positionieren von Bauteilen und Baugruppen

Wenn In-Kontext-Referenzen nicht zulässig sind, auch nicht in der Entwurfsphase eines Produktes, ist es mit manuellem Mehraufwand auch möglich, einen parallelen Aufbau von Baugruppen zu erzeugen und trotzdem den Zusammenhang, zu anderen Baugruppen, nicht zu verlieren. Dies kann man mit einem Konzeptteil erzeugen. In diesem Konzeptteil werden die markanten Punkte, Achsen, Flächen/Ebenen und Schnittstellen definiert. Sobald man eine neue (Unter-)-Baugruppe startet, wird dieses Konzeptteil als erstes Bauteil eingefügt (Koordinatensysteme zur Deckung bringen!). Alle weiteren Bauteile werden dann zu diesem Konzeptteil auf die entsprechende Referenzgeometrie verknüpft. Um ein vollständiges referenziertes Modell zu erhalten, muss man nur die Baugruppen in einer Zusammenstellung einfügen. Diese können natürlich ohne Verknüpfungen direkt eingefügt werden (fixiert), wobei die Koordinatensysteme der Baugruppen und die der Zusammenstellung wieder zur Deckung gebracht werden müssen.

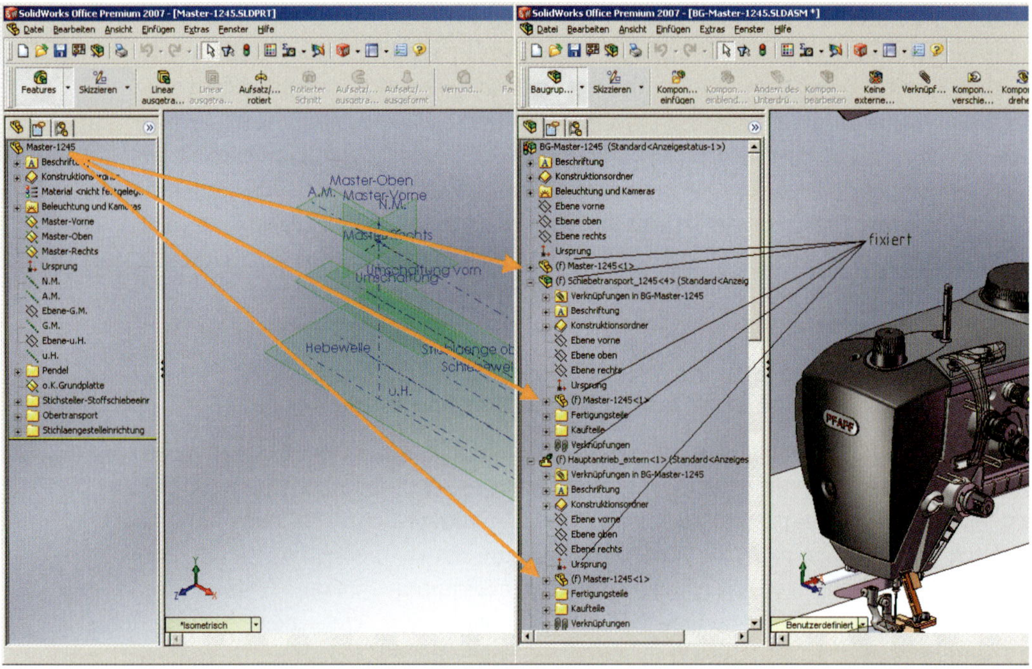

Abb. 1-28 Konzeptteil (Master-1245) in allen Baugruppen (mit freundlicher Genehmigung der Firma PFAFF Industrie Maschinen AG)

Die Abb. 1-28 zeigt in der linken Bildhälfte das Konzeptteil (Master-1245). Ebenen und Achsen (auch Skizzen und Volumen – im Bildbeispiel nicht verwendet) wurden zur Positionierung von Komponenten angelegt. In der rechten Bildhälfte ist im FeatureManager™ als Erstes das Konzeptteil (Master-1245) in die Baugruppe eingefügt. Das Konzeptteil (Master-1245) könnte auch als HÜLLE eingefügt werden, wegen der schon genannten Vorteile.

In diesem Fall dient das Konzeptteil (Master-1245) zur Steuerung der Position von Teilen und Unterbaugruppen direkt aus der Zusammenstellung (BG-Master-1245). Wenn man das Konzeptteil (Master-1245) nicht in dieser Baugruppenebene einfügt (BG-Master-1245), muss für Änderungen das Konzeptteil (Master-1245) in einem separaten Fenster bearbeitet oder in einer der Unterbaugruppen zur Bearbeitung geöffnet werden. In dieser obersten Ebene der Baugruppendarstellung wurden keine Verknüpfungen erzeugt. Die Definition sowie die Berechnung der Positionen (Verknüpfung der Komponenten) erfolgt in den Unterbaugruppen. In der Zusammenstellung (BG-Master-1245) sind alle Komponenten fixiert, die Koordinatensysteme sind deckungsgleich, somit auch die Ursprünge der Komponenten, die den gemeinsamen Referenzpunkt des kompletten Modells darstellen.

Dies wird durch eine Verwendung des Konzeptteils (Master-1245) in allen Haupt- und Unterbaugruppen (wie schon zuvor beschrieben) zur Verknüpfung, d.h. Positionierung aller Komponenten zum Konzeptteil (Master-1245), erreicht. Änderungen in der Positionierung müssen im Konzeptteil (Master-1245) vorgenommen werden. Prüfung auf Funktion und Kollision kann in Testbaugruppen vorgenommen werden, die nur die beteiligten Unterbaugruppen beinhalten. Es muss nicht immer die vollständige Zusammenstellung (BG-Master-1245) geladen werden, da alle relevanten Informationen in allen Haupt- und Unterbaugruppen vorhanden sind.

1.3.4 Teil als steuernde In-Kontext-Geometrie in Baugruppen

Am Beispiel einer Küchenzeile (1-17_Kuechenzeile_fertig.sldasm) untersuchen wir im Folgenden die Steuerung von Baugruppenkomponenten durch ein Konzeptteil. In diesem Konzeptteil, 1-14_LayoutTeilKueche_fertig.sldprt, werden die markanten Stellen, Übergänge und Anschlussebenen/-punkte definiert.

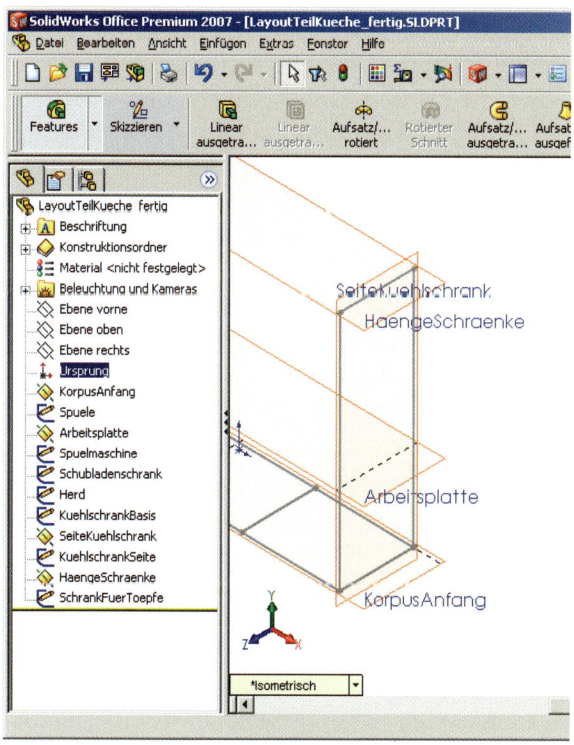

Abb. 1-29 Steuerndes Teil in den Baugruppen; Datei (Version 2007): 1-14_LayoutTeilKueche_fertig.sldprt

Der Referenzpunkt (Ursprung) ist durch die Aufstellfläche (Ebene oben, LayoutTeilKueche_fertig = y = 0) und den Abwasserabfluss (x = 0, z = 0) definiert. Auf der Ebene KorpusAnfang wird für jede der Komponenten (jeden Korpus) eine Skizze angelegt. Diese Skizzen geben die Ausdehnung in x- und z-Richtung der Komponenten wieder. Zusammen mit der Begrenzung durch die Ebene Arbeitsplatte ist der Bauraum einer jeden Komponente mit Skizzen und Ebenen definiert.

Um aus diesem Konzeptteil Komponenten und Baugruppen zu entwickeln, erstellt man zunächst eine neue Baugruppe. Je nach CAD- oder Konstruktionsrichtlinie entscheidet sich, ob man die Steuerung in dieser Baugruppenebene vornehmen möchte oder in einer der Ebenen darunter. In der steuernden Baugruppe wird als erstes Teil das steuernde Teil (Abb. 1-29) eingefügt, die Koordinatensysteme werden zur Deckung gebracht, die Position vollständig definiert. Wie schon zuvor beschrieben ist die Verwendung der Funktion HÜLLE angebracht: EINFÜGEN->HÜLLE->VON DATEI... Nächster Schritt ist das Einfügen einer weiteren Komponente. Je nach CAD-Richtlinie, SolidWorks-Version oder persönlichen Vorlieben wird jetzt eine weitere neue Komponente eingefügt. Auch diese Komponente wird zu den Koordinatensystemen der Baugruppe und des Konzeptteils ausgerichtet und vollständig definiert.

Am einfachsten lässt sich dies durch die Platziert-Verknüpfung (SolidWorks 2007 und älter) darstellen: Der Befehl EINFÜGEN->KOMPONENTE->NEUES TEIL... fragt zunächst, je nach Systemeinstellung, nach einer Vorlage, nach einem Dateinamen (und Ablageort) und anschließend nach einer Platzierungsebene. Hier sollte man beachten, dass SolidWorks (bis Version 2007) das neue Teil sofort bearbeitet und auf der ersten Ebene im FeatureManager™ (Ebene1, X-Y Ebene, Ebene vorne, Vorderansicht ...) eine Skizze geöffnet ist. Die SolidWorks-Versionen 2008 und jünger bieten auch die Möglichkeit, mit internen Komponenten zu arbeiten. Natürlich lassen sich auch *leere* Teile in die Baugruppe einfügen, wobei auch deren Koordinatensysteme mit dem Koordinatensystem der Baugruppe bzw. dem Konzeptteil zur Deckung gebracht werden.

Im Beispiel der Küchenzeile wird jetzt ein neuer Schrank eingefügt. Dazu wird im Konzeptteil 1-14_LayoutTeilKueche_fertig.sldprt eine Skizze (SchrankFuerToepfe) auf der Ebene KorpusAnfang gestartet. Ein Rechteck ist ausreichend für die Abmessungen in X- und Z-Richtung. Die Definition der Skizze kann durch Bemaßungen und Beziehungen zur schon erstellten Geometrie erzielt werden. Das so modifizierte Konzeptteil wird in eine neue Baugruppe (1-15_SchrankFuerToepfe.sldasm) als HÜLLE eingefügt. In diese Baugruppe fügt man ein weiteres Teil (1-6_SchrankFuerToepfe.sldprt) ein, wobei die Koordinatensysteme zur Deckung gebracht werden. Das Teil (1-16_SchrankFuerToepfe.sldprt) wird mit RMT (Rechte Maus Taste) ->TEIL BEARBEITEN aus dem Kontextmenü in Bearbeitung genommen. Auf der Ebene KorpusAnfang aus dem Konzeptteil wird jetzt (im Modus TEIL BEARBEITEN des Teils 1-16_SchrankFuerToepfe.sldprt) eine neue Skizze gestartet. Mit ELEMENTE ÜBERNEHMEN werden die Linien aus der Skizze (SchrankFuerToepfe) aus dem Konzeptteil in die aktuelle Skizze übertragen. Die so voll definierte Skizze wird als Volumen ausgetragen mit der Endbedingung BIS OBERFLÄCHE, wobei die Ebene Arbeitsplatte aus dem Konzeptteil als Referenz verwendet wird. Damit ist der Bauraum dieses Teils definiert. Dieser Bauraum bildet die Grundlage für die gesamte Baugruppe 1-15_SchrankFuerToepfe.sldasm.

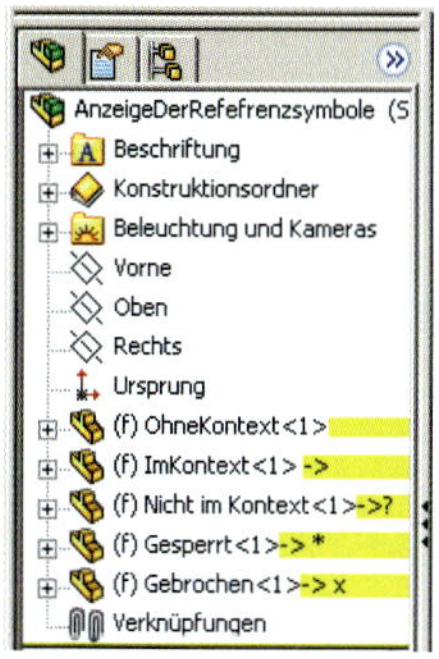

Abb. 1-30 Die verschiedenen Symbole der In-Kontext-Referenzen. Der Teilename gibt den Zustand der externen Referenz wieder.

-> Im Kontext: Das Teil mit In-Kontext-Referenzen ist in SolidWorks geöffnet.

->? Nicht im Kontext: Das Teil mit In-Kontext-Referenzen ist in SolidWorks **nicht** geöffnet.->* Gesperrt: Die Aktualisierung der In-Kontext-Referenzen ist temporär unterbunden. Diese Sperrung kann zur Aktualisierung wieder aufgehoben werden.

->x Gebrochen: Die Aktualisierung der In-Kontext-Referenzen ist dauerhaft unterbunden. Diese Sperrung kann zur Aktualisierung **nicht** wieder aufgehoben werden. Solange die externen Referenzen nicht aufgelöst (manuell entfernt) werden, werden diese Referenzen weiter angezeigt (auch mit Dateipfad).

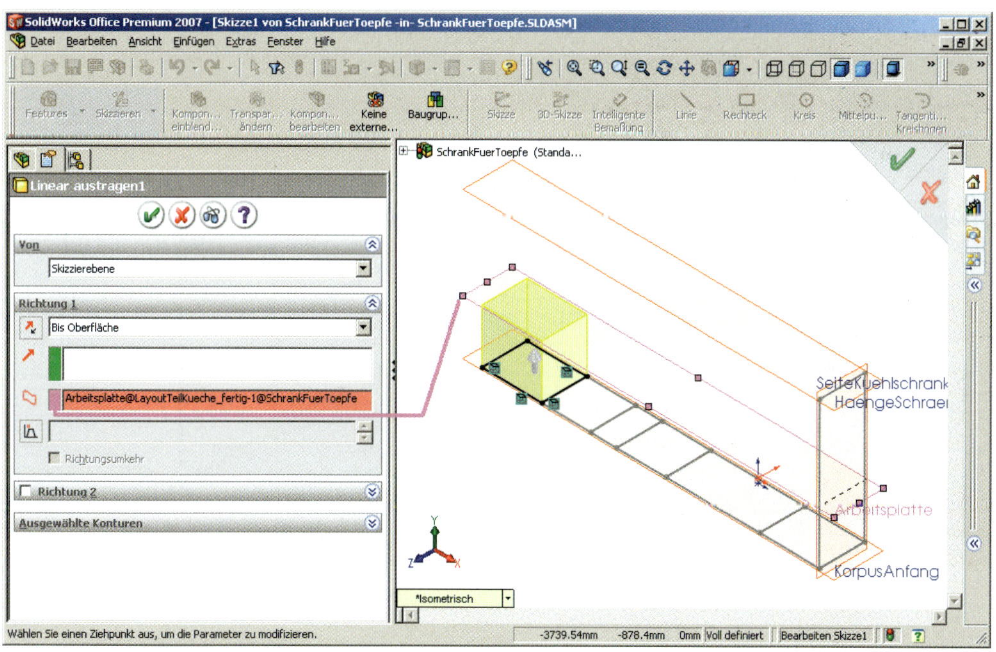

Abb. 1-31 Teil übernimmt Kontur in der Skizze und Endbedingung im Feature vom steuernden Teil; Datei (Version 2007): 1-15_SchrankFuerToepfe.sldasm

Eine solche Art der Baugruppenbearbeitung hat viele Vorteile. Die Steuerung kann durch das Konzeptteil erfolgen. Die darauf basierenden Einzelteile folgen automatisch jeder Änderung. Die Aufteilung von Aufgaben konstruktiver Art lässt sich in kleinen Paketen definieren.

Zum Test von Einzelteilen und Unterbaugruppen in der Umgebung werden auch nur die umgebenden Baugruppen benötigt, die Datenmengen und Wartezeiten zum Laden, Bearbeiten und Speichern bleiben kleiner. Die Erstellung der Zusammenstellung (hier: 1-17_Kuechenzeile_fertig.sldasm) ist aus konstruktiver Hinsicht nicht erforderlich. Kollisionsprüfungen können durch diese Art der Baugruppenbearbeitung auf Haupt- bzw. Unterbaugruppenebene gemacht werden. Die Stücklisten können mit dem nachfolgenden PDM-/ERP-System erstellt werden. Wenn die Unterbaugruppen zueinander passen, wird dies auch in der Zusammenstellung der Fall sein.

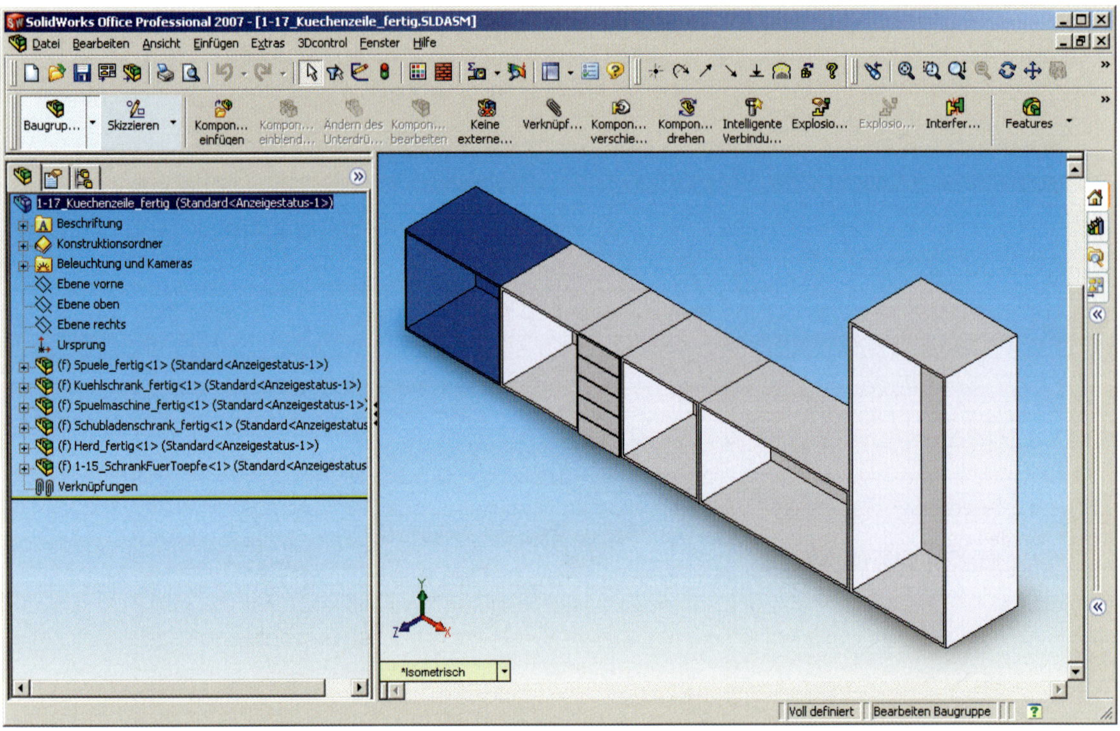

Abb. 1-32 Fertige Hauptbaugruppe; Datei (Version 2007): 1-17_Kuechenzeile_fertig.sldasm

Der Vorteil der automatischen Aktualisierung durch die In-Kontext-Referenzen ist mit Rechenleistung erkauft. Diese In-Kontext-Referenzen sorgen dafür, dass alle Änderungen am Konzeptteil durchgängig in allen referenzierten Teilen und Baugruppen aktualisiert werden. Wenn sehr viele externe Referenzen erzeugt werden, sind auch lange Rechenzeiten erforderlich, um die Modelle aktuell zu halten. Auch werden externe Referenzen berechnet, wenn es keine Änderung an den In-Kontext-Referenzen gab. Zur Verdeutlichung kann man sich die Aktualisierungshalter anzeigen lassen.

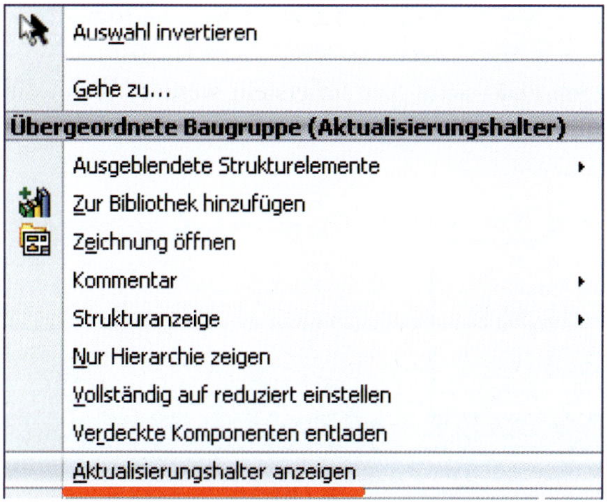

Abb. 1-33 Einblenden der Aktualisierungshalter im FeatureManager™ mit ***RMT***

Aktualisierungshalter im FeatureManager™

Die Aktualisierungshalter sind im FeatureManager™ unter den Verknüpfungen angezeigt. Die Beschreibung der Aktualisierungshalter zeigen an, welche Aktion unternommen wird, wenn die Berechnung des Modells durchgeführt wird. Beginnend oben im FeatureManager™ werden zunächst die Unterbaugruppen- und Einzelteilmodelle berechnet. Nach der Berechnung der Verknüpfungen wird die Anweisung des ersten Aktualisierungshalter ausgeführt, zum Beispiel: Aktualisieren Skizze1 in Basisplatte. Nach der Ausführung werden die Komponenten und die Verknüpfung erneut berechnet. Die Anweisung im nächsten Aktualisierungshalter wird ausgeführt: Aktualisieren Linear austragen1 in Basisplatte ...

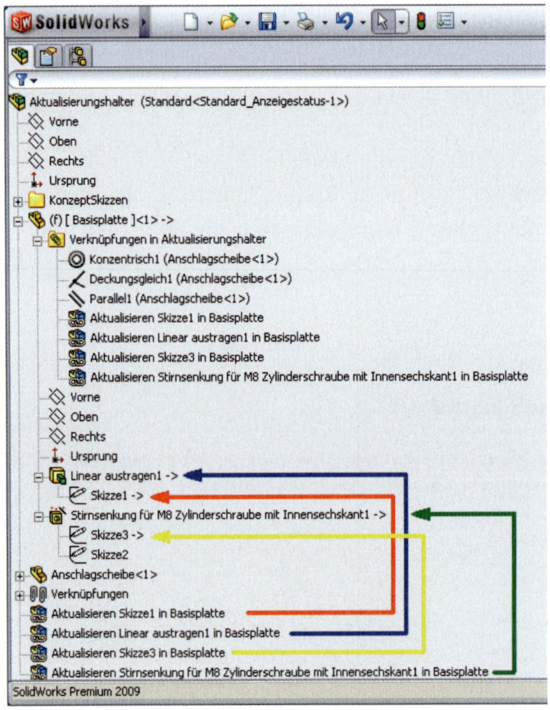

Abb. 1-34 Aktualisierungshalter zeigen die zeitliche Folge externer Referenzen.

Ob diese mehrfache Berechnung der Komponenten und Verknüpfungen erforderlich ist, kann der Anwender am besten entscheiden. Um diese wiederholten Berechnungen zu unterbinden, kann man die externen Referenzen sperren. Eine gesperrte Referenz wird bei der Berechnung nicht berücksichtigt, aber auch etwaige Änderungen werden nicht übertragen. Wenn Veränderungen an der relevanten Geometrie gemacht werden, kann man diese Sperrung wieder aufheben. Sinnvollerweise verwendet man hier Makros, die eine Sperrung vornehmen bzw. diese Sperrung wieder aufheben. Gerade wenn es mehrere externe Referenzen gibt, ist die Sperrung bzw. das Aufheben der Sperrung sehr aufwendig, da jede Referenz separat bearbeitet werden muss.

Wenn die Entwurfsphase des Projekts abgeschlossen ist, werden die externen Referenzen häufig aufgelöst. Dies ist gerade dann wünschenswert, wenn die Einzelteile auch in anderen Baugruppen verwendet werden. Um herauszufinden, wo sich die externen Referenzen befinden und worauf sie sich beziehen, kann man mit dem Befehl <RMT> aus dem Kontextmenü AUFLISTEN EXTERNER REFERENZEN arbeiten. Eine Festlegung, wie mit den externen Referenzen umgegangen wird, definiert man in aller Regel in der CAD-Richtlinie.

1.3.5 Bauraummodell definiert Modellabmessungen

Ein ähnlicher Aufbau wie an der zuvor gezeigten Küchenzeile soll hier gezeigt werden. Im Unterschied zur Küchenzeile, in der ein Konzeptteil auf Basis von Skizzen und Ebenen verwendet wurde, ist hier ein Volumenkörper eingesetzt, um den Bauraum von Komponenten in der Baugruppe zu definieren. Auch mit dieser Technik gelten die gleichen Hinweise im Bezug auf die In-Kontext-Referenzen.

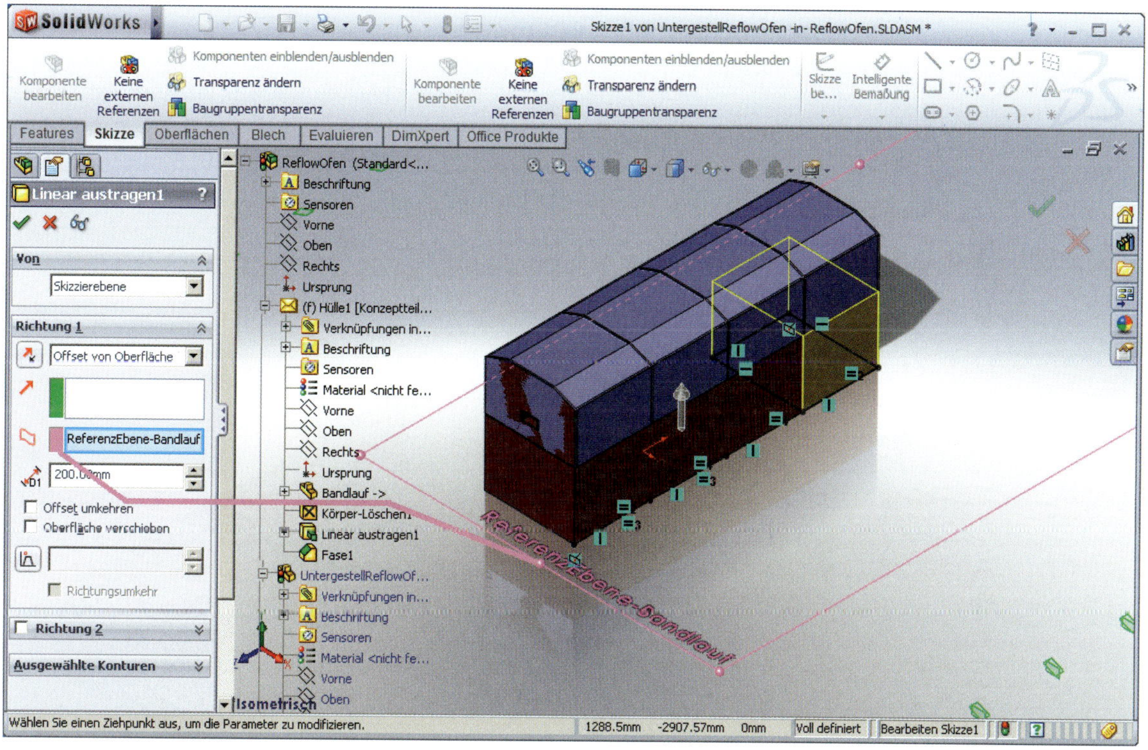

Abb. 1-35 In-Kontext-Bearbeitung; Datei (Version 2009): 1-18_ReflowOfen.sldasm

Bei genauerer Betrachtung des FeatureManager™ von Abb. 1-35 ist zu erkennen, dass die Endbedingung des Features LINEAR AUSTRAGEN1 (der Teils UntergestellReflowOfen.sldprt) sich auf die ReferenzEbene-Bandlauf bezieht. Diese Ebene befindet sich im Konzeptteil_ReflowOfen.sldprt. Dies ist als Hülle1 in die Baugruppe 1-18_ReflowOfen.sldasm eingefügt. Dadurch entsteht die In-Kontext-Referenz zwischen diesen beiden Bauteilen über die Baugruppe.

1.3.6 Baugruppen als steuernde Geometrie

Mit den vorgestellten Techniken für Einzelteile wären auch Baugruppen zur Steuerung realisierbar. Die mehrfach erwähnten Vorteile der Funktion HÜLLE lassen sich aber nur für Einzelteile anwenden. Einzig den Ausschluss aus der Stückliste kann man in den Komponenteneigenschaften der entsprechenden Baugruppe einstellen.

1.4 Kombination der Techniken

Als Beispiel für eine Kombination der Techniken wurde ein Aufstellplan (Abb. 1-36) gewählt. Die dargestellte Halle3D<1> ist ein Einzelteil und basiert auf einer 2D-Skizze, die einen Block mit mehreren Unterblöcken beinhaltet. Einzelne Linien des Blocks wurden für Skizzen zur Erstellung der Volumenfeatures verwendet.

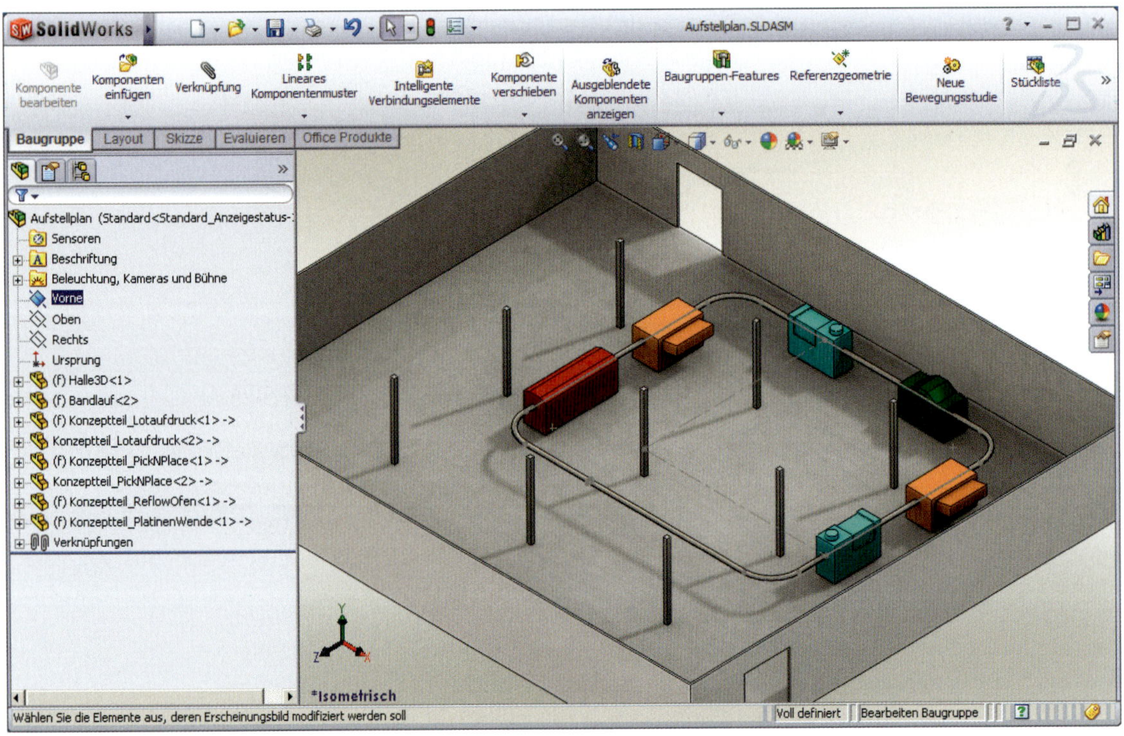

Abb. 1-36 Kombination der Techniken, Zusammenstellung; Datei (Version 2009): 1-19_Aufstellplan.sldasm

Das Teil Bandlauf<2> beinhaltet die wesentliche Geometrie für die Positionierung der Konzeptteile. Neben Skizzengeometrie sind auch wichtige Referenzebenen definiert. In einem solchen Teil wären auch Blöcke in Skizzen vorstellbar, wenn dies der Konstruktionsabsicht dient. Das Teil wird auch als Teil in die (im FeatureManager™ nachfolgenden) Konzeptteile eingefügt. Auf Basis der Geometrie aus dem Teil Bandlauf werden die Positionen und die Hauptabmessungen der Konzeptteile entwickelt. Die Konzeptteile dienen dann als Grundlage für die Baugruppen der einzelnen Bearbeitungsstationen der Anlage. Eine der Bearbeitungsstationen wurde im vorherigen Abschnitt detaillierter beschrieben: 1-18_ReflowOfen.sldasm.

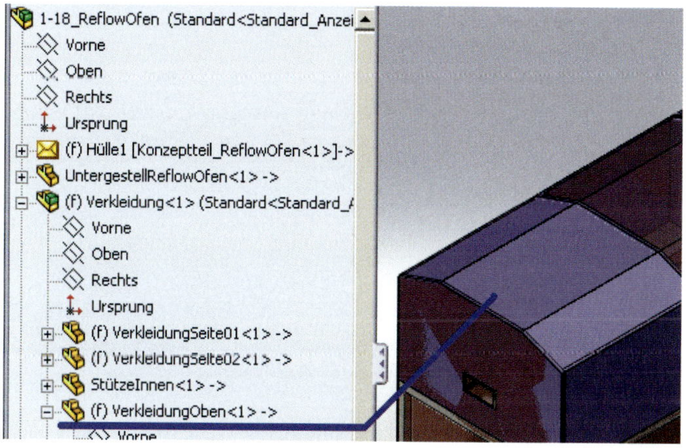

Abb. 1-37 Kombination der Techniken, Teil in Unterbaugruppe;
Datei (Version 2009): 1-18_ReflowOfen.sldasm

In dieser Baugruppe wurde neben der In-Kontext-Technik (das Untergestell des ReflowOfen wurde mit dieser Technik erstellt) auch mit der Teil-in-Teil-Technik gearbeitet. Die Unterbaugruppe mit den Blechverkleidungen basiert auf dieser Teil-in-Teil-Variante, wobei das mehrfach an anderen Stellen verwendete Konzeptteil_ReflowOfen.sldprt eingefügt ist. In der Baugruppe 1-18_ReflowOfen.sldasm ist das Konzeptteil_ReflowOfen.sldprt zum leichteren Ändern der Hauptabmessungen eingefügt.

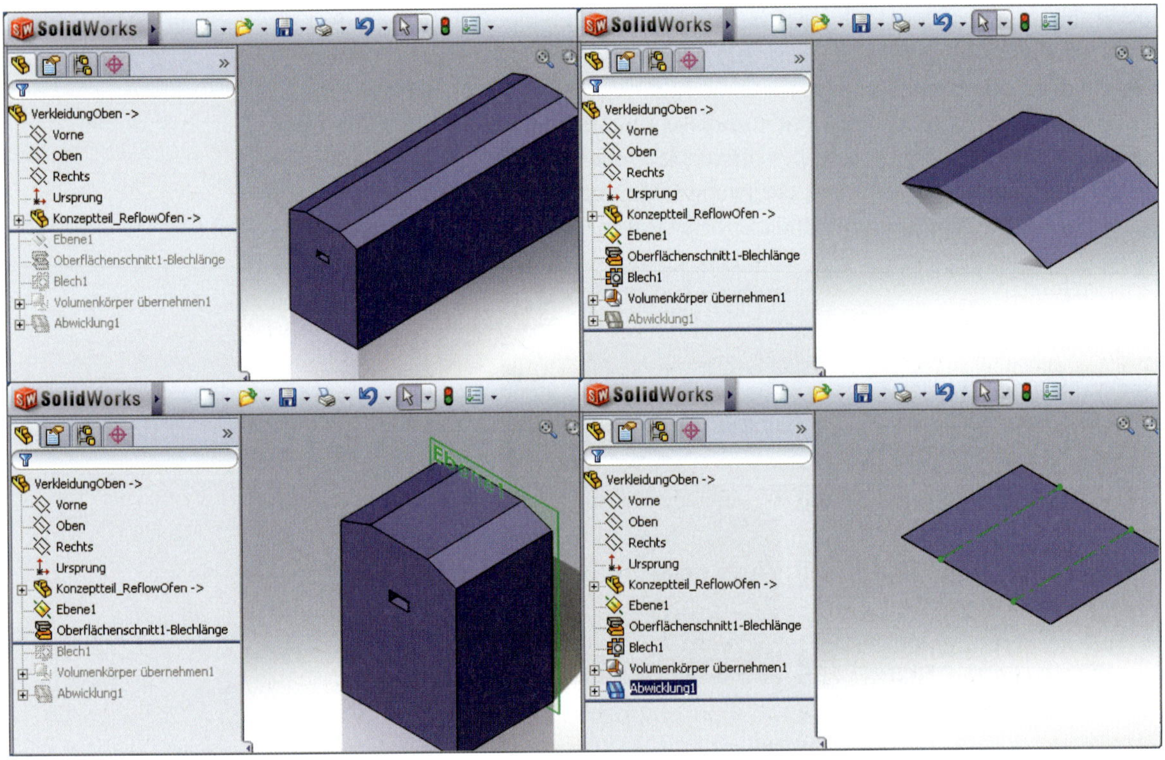

Abb. 1-38 Verwendung des Konzeptteilvolumens; Datei (Version 2009): 1-20_VerkleidungOben.sldprt

Am Beispiel der 1-20_VerkleidungOben.sldprt (Abb. 1-38) ist zu sehen, wie man das Volumen des Konzeptteils zum Erstellen eines Blechteils verwenden kann.

1.5 Vergleich der Techniken

Die bis jetzt vorgestellten Techniken lassen sich in mehrere Gruppen unterteilen:

1. vollkommen ohne externe Referenzen (Bottom-up)
2. basierend auf einem positionierenden Element (Bottom-up mit Positionsteil)
3. lineare Struktur(en) von externen Referenzen (Teil in Teil)
4. freie Struktur(en) von externen Referenzen (In-Kontext-Referenz über eine Baugruppe)

Vollkommen ohne externe Referenzen lassen sich Baugruppen nach der Bottom-up-Methode aufbauen. Die Komponenten werden in den Baugruppen direkt zueinander durch Verknüpfungen positioniert. Natürlich werden auch hier Referenzen verwendet: Die verknüpften Elemente der Komponenten haben (zum Teil auch interne) Benennungen. Wenn diese Elemente (z.B. die Zylinderfläche einer Bohrung im Einzelteil) gelöscht werden, geht auch die Verknüpfung, die über diese Fläche erstellt wurde, verloren. SolidWorks verwendet zum Verknüpfen den Flächennamen. Wenn kein Name von Hand vergeben wird, verwendet SolidWorks eine interne Nummerierung. Wie schon erwähnt, ist diese Methode, Baugruppen zu erstellen, am leichtesten zu erlernen, hat aber den wesentlichen Nachteil, dass bei Änderungen jedes Teil und jede (Unter-)Baugruppe manuell gepflegt werden müssen. Auch die Prüfungen auf Kollision oder Position von Komponenten müssen bei Feature-Änderungen geprüft werden. Der wesentliche Vorteil dieser Methode liegt darin, dass alle Komponenten allein – ohne andere Bauteile oder Baugruppen – lebensfähig sind. Dies ist insbesondere für eine mehrfache Verwendung von Komponenten interessant.

Die Verwendung von Konzeptteilen (oder Konzeptbaugruppen) zur Positionierung von Komponenten einer Zusammenstellung hat alle Vorteile der Bottom-up-Methode. Hinzu kommt eine Steuerung der Positionen von Komponenten, die es ermöglicht, einzelne Unterbaugruppen gegeneinander auf Kollision zu testen, ohne die Hauptbaugruppe (Zusammenstellung) in SolidWorks zu laden. Konzeptteile können direkt als HÜLLE eingefügt werden.

Lineare Strukturen mit externen Referenzen können mit der Teil-in-Teil-Technik abgebildet werden. Das Konzeptteil wird in andere Teile eingefügt. Position und Geometrie von Komponenten können, auch über mehrere Baugruppenebenen, übertragen werden.

Freie Strukturen durch In-Kontext-Referenzen über Baugruppen bieten Möglichkeiten für flexible Entwürfe. Vorstellbar – wenn auch nicht besonders empfehlenswert - ist die mehrere Baugruppenebenen übergreifende In-Kontext-Referenz. Auch mehrfache In-Kontext Referenzen (ein Einzelteil wird in verschiedenen Baugruppen über In-Kontext-Referenzen gesteuert) sind mit der Freischaltung einer entsprechenden Systemoption möglich. Die Baugruppen und Einzelteile können in beliebig komplexer Struktur erstellt werden. Zirkuläre Bezüge können unter Umständen (auch ungewollt!) erstellt werden. Häufig sind diese dadurch zu erkennen, dass mindestens ein zweiter Modellneuaufbau erforderlich ist, um das Modell korrekt darzustellen. Die dafür benötige Rechnerleistung lässt sich durch Vermeidung solcher Zirkelbezüge einsparen. Zirkelbezüge sind meist schwierig zu identifizieren.

Um eine zufällige Erstellung von In-Kontext-Referenzen zu unterbinden, bietet es sich z.B. an, die Option (EXTRAS->OPTIONEN->SYSTEMOPTIONEN->EXTERNE REFERENZEN) KEINE EXTERNEN MODELLREFERENZEN ERSTELLEN als Standard zu setzen.

Beim Arbeiten mit In-Kontext-Features können sehr schnell (auch ungewollte) zirkuläre Beziehungen erstellt werden. Diese sind oft daran zu erkennen, dass man einen zweiten Modellneuaufbau benötigt, damit das Modell korrekt dargestellt wird.

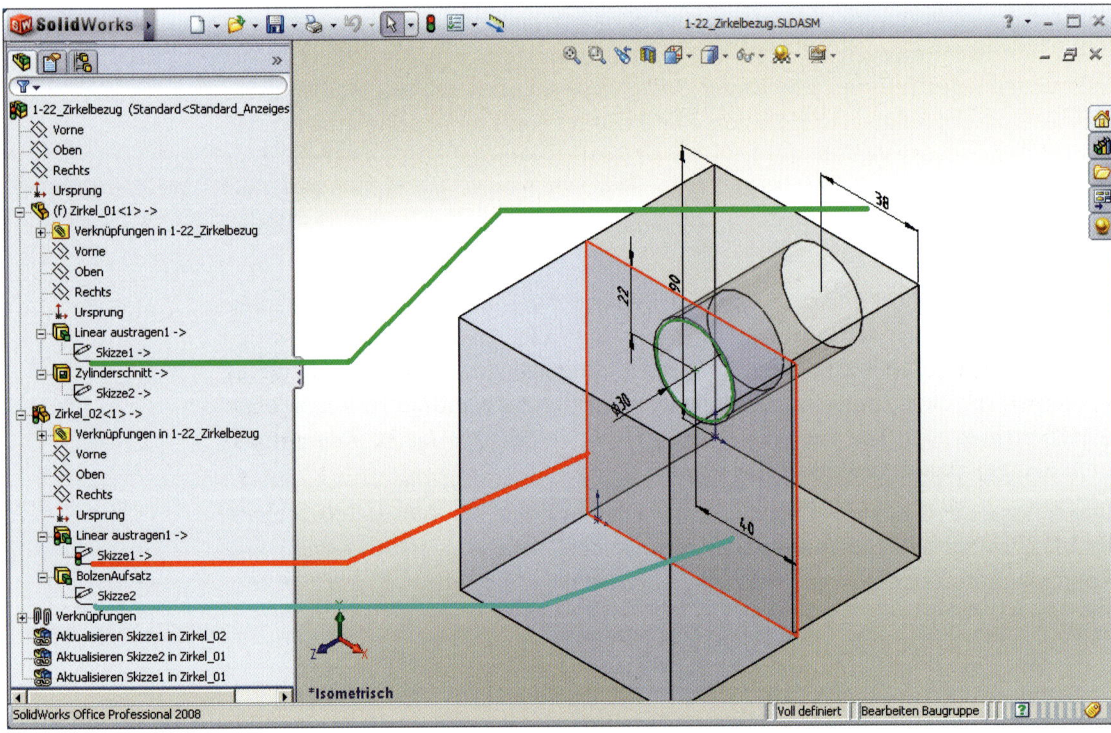

Abb. 1-39 Zirkulärer Bezug; Datei (Version 2008): 1-22_Zirkelbezug.sldasm

Im einfachen Beispiel (Abb. 1-39) 1-22_Zirkelbezug.sldasm wurde die Skizze1 im Teil Zirkel_01<1> unterdefiniert erstellt (nur mit vertikalem Maß 90) und das Volumen mit LINEAR AUSTRAGEN1 erzeugt. Die Skizze1 im Teil Zirkel_02<1> übernimmt die Außenkanten (in Rot dargestellt) vom Volumenkörper Teil Zirkel_01<1> als In-Kontext-Referenz in Baugruppe 1-22_Zirkelbezug.sldasm, der Volumenkörper wird mit LINEAR AUSTRAGEN1 erzeugt. Das Feature BolzenAufsatz wird dem Körper hinzugefügt, wobei die Position des Skizzenelementes Kreis durch die Maße 22 (vertikal) und 40 (horizontal) definiert ist.

Man beachte: Das Maß 40 ist abhängig von der noch unterdefinierten Skizze1 im Teil Zirkel_01<1>. Um dies zu ändern, wird die Skizze1 von Teil Zirkel_01<1> in der Baugruppe 1-22_Zirkelbezug.sldasm bearbeitet und das Maß 38 von der Zylinderkante des Features BolzenAufsatz des Teils Zirkel_02<1> zur vertikalen Skizzenlinie gesetzt. Solange sich das Maß (38) vom Maß 40 in der Skizze2 des Features BolzenAufsatz von Teil Zirkel_02<1> unterscheidet, sind nicht alle Teile der Baugruppe aktuell. Mit jedem Modellneuaufbau verändern sich die Modelle in der Baugruppe.

Der größte Nachteil aber liegt in der allgemein aufwendigen Auflösung der In-Kontext-Referenzen, wenn die Komponenten auch in anderen Baugruppen eingesetzt werden sollen (oder die CAD-Richtlinie eine solche Auflösung fordert). Kopieren und umbenennen von beteiligten Einzelteilen und Baugruppen sollte nur mit den SolidWorks-Werkzeugen vorgenommen werden. Auch die PDM-/PLM-Systeme müssen diese Namensgebung korrekt umsetzen, damit die In-Kontext-Referenzen erhalten bleiben.

1.6 Zusammenfassung

Wie man leicht sehen kann, gibt es sehr viele Möglichkeiten, komplexe Baugruppen zu planen. Die Strategie wird in aller Regel durch äußere Umstände festgelegt: PDM-System, CAD-Richtlinie, Entwicklungs-, Herstellungs- oder Montageprozesse. Neben der Darstellung im CAD-System gibt die Planung komplexer Baugruppen auch die Möglichkeit, Hierarchien abzubilden. Die reduzierte Darstellung der relevanten Informationen im Konzeptteil oder einer Konzeptbaugruppe bietet eine Abbildung der Teilbarkeit der Aufgaben. Das Konzeptteil oder die Konzeptbaugruppe bildet die Basis für die gesamte Konstruktion. Hierdurch ist die Verteilung der relevanten Informationen in die entsprechenden Unterbaugruppen möglich.

Durch die gleiche Basis gibt es einen Referenzpunkt, auf den sich die gesamte Struktur bezieht. Dies bietet z.B. auch den Vorteil, dass angrenzende Baugruppen auch leicht auf Kollision geprüft werden können, da die Schnittstellen und der Bezugspunkt über das Konzept definiert sind. Eine Darstellung der vollständig detaillierten Baugruppe (Zusammenstellung) ist unter Umständen gar nicht mehr erforderlich. Die Konzeptteile und Baugruppen können zusätzlich als reduzierte Darstellung mit weniger Details für Übersichtspläne verwendet werden. Alternativ bietet SolidWorks in den jüngeren Versionen die Funktion Speed-Pak. Der Informationsgehalt der Baugruppendarstellung reduziert sich auf die grafische Darstellung und die, für weitere Bearbeitung, ausgewählte referenzierte Geometrie.

> Im Gegensatz zu den bisher vorgestellten Techniken ist Speed-Pak kein Modellierungskonzept, sondern eine SolidWorks-Funktionalität zur Datenreduzierung.

Wesentliche Erleichterung beim Erstellen und Bearbeiten solch komplexer Baugruppen bringt eine ausreichende Dokumentation. Teilweise kann in der CAD-Richtlinie vordefiniert werden, an welcher Stelle welche Informationen zu finden sind (Kommentarfunktion, Konstruktionsjournal, externe Dokumentation). Zum anderen sollten die Kommentarfunktionen im FeatureManager™ und ConfigurationManager genutzt werden, um die Analyse der Zusammenhänge zwischen Konzeptskizzen/-teilen und -baugruppen zu erleichtern.

Darüber hinaus ist natürlich ein Komplexitätsgrad zu wählen, der allen Projektbeteiligten entspricht. Man kann beliebig interne Tabellen, externe Tabellen, Gleichungen, Konfigurationen und externe Referenzen gemeinsam verwenden. Ähnlich wie der Detaillierungsgrad bei Einzelteilen und Baugruppen sind dem Konstrukteur/Modellierer hier (fast) keine Grenzen gesetzt – außer den eigenen, die man zwei Jahre nach Projektabschluss sieht, wenn eine kurze Nacharbeit am Projekt gemacht werden muss ...

2 Baugruppenleistung

Die vollständige Baugruppenleistung besteht nicht nur aus den SolidWorks-Features. Neben der Hardware (Prozessor, Arbeitsspeicher, Grafikkarte, Permanentspeicher, Eingabegeräte, Netzwerk...) spielen verwendete Software (Betriebssystem, CAD-Version, PDM/PLM, Add-Ins,...), Softwareeinstellungen und benutzerdefinierte Anpassungen eine große Rolle. Die Organisation der Daten, die gemeinsam festgelegte Strategie (CAD-Richtlinie) und der Ausbildungsgrad der Anwender werden nur allzu gerne außer Acht gelassen.

Ein Beispiel: In der Firma wird häufig mit wechselndem externen Personal gearbeitet. Werden komplexe Strategien zum Erstellen der Baugruppen verwendet, muss dies bei der Aufgabenverteilung für das externe Personal eingeplant werden. In anderen Fällen muss der Aufwand zum Anlernen berücksichtigt werden.

Verwendet man einen einfacheren Aufbau der Baugruppen, so ist dies vielleicht nicht so effektiv wie der komplexe Aufbau, das externe Personal kommt unter Umständen auch ohne Anlernen oder Spezialtraining mit den Modellen zurecht.

Noch ein Einflussfaktor: SolidWorks entwickelt sich ständig weiter, die zusätzlichen Funktionen müssen ständig auf ihre Verwertbarkeit im eigenen Entwicklungsprozess untersucht werden. Hier hilft auch der Austausch mit anderen Anwendern.

Um den schon besprochenen systematische Aufbau von Baugruppen zu ergänzen, werden im Folgenden zunächst die SolidWorks-spezifischen Einflüsse zur Baugruppengesamtleistung untersucht.

2.1 Geschwindigkeit beim Erstellen von Verknüpfungen in Baugruppen

Verknüpfungen in Baugruppen kann man sich als Gleichungssystem vorstellen, das numerisch gelöst wird. Die in SolidWorks erzeugten Verknüpfungen können im FeatureManager™ in der Reihenfolge frei angeordnet werden, d.h., auch nachträgliches Verschieben ist möglich. Das ist darin begründet, dass dieses Gleichungssystem simultan gelöst wird, die Reihenfolge also keine Rolle spielt. Dies ermöglicht unter anderem auch die einfache *Bewegungssimulation*. Voraussetzung dafür ist natürlich, dass eine der Komponenten noch nicht vollständig in ihrer Lage definiert ist. Diese Berechnung kann man nur durch Unterdrücken von Verknüpfungen oder Fixieren von Komponenten beeinflussen. Wesentlichen Einfluss hat der Anwender bei der Wahl der Verknüpfungspartner und bei der Wahl des

Verknüpfungstyps. Die unterschiedlichen Verknüpfungstypen haben unterschiedliche Berechnungsdauer. Kenntnisse dieser unterschiedlichen Geschwindigkeiten geben die Möglichkeit, die Strategie festzulegen, zweckmäßigerweise in der CAD-Richtlinie auch schriftlich zu fixieren.

Der Versuchsaufbau

Die Untersuchung wurde auf einer Hardware vorgenommen. Die Leistungseckdaten der verwendeten Rechenmaschine (vielen Dank an Matthias Willecke, Fa. AMD):

- HP xw6600 Workstation
- Intel Xeon E5430@2.66GHz
- 4GB RAM
- ATI Fire GL V7700
- Windows™ XP 32 Bit SP3

Es wurden parallel die Versionen 2001+ bis 2011 installiert. Die Einstellung der Optionen, besonders bei Leistung, war bei allen Installationen gleich (wichtig für die automatisierte Erstellung und die anschließende Vergleichsmöglichkeit: Geschwindigkeit der Verknüpfungsbewegungssimulation auf Aus stellen). Basierend auf den Makros aus der SolidWorks-API-Hilfe 2004 (Add Distance Mates Example (VB) und Select Component Face By Name Example (VB)) und dem Makrorekorder wurden Makros erstellt. Einfachste Teile, damit diese bei der Berechnung nur wenig ins Gewicht fallen, wurden mit diesen Makros in eine neue Baugruppe eingefügt und verknüpft. Die Makros fügten in einer Baugruppenebene 342 (für planparallele Verknüpfungen) bzw. 514 (für konzentrische, bei Achsen deckungsgleiche Verknüpfungen) Komponenten ein, und diese wurden mit mehr als 1000 Verknüpfungen zueinander ausgerichtet.

Die Zeitmessungen basieren auf der internen Windows-Uhr. Beim Einfügen einer Komponente in die Baugruppe wurde der Zeitwert in eine Textdatei geschrieben. Die Differenz zwischen zwei Zeitwerten entspricht der Zeit von drei planparallelen Verknüpfungen oder zwei konzentrischen Verknüpfungen (Achsen deckungsgleich). Die einzelnen Schritte im Makro:

1. Das Einzelteil (z.B. Würfel<1>) öffnen
2. Eine neue Baugruppe beginnen
3. Das Einzelteil (Würfel<1>) in die neue Baugruppe einfügen
4. Die Zeitmessung starten
5. Ein weiteres Teil (Würfel<(n+1)>)hinzufügen

6. Die Verknüpfungen zwischen Würfel<n> und Würfel<(n+1)> hinzufügen
7. Zwischenzeit berechnen und speichern
8. So lange ab Punkt 5. wiederholen, bis gewünschte Anzahl Verknüpfungen/Komponenten erreicht ist

Die Rohdaten wurden in eine Tabellenkalkulation übertragen. Wichtigste Information aus diesen Daten ist die Wartezeit zwischen dem Einfügen zweier Komponenten. Zur Vereinfachung wurde die gemessene Zeit durch die Anzahl der erstellten Verknüpfungen geteilt, was dem Mittelwert der Wartezeit entspricht. Die Zeit für das Einfügen des neuen Teils wird dadurch auf die drei Verknüpfungen verteilt. Es wird angenommen, dass die Zeit zum Einfügen des Teils und Speichern der Information in der Textdatei in Relation zur gesamten Zeit sehr gering ist (Durchlauf zum Einfügen von 342 Komponenten ohne Verknüpfungen dauert ca. 24 Sekunden, mit dem Speichern der Zwischenzeit in der Textdatei ca. 25 Sekunden).

Die Wartezeit ist hier definiert als die Zeit, die für die Berechnung der vorhandenen und neu hinzugefügten Verknüpfungen benötigt wird. Die so aufbereiteten Daten sind im Nachfolgenden grafisch dargestellt.

Die Auswahl der Verknüpfungstypen

Die Liste der untersuchten Verknüpfungen entspricht nicht der vollständigen Liste der in SolidWorks verfügbaren Verknüpfungen. Nicht untersucht werden die komplexen Verknüpfungen, wie Zahnstange/Ritzel, Zahnrad, Schraube oder Kurvenglied, da diese nur selten mehrfach in einer Baugruppenebene verwendet werden. Manche Verknüpfungen können in den älteren Versionen nicht per Makro angewählt werden. Aus diesem Grund sind zum Beispiel die Verknüpfung BREITE (verfügbar ab Version 2006) und die Verknüpfung GESPERRT (verfügbar ab Version 2008) nicht in dieser Zusammenstellung aufgeführt. Zwar lassen sich diese Verknüpfungen (BREITE, GESPERRT) mit der SolidWorks-Version 2011 per Makro ansteuern, bieten aber keine Möglichkeiten zum Vergleich.

Untersuchte Verknüpfungen:

- Ebenen verknüpfen
  - Deckungsgleich
  - Abstand
  - Symmetrisch:
  - Parallel
  - Limit Abstand (ab SolidWorks 2004)

- Flächen verknüpfen
  - Deckungsgleich
  - Abstand
  - Parallel
  - Limit Abstand (ab SolidWorks 2004)
  - Konzentrisch
- Achsen verknüpfen
  - Deckungsgleich

Zum allgemeinen Vergleich wird noch die Gesamtzeit angegeben. Das ist die Zeit, die benötigt wurde, um das Makro komplett zu durchlaufen (alle Zeiten aufaddiert).

2.1.1 Ebenen deckungsgleich verknüpfen

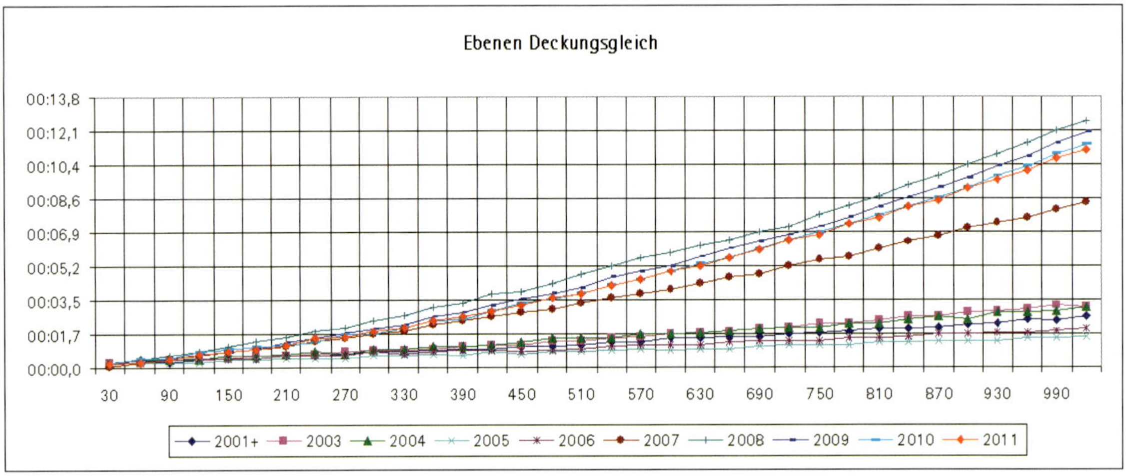

Abb. 2-1 Wartezeit beim Hinzufügen der Verknüpfung Deckungsgleich zwischen Ebenen

In der Tabelle leicht zu erkennen: Die Versionen 2001+ bis 2006 heben sich von der Geschwindigkeit deutlich von den nachfolgenden Versionen ab. Der Zusammenhang zwischen Anzahl der Verknüpfungen (Abszisse) und der Zeit (Ordinate in Minuten und Sekunden) scheint fast linear zu sein. Die Angabe der Zeit aus den Messwerten ist für das Diagramm umgerechnet auf eine Verknüpfung, d.h., an der Abszisse lassen sich direkt die Werte für das Hinzufügen **einer** Verknüpfung ablesen.

Schnellste Version: 2005 (Gesamtzeit: 304 s), langsamste Version: 2008 (Gesamtzeit: 1866 s); Verhältnis 1:6,14

2.1.2 Ebenen mit Abstand verknüpfen

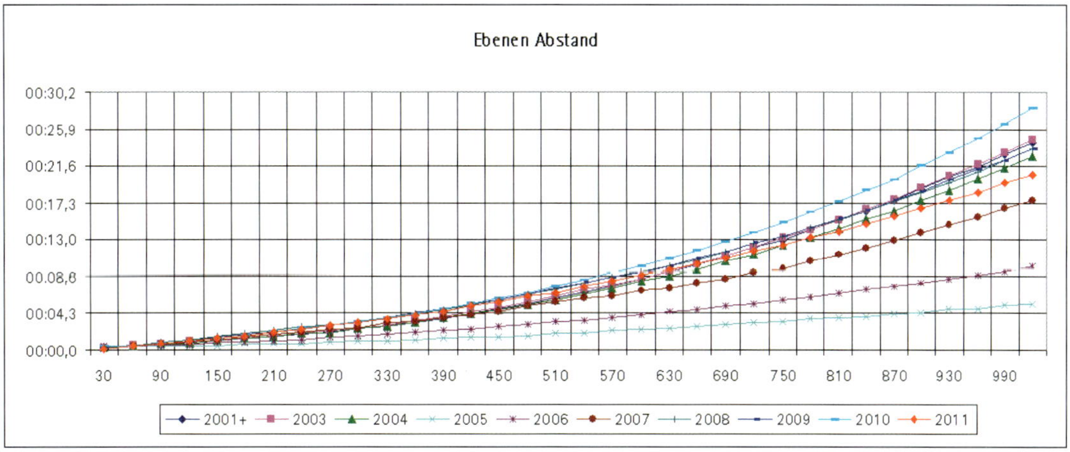

Abb. 2-2 Wartezeit beim Hinzufügen der Verknüpfung Abstand zwischen Ebenen

In diesem Diagramm lässt sich schon mehr ein nichtlinearer Zusammenhang zwischen Anzahl der Verknüpfungen und benötigter Zeit für eine neue Verknüpfung erkennen. Die absoluten Zeiten sind auch höher als die für die deckungsgleich verknüpften Ebenen.

Schnellste Version: 2005 (Gesamtzeit: 802 s), langsamste Version: 2010 (Gesamtzeit: 3487 s); Verhältnis 1:4,35

2.1.3 Ebenen symmetrisch verknüpfen

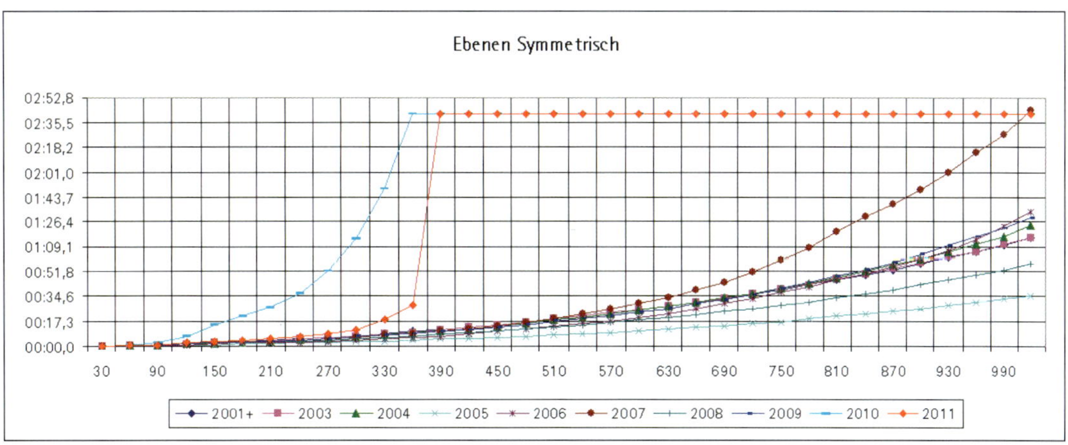

Abb. 2-3 Wartezeit beim Hinzufügen der Verknüpfung Symetrisch zwischen Ebenen

Hier ist sehr schön der nichtlineare Zusammenhang zwischen der Anzahl der Verknüpfungen und der benötigten Zeit für eine neue Verknüpfung zu erkennen. Bei der Version 2010 SP0 ist der Zeitbedarf dramatisch hoch. Die Erstellung der Baugruppe mit dem Makro wurde aus Zeitgründen abgebrochen. Mit einer aus SolidWorks 2009 konvertierten Datei mit ca. 1000 Verknüpfungen benötigt der hier verwendete Rechner ca. 19,5 Stunden zur Berechnung einer weiteren symmetrischen Verknüpfung. Auf die Darstellung jenseits der 330 Verknüpfungen für die Version 2010 wurde im Diagramm verzichtet, da sonst die Lesbarkeit der anderen Kurven deutlich erschwert worden wäre. Die SolidWorks Version 2011 zeigt ähnliches Verhalten.

Schnellste Version: 2005 (Gesamtzeit: 4026 s), langsamste Version: 2010 (Gesamtzeit: nicht festgestellt)

2.1.4 Ebenen parallel verknüpfen

Die Funktion Ebenen parallel verknüpfen wird häufig verwendet, um Normteile wie Schrauben, Scheiben, Muttern und Ähnliches in Position und Lage der Baugruppe vollständig zu definieren. Obwohl diese Teile auch vollständig rotationssymmetrisch sein können, wird dies zur Erleichterung der Baugruppenanalyse gemacht. Im FeatureManager™ lassen sich die noch unterdefinierten Teile leicht herausfinden, es wird mit einem Minuszeichen (-) vor dem Teil/der Baugruppe angezeigt.

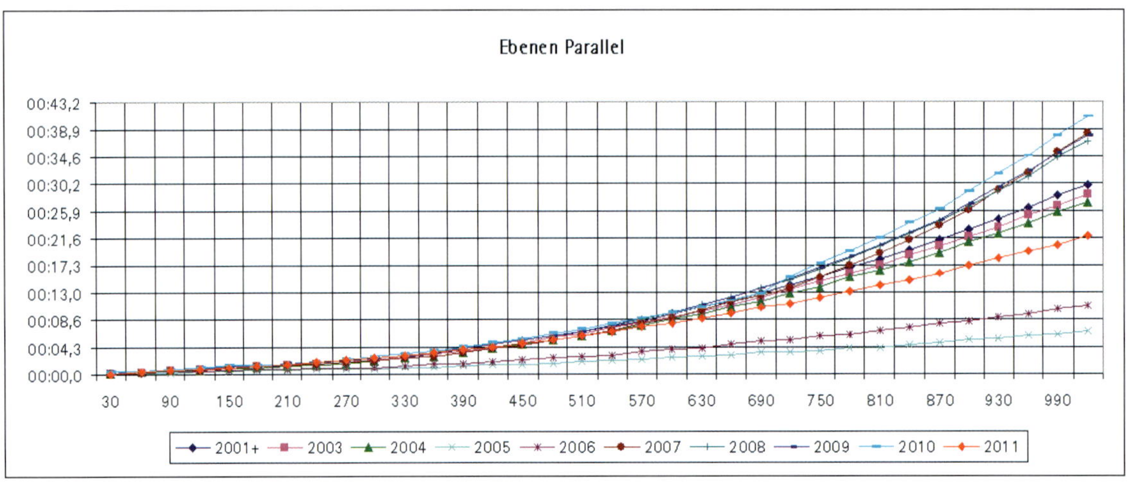

Abb. 2-4 Wartezeit beim Hinzufügen der Verknüpfung Parallel zwischen Ebenen

Schnellste Version: 2005 (Gesamtzeit: 887 s), langsamste Version: 2010 (Gesamtzeit: 4180 s); Verhältnis 1:4,71

2.1.5 Ebenen mit Limit Abstand verknüpfen

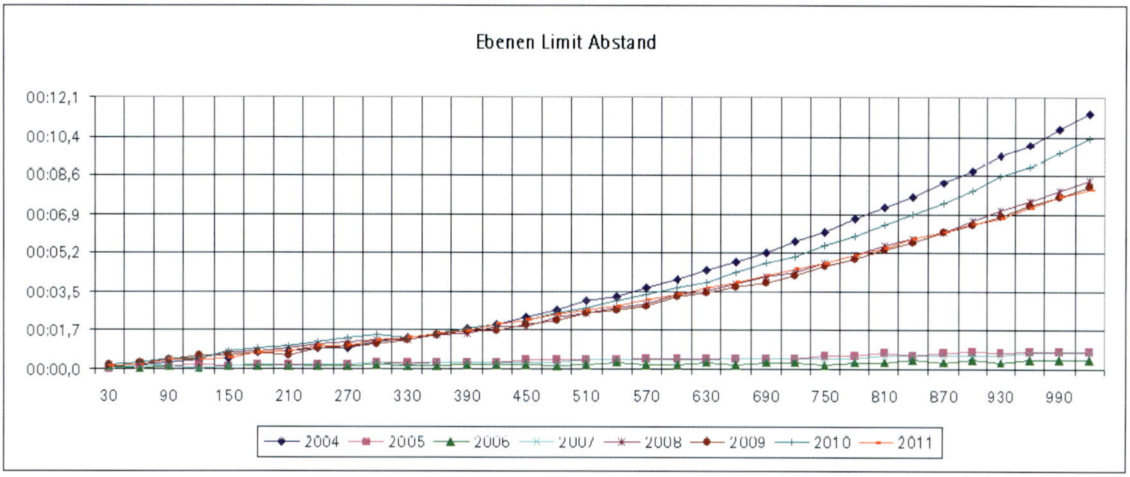

Abb. 2-5 Wartezeit beim Hinzufügen der Verknüpfung Limit Abstand zwischen Ebenen

Wie man leicht erkennt, fehlen hier die Ergebnisse von 2001+ und 2003. Die Verknüpfung Limit Abstand wurde erst mit der Version 2004 eingeführt. Erstaunlich sind die Geschwindigkeiten der Versionen 2005 bis 2007.

Schnellste Version: 2006 (Gesamtzeit: 72 s), langsamste Version: 2004 (Gesamtzeit: 1405 s); Verhältnis 1:19,5

2.1.6 Flächen deckungsgleich verknüpfen

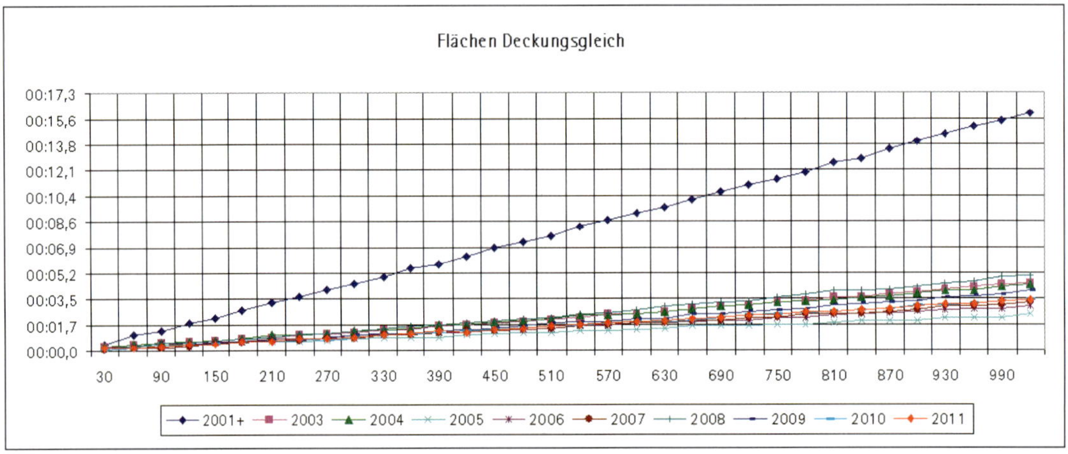

Abb. 2-6 Wartezeit beim Hinzufügen der Verknüpfung Deckungsgleich zwischen Flächen

Ähnlich wie bei der Funktion Ebenen deckungsgleich, so scheint der Verlauf der Kurven auch hier nahezu linear zu sein. Bis auf 2001+ liegen die Messwerte relativ nah beieinander.

Schnellste Version: 2005 (Gesamtzeit: 436 s), langsamste Version: 2001+ (Gesamtzeit: 2780 s); Verhältnis 1:6,38 (Gesamtzeit 2008: 844 s; Verhältnis zu 2005: 1:1,94).

2.1.7 Flächen mit Abstand verknüpfen

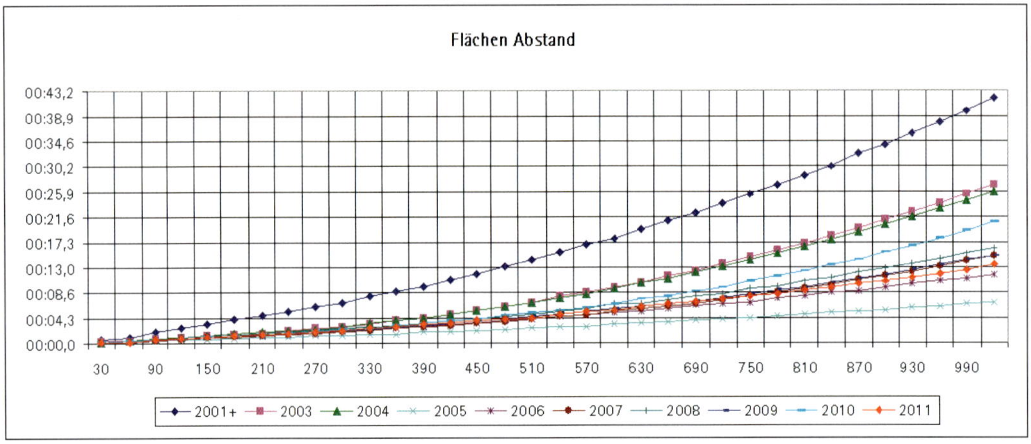

Abb. 2-7 Wartezeit beim Hinzufügen der Verknüpfung Abstand zwischen Flächen

Schnellste Version: 2005 (Gesamtzeit: 1035 s), langsamste Version: 2001+ (Gesamtzeit: 5924 s); Verhältnis 1:5,72 (Gesamtzeit 2003: 3352 s; Verhältnis zu 2005: 1:3,24).

2.1.8 Flächen parallel verknüpfen

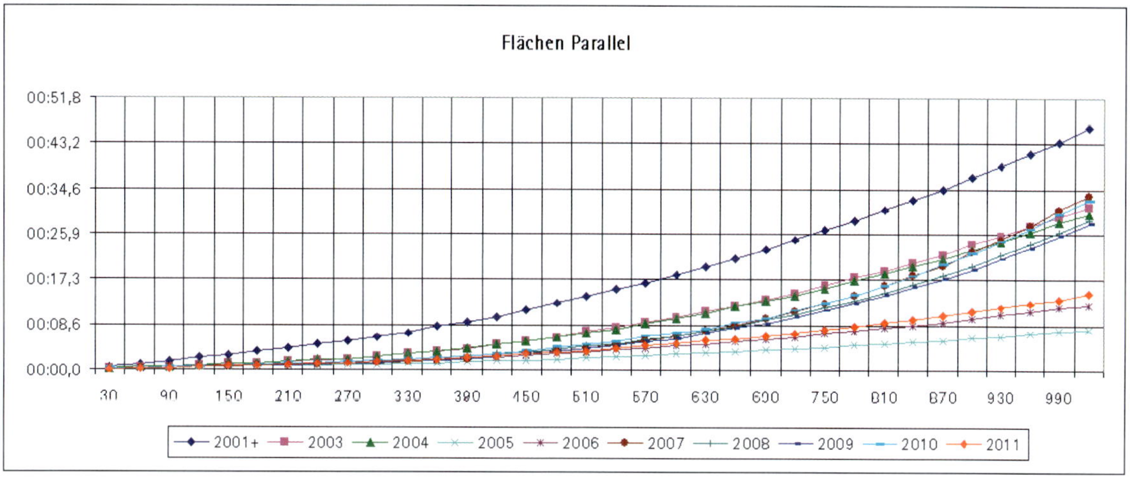

Abb. 2-8 Wartezeit beim Hinzufügen der Verknüpfung Parallel zwischen Flächen

Interessant bei dieser Schar von Kurven ist der Bereich jenseits der 800 Verknüpfungen. Hier kreuzen sich erstmals Kurven eindeutig. Die Kurven zu den Versionen 2003/2004 bleiben insgesamt flacher, die Kurven für die Versionen 2007 bis 2010 zeigen eine stärkere Krümmung.

Schnellste Version: 2005 (Gesamtzeit: 1050 s), langsamste Version: 2001+ (Gesamtzeit: 6131 s); Verhältnis 1:5,83 (Gesamtzeit 2003: 3656 s; Verhältnis zu 2005: 1:3,48).

2.1.9 Flächen mit Limit Abstand verknüpfen

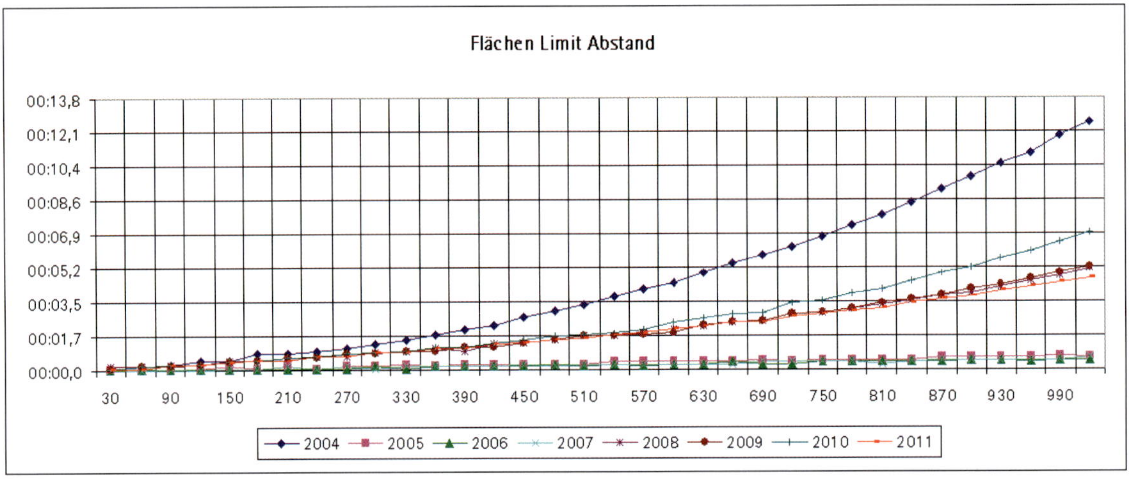

Abb. 2-9 Wartezeit beim Hinzufügen der Verknüpfung Limit Abstand zwischen Flächen

Schnellste Version: 2006 (Gesamtzeit: 89 s), langsamste Version: 2004 (Gesamtzeit: 1565 s); Verhältnis 1:17,6

2.1.10 Flächen konzentrisch verknüpfen

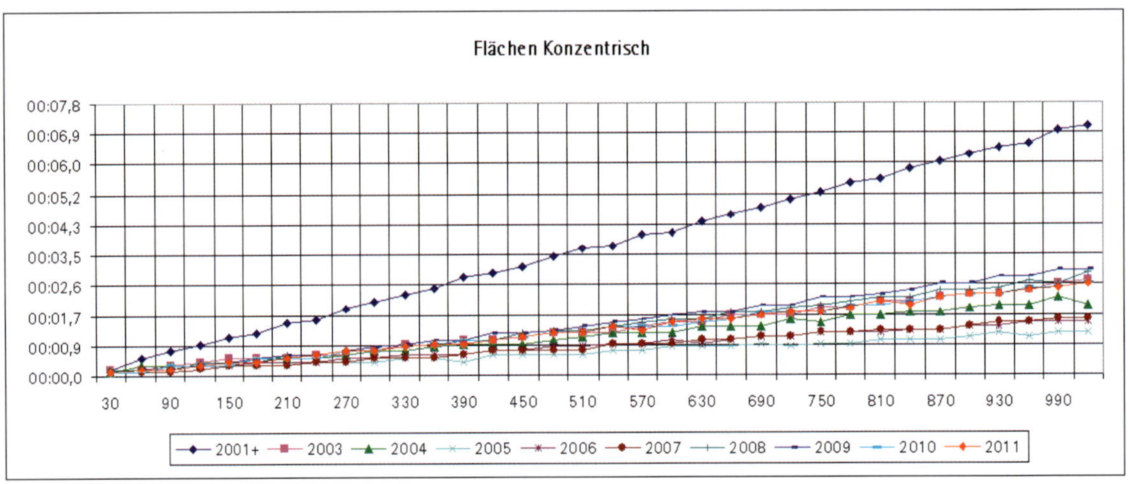

Abb. 2-10 Wartezeit beim Hinzufügen der Verknüpfung Konzentrisch zwischen Flächen

Schnellste Version: 2005 (Gesamtzeit: 499 s), langsamste Version: 2001+ (Gesamtzeit: 2865 s); Verhältnis 1:5,74 (Gesamtzeit 2009: 1216 s; Verhältnis zu 2005: 1:2,43).

2.1.11 Achsen deckungsgleich verknüpfen

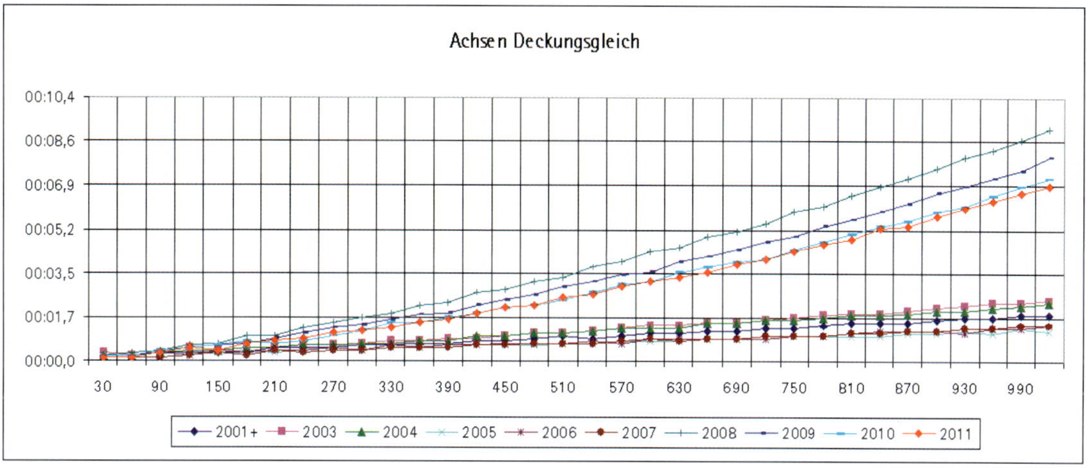

Abb. 2-11 Wartezeit beim Hinzufügen der Verknüpfung Deckungsgleich zwischen Achsen

Interessant ist hier, dass gerade die neueren Versionen für diese Art der Verknüpfung mehr Zeit zur Berechnung benötigen.

Schnellste Version: 2005 (Gesamtzeit: 486 s), langsamste Version: 2008 (Gesamtzeit: 3710 s); Verhältnis 1:7,63

2.1.12 Auswertung der Messergebnisse

Da tiefere Kenntnisse der Berechnungsalgorithmen der SolidWorks-Versionen nicht vorhanden sind - wird sicherlich auch vom Hersteller vertraulich behandelt –, kann man nur die Auswirkungen analysieren. Die teilweise dramatischen Unterschiede der verschiedenen SolidWorks-Versionen sind vermutlich in der Weiterentwicklung von SolidWorks zu sehen. Eine deutliche Steigerung der Geschwindigkeit ist zwischen der Version 2004 und 2005 zu bemerken. Dass hier die Berechnungsalgorithmen geändert wurden, lässt auch ein anderes Indiz vermuten: Bei der Konvertierung zur Version 2005 gab es häufiger Verknüpfungsfehler.

Unerwartete Erkenntnisse

Die am häufigsten verwendeten Verknüpfungen DECKUNGSGLEICH und KONZENTRISCH gehören zu den schnelleren Verknüpfungstypen. Interessanterweise sind die Verknüpfungspartner Fläche zu Fläche in den neueren Version (ab Version 2007) schneller als die Verknüpfungspartner Ebene zu Ebene. Ebenso sind zwei Flächen konzentrisch schneller als zwei Achsen deckungsgleich (ab Version 2008).

Die schnellsten Verknüpfungen sind vom Typ LIMIT ABSTAND. Auch hier sind wieder die Verknüpfungspartner Fläche zu Fläche schneller als die Partner Ebene zu Ebene.

Es war im Laufe der Untersuchungen festzustellen, dass sich von ServicePack zu ServicePack Verbesserungen in der Berechnungsgeschwindigkeit eingestellt haben. Dies war nicht bei allen Verknüpfungstypen festzustellen, aber keiner der untersuchen Typen ist langsamer geworden.

In der Version 2009 untersucht:

Drei Ebenen deckungsgleich verknüpfen dauert bei 343 Komponenten mit Service Pack 3 1701 s.

Drei Ebenen deckungsgleich verknüpfen dauert bei 343 Komponenten mit Service Pack 5 1261 s (Verhältnis 1,35:1).

Drei Ebenen mit Abstand verknüpfen dauert bei 343 Komponenten mit Service Pack 3 3125 s.

Drei Ebenen mit Abstand verknüpfen dauert bei 343 Komponenten mit Service Pack 5 2641 s (Verhältnis 1,18:1).

Zusammengefasst

Eindeutig am schnellsten werden die Verknüpfungen mit SolidWorks 2005 berechnet. Die schnellste, untersuchte Verknüpfung ist Limit Abstand (Flächen, Version 2006).

Den größten Zeitbedarf für die Berechnung hat SolidWorks 2001+. Die Verknüpfung mit dem größten Zeitbedarf ist die symmetrische Verknüpfung.

Davon ausgehend, dass diese Verknüpfung in Baugruppen bei Weitem nicht so häufig verwendet wird wie zum Beispiel deckungsgleich oder konzentrisch, wird diese Verknüpfung bei den Ranglisten nicht mit ausgewertet.

Schnellste Berechnung der Verknüpfungen
(Gesamtzeiten addiert ohne Limit Abstand/mit Limit Abstand):

1. SolidWorks2005 (01:31:39 / 01:36:09)
2. SolidWorks2006 (02:15:48 / 02:18:29)
3. SolidWorks2007 (03:55:34 / 03:59:21)
4. SolidWorks2004 (04:25:13 / 05:14:43)
5. SolidWorks2011 (04:14:35 / 04:44:12)
6. SolidWorks2003 (04:39:31 / -)
7. SolidWorks2009 (05:09:51 / 05:39:37)
8. SolidWorks2010 (05:23:58 / 05:59:58)
9. SolidWorks2008 (05:27:59 / 05:58:14)
10. SolidWorks2001+ (07:02:39 / -)

Schnellste Verknüpfungen:

1. Flächen Limit Abstand
2. Ebenen Limit Abstand
3. Flächen Deckungsgleich
4. Ebenen Deckungsgleich
5. Flächen Konzentrisch
6. Achsen Deckungsgleich
7. Flächen Abstand
8. Ebenen Abstand
9. Flächen Parallel
10. Ebenen Parallel
11. Ebenen Symmetrisch

2.2 Strategien für Verknüpfungen

Wichtiger als die Geschwindigkeit der Berechnung von Verknüpfungen ist deren Stabilität. Diese Stabilität lässt sich schlechter numerisch erfassen. Manche Vorgehensweisen sind logisch, manche lassen sich qualitativ (je nach Art subjektiv oder auch objektiv) erfassen. Wie schon zuvor festgestellt, verbessert SolidWorks die Verknüpfungsgeschwindigkeit von Service Pack zu Service Pack. Die vergleichenden Untersuchungen wurden aus diesem Grund nicht mit dem ServicePack 0 von SolidWorks-Version 2010 gemacht, sondern mit SolidWorks-Version 2009 ServicePack 5.

2.2.1 Die Wahl der Partner

Damit die Verknüpfungen erhalten bleiben, wenn Einzelteile oder Unterbaugruppen geändert werden, ist die Wahl der Verknüpfungspartner wichtig für die Stabilität. Die stabilsten Partner sind die Standardebenen und der Ursprungspunkt. Alle weiteren Elemente bauen logisch darauf auf.

1. Standardebenen, Ursprungspunkt
2. Achsen der sich kreuzenden Standardebenen, parallele Ebenen mit Abstand zu den Standardebenen, Punkte frei im Raum
3. Skizzenelemente in Skizzen oder Skizzenblöcken (Punkte, Linien, Kreise, Kreisbögen ...), Achsen durch frei definierte Punkte im Raum von 2. oder dem Ursprungspunkt, Achsen durch sich kreuzenden Ebenen von 1. und 2., Ebenen durch Punkte und Achsen von 1. und 2. ...
4. Flächen von Körpern, temporäre Achsen ...
5. Kanten von Körpern ...
6. Eckpunkte von Körpern ...
7. ...

Wie schon in der numerischen Auswertung zu sehen, gibt es Unterschiede in der Geschwindigkeit, je nachdem, ob man Ebenen oder Planflächen eines Teils zur Verknüpfung wählt. Die Unterschiede sind aber nicht so dramatisch. In den neueren Versionen (ab Version 2007/2008) sind die Verknüpfungen mit Flächen schneller als die zwischen Ebenen und Achsen. Diese Verknüpfungspartner sind zwar in der logischen Reihenfolge nicht die *besten*, aber für die Analyse von Verknüpfungen wesentlich besser geeignet.

> Die logische Wahl der Verknüpfungspartner könnte man auch einfacher beschreiben: immer soweit wie möglich oben im FeatureManager™ verknüpfen.

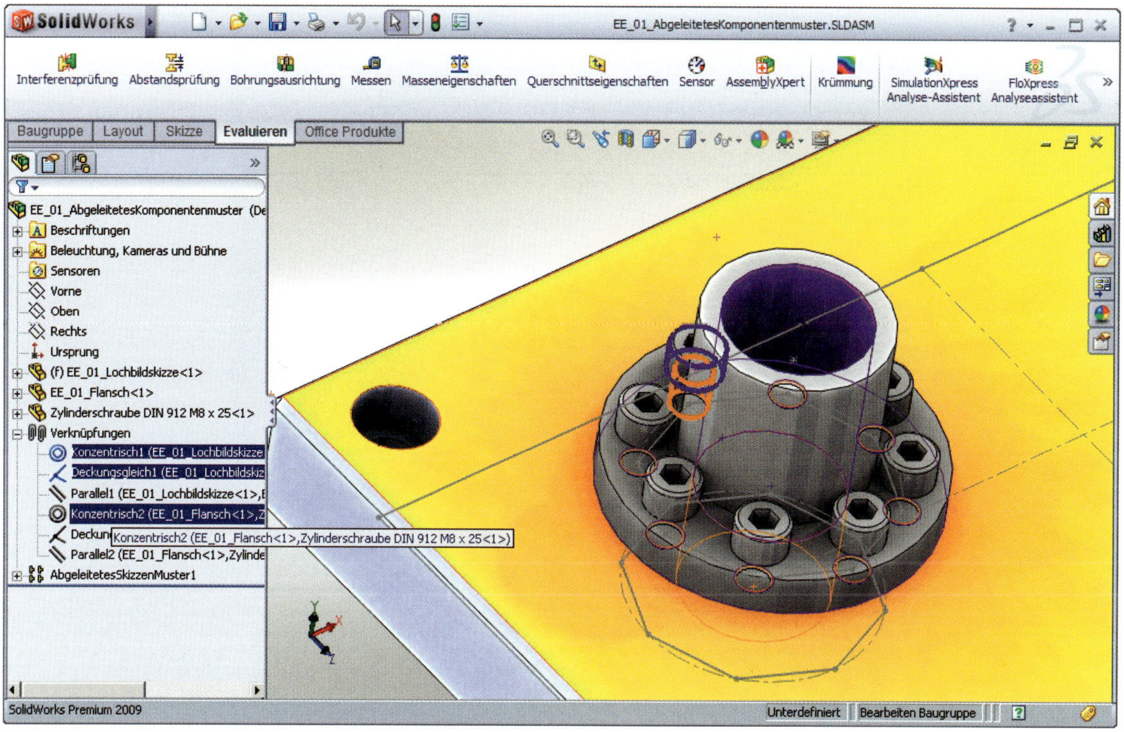

Abb. 2-12 Hervorheben – statisch und dynamisch

Wie in Abb. 2-12 zu sehen, werden die Verknüpfungspartner grafisch hervorgehoben, wenn diese im FeatureManager™ ausgewählt sind. Die Verknüpfung KONZENTRISCH1 betrifft die innere große zylindrische Fläche (lila hervorgehoben) und verdeckt angezeigt die Drahtdarstellung in Orange, die zylindrische Bohrung in der Platte. Die ausgewählte Verknüpfung DECKUNGSGLEICH1 ist im Grafikbereich als die große, orange eingefärbte Fläche zu sehen. Mit dem Mauszeiger die Verknüpfungen überstreichen hebt die Drahtdarstellungskanten fett hervor (DYNAMISCHES HERVORHEBEN von Grafikansicht muss in den Optionen aktiviert sein).

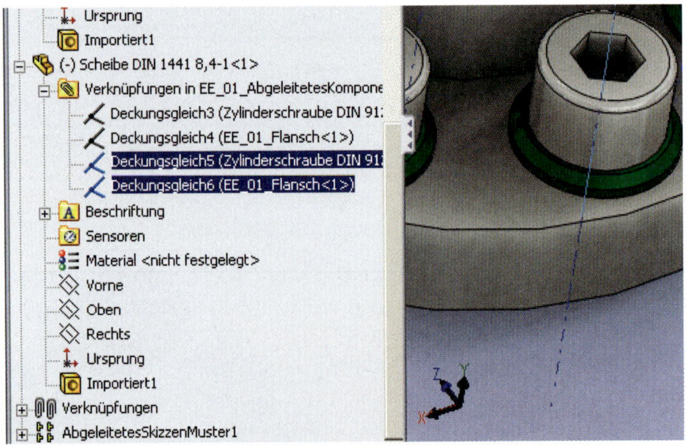

Abb. 2-13 Hervorheben – temporäre Achsen DECKUNGSGLEICH

Relativ schwierig zu erkennen: in Abb. 2-13 die cyanfarben hervorgehobenen, temporären Achsen der Verknüpfungen DECKUNGSGLEICH5 und DECKUNGSGLEICH6. Nicht hervorgehoben und in Blau dargestellt: die nicht ausgewählte temporäre Achse. Zusätzlich zur schwierigen Erkennung im Grafikbereich sind diese Verknüpfungen im FeatureManager™ von den DECKUNGSGLEICH-Verknüpfungen der Planflächen oder Ebenen nicht zu unterscheiden (gleiches Symbol). Es wird der gleiche Standardtext für den Verknüpfungsnamen verwendet.

Eine weitere einzufügende Komponente könnte eine Sechskantmutter sein. Jetzt die richtige temporäre Achse auszuwählen (die temporäre Achse der Scheibe ist am kürzesten) ist sicherlich auch nicht einfach.

Die deckungsgleiche Verknüpfung mit einer Achse (Referenzgeometrie) ist interessant für Standard- oder Normteile, die automatisiert eingefügt oder ausgetauscht werden können/müssen. Das Tauschen der Komponenten mit anschließendem Wiederanfügen der Verknüpfungen wird durch die gleiche Benennung der Achsen im FeatureManager™ erleichtert. Die temporären Achsen können nicht mit einer Benennung versehen werden.

2.2.2 So viel wie geht oder so wenig wie möglich

Wenn man eine Komponente in einer Baugruppe in ihrer Position und Ausrichtung definieren will, muss man die Freiheitsgrade einschränken. Drei Freiheitsgrade Translation (entlang X, entlang Y und entlang Z) und drei Freiheitsgrade der Rotation (um die X-Achse, um die Y-Achse, um die Z-Achse) müssen eingeschränkt oder festgelegt werden.

Standard ist überdefiniert

Eine häufig verwendete Methode: drei senkrecht aufeinander stehende Flächen von zwei Komponenten deckungsgleich verknüpfen (siehe Abb. 2-14). Theoretisch sind die beiden Komponenten dadurch überdefiniert. Nach der Verknüpfung zweier Flächen deckungsgleich (z.B. 3 und 6) ist ein Freiheitsgrad der Translation (entlang Y-Richtung) und zwei Freiheitsgrade der Rotation (um die X-Achse, um die Z-Achse), also insgesamt drei Freiheitsgrade, eingeschränkt. Wenn man erneut zwei Flächen (z.B. 1 und 4) deckungsgleich verknüpft, werden erneut ein Freiheitsgrad der Translation (entlang Z-Richtung) und zwei Freiheitsgrade der Rotation (um die X-Achse, um die Y-Achse) eingeschränkt. Es war aber nur ein Freiheitsgrad der Rotation noch nicht definiert (um die Y-Achse). Die zweite Einschränkung um die X-Achse ist überdefinierend.

Abb. 2-14 Flächen deckungsgleich verknüpfen

Nach dieser Verknüpfung ist noch ein Freiheitsgrad der Translation undefiniert (entlang X-Richtung). Mit einer weiteren Verknüpfung deckungsgleich zweier Flächen (z.B. 2 und 5) wird der noch verbliebene Freiheitsgrad der Translation (entlang X-Richtung) festgelegt, und zwei weitere überdefinierende Freiheitsgrade der Rotation (um die Z-Achse, um die Y-Achse) werden hinzugefügt. Das ist mit *theoretisch* überdefiniert gemeint. SolidWorks kann scheinbar mit dieser Art der Definition umgehen, zumindest so lange, wie die Flächen senkrecht aufeinander stehen.

Die 3-2-1-Methode

Als Alternative wäre die 3-2-1-Methode, wie von Pedersen [1] beschrieben, zu nennen. Ähnlich wie ein dreibeiniger Tisch, der auf einer ebenen Fläche stehend nicht wackeln kann, werden die Komponenten verknüpft. Mit der ersten Verknüpfung werden durch Ebene (W1 Vorne von W1, siehe Abb. 2-15) auf Ebene (Vorne von W2) drei Freiheitsgrade eingeschränkt, die zweite Verknüpfung Achse (A1 von W1) auf Ebene (Rechts von W2) schränkt zwei Freiheitsgrade ein, und die dritte Verknüpfung Punkt (P1 von W1) auf Ebene (Oben von W2) schränkt den letzten noch verbliebenen Freiheitsgrad ein. Dadurch sind die Komponenten zueinander vollständig definiert. Statt einer Ebene kann man natürlich auch eine Planfläche verwenden, statt einer Achse auch eine Skizzenlinie oder Körperkante und statt eines Referenzpunkts auch einen Skizzenpunkt, Linienendpunkt oder Körpereckpunkt. Nur zur Vollständigkeit: Achse A1 und Punkt P1 sind in der Abbildung nur zur grafischen Hervorhebung als Volumenkörper dargestellt.

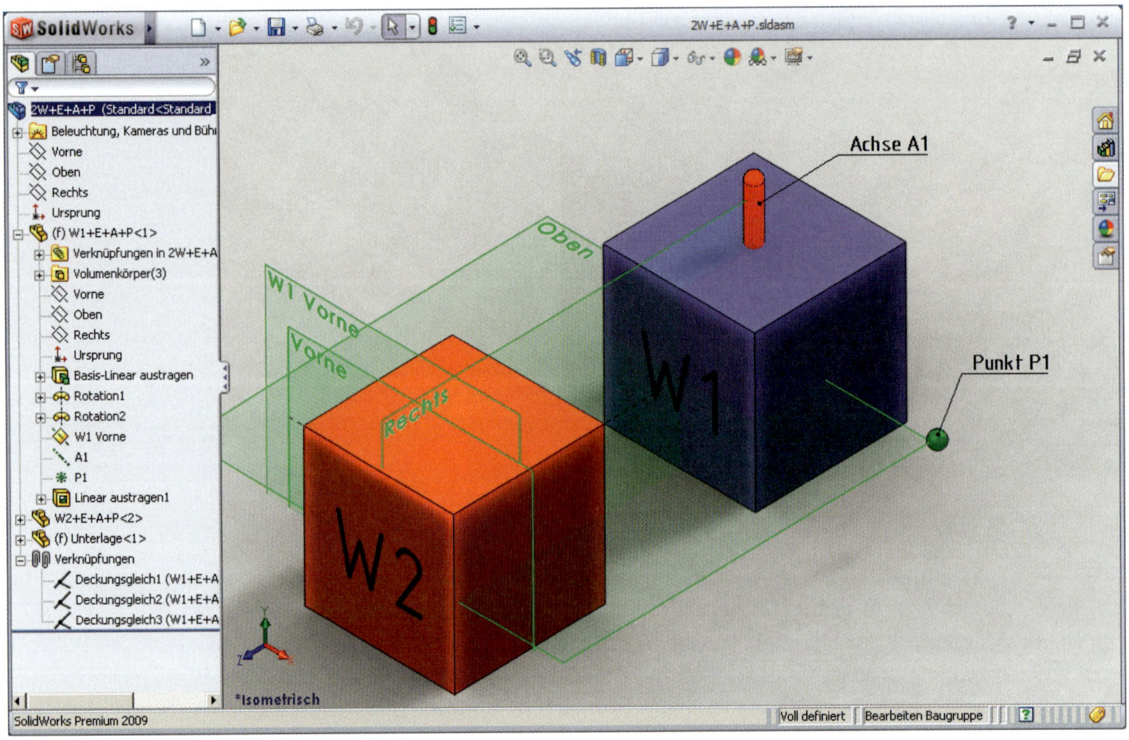

Abb. 2-15 3-2-1-Methode

An dieser Stelle sei noch mal auf die Stabilität der Verknüpfungspartner bzw. deren Reihenfolge hingewiesen. Die Stabilität ist im Hinblick auf die Austauschbarkeit von Komponenten und die damit verbundene Flexibilität zu sehen. Wesentlicher Vorteil in dieser stabilen Verknüpfungsmethode liegt darin, dass es theoretisch kein Springen der Ausrichtung der Verknüpfungen geben dürfte, wenn die

Verknüpfungen der Komponente geändert werden oder die Komponente gegen eine andere getauscht wird. Der praktische Einsatz als Standardverfahren ist, nach Meinung des Autors, nicht zu empfehlen. Die Achsen und Punkte zum Verknüpfen müssen unter Umständen erst noch definiert werden (wie auch im Beispiel zu sehen). Alle Verknüpfungen einer Baugruppe in dieser Art zu definieren ist aufwendiger, und die Berechnung dauert länger als die Berechnung von drei senkrecht aufeinander stehenden Ebenen (oder Planflächen) von zwei verschiedenen Teilen deckungsgleich zu verknüpfen.

In der Version 2009 untersucht:

Drei Ebenen DECKUNGSGLEICH verknüpfen dauert bei 343 Komponenten 1701 s.

Nach der 3-2-1-Methode Ebene-Ebene, Achse-Ebene, Punkt-Ebene verknüpfen dauert bei 343 Komponenten 9913 s (Verhältnis 1:5,8).

Unterdefiniert als Lösung?

SolidWorks gibt die Empfehlung, rotationssymmetrische Teile (wie Schrauben und Scheiben) unterdefiniert zu lassen [Jankowski, 2]. Das spart Rechenleistung, da die Verknüpfung zum vollständigen Definieren nicht berechnet werden muss.

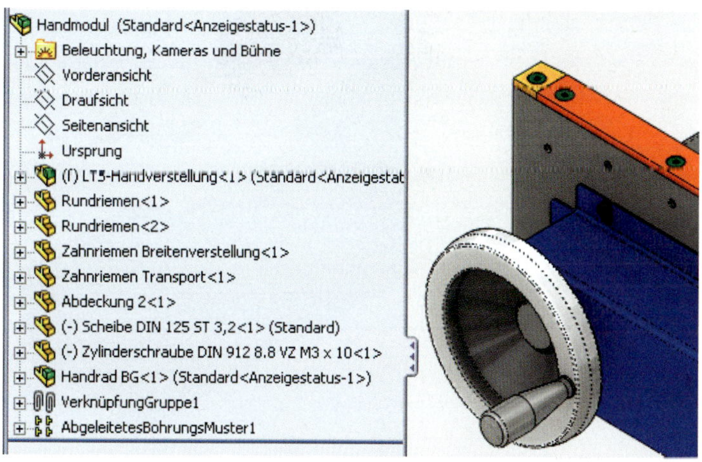

Abb. 2-16 Unterdefiniert – Anzeige im FeatureManager™ durch (-)

Sehr nachteilig: Es ist schwierig herauszufinden ob **alle wesentlichen** Komponenten vollständig definiert sind, da man dies im FeatureManager™ am (-) vor der Komponente erkennen könnte. Das ist aber nur dann der Fall, wenn man auch die rotationssymmetrischen Teile gegen verdrehen durch eine entsprechende Verknüpfung definiert. Im gezeigten Beispiel (Abb. 2-16) ist das noch recht einfach zu sehen: Die Komponenten haben sprechende Namen. Wenn aber der Name von einem PDM-System vergeben wird, kann dies auch eine Buchstaben-Zahlen-Kombination sein, aus der nicht hervorgeht, ob es sich um ein Normteil oder Fertigungsteil handelt. Das Fertigungsteil könnte auch eine rotationssymmetrische Achse sein.

2.2.3 Spielt die Reihenfolge eine Rolle?

Wie schon in der SolidWorks-Hilfe zu lesen: Eine lange Verkettung von Verknüpfungen führt leichter zu Problemen: Wenn Komponenten der Kette sich verändern (z.B. die Topologie, zu der verknüpft wurde), dann sind alle nachfolgenden Komponenten in dieser Kette ebenfalls betroffen. Die Analyse ist unter Umständen schwieriger, und die Berechnungszeit einer Kette ist länger. Die schematische Darstellung (Abb. 2-17) zeigt in der linken Bildhälfte die besser Variante, zu einer fixierten Komponente zu verknüpfen (an den grünen Pfeilen zu erkennen). In der rechten Bildhälfte ist die schlechtere Variante gezeigt. Deshalb sind die Pfeile für die Richtung der Verknüpfung in Rot dargestellt.

Abb. 2-17 Verknüpfungsplan: an fixierter Komponente, Kette

In der Version 2009 untersucht:

Drei Ebenen mit Abstand verknüpfen (Teil<2> mit Teil<1>, Teil<3> an Teil<2>, Teil<4> an Teil<3> ... als Kette) dauert bei 343 Komponenten 2641 s.

Drei Ebenen mit Abstand verknüpfen (Teil<2> mit Teil<1>, Teil<3> an Teil<1>, Teil<4> an Teil<1> ... an die fixierte Komponente) dauert bei 343 Komponenten 2149 s (Verhältnis 1,23:1).

Dass nicht über mehrere Baugruppenebenen hinweg verknüpft werden sollte, liegt auch auf der Hand. Die Baugruppenebene, mit der man arbeitet, kann man beeinflussen und deren Stabilität bestimmen. Wenn man die Flächen von Teilen aus *fremden* Baugruppen (Baugruppen, die man selbst nicht bearbeitet/bearbeitet hat) zum Verknüpfen verwendet, kann man die Stabilität nur bedingt gewährleisten. Hier sollte man nicht zu Flächen, sondern zu den Standardebenen verknüpfen. Besser ist die Variante, zu einem Positionierteil (Skelett- oder Konzeptteil) verknüpfen, das wie schon zuvor beschrieben in jeder Baugruppe als HÜLLE eingefügt werden kann.

2.2.4 Struktur beschleunigt

Wie schon im Kapitel der Untersuchung von Verknüpfungen auf Geschwindigkeit zu lesen ist: Mit der Anzahl der Verknüpfungen wächst auch (nicht linear, sondern eher quadratisch oder kubisch) die Berechnungszeit. Bei Baugruppen, die mit der Bottom-up-Methode aufgebaut werden, sollte man sich im Bereich bis 100 Komponenten in einer Baugruppenebene bewegen (entspricht 300 Verknüpfungen). Die Reaktionszeiten beim Hinzufügen neuer Verknüpfungen sowie die Berechnung der Verknüpfungen, bei den hier untersuchten Verknüpfungstypen, bleiben, bis auf wenige Ausnahmen, unter vier Sekunden (bei weniger als 300 Verknüpfungen in dieser Baugruppenebene). Je nach Komplexität der Komponenten kann sich die Berechnungszeit natürlich verlängern. Die Komponenten für die Untersuchungen waren bewusst einfach gewählt, um den Einfluss der Komponenten möglichst klein zu halten.

Wenn es keine Hinderungsgründe im CAD-Umfeld gibt, dann ist die Erstellung von Unterbaugruppenstrukturen für Bottom-up-Baugruppen die einfachste Möglichkeit, die Baugruppenleistung zu steigern. Die Verknüpfungen der Unterbaugruppen werden in der aktuellen Baugruppenebene nicht berücksichtigt, vorausgesetzt, man verwendet nur starre Baugruppen (Komponenteneigenschaft der Baugruppe, andere Einstellung: flexibel).

2.2.5 Komponentenmuster sparen doppelt Zeit

Wie schon zuvor beschrieben, kann man mit Komponentenmustern deutlich Zeit einsparen. Zum einen erspart man sich die Zeit, die Komponenten zu platzieren, zum anderen müssen die Verknüpfungen nicht gerechnet werden. Wenn immer möglich, sollten mehrere Komponenten **in einem Komponentenmuster zusammengefasst werden**, z.B. Schraube, Scheibe und Mutter einer Bauteilverbindung. In diesem Fall der Bauteilverbindung ist das Muster mit hoher Wahrscheinlichkeit in mindestens einer Komponente als Featuremuster vorhanden. Hier bietet sich ein featuregesteuertes Komponentenmuster an.

Zur weiteren Steigerung der Bearbeitungsgeschwindigkeit: Ein Unterdrücken oder Ausblenden des Komponentenmusters (z.B. in einer Arbeitskonfiguration) bringt sofort deutliche Verbesserung beim Arbeiten, besonders bei großer Anzahl der Instanzen. In diesem Fall ist das Ausblenden fast genauso schnell wie das Unterdrücken, da die Komponente sowieso im Arbeitsspeicher geladen ist und zwischen den einzelnen Komponenten des Komponentenmusters keine Verknüpfungen berechnet werden müssen. An dieser Stelle ist auch ein Anzeigestatus geeignet, der alle Komponentenmuster ausblendet.

> ANZEIGESTATUS ist eine Möglichkeit, die Sichtbarkeit von Komponenten in Baugruppen oder Körpern, Features oder Flächen in Einzelteilen zu steuern. Wesentlicher Vorteil ist, dass die Konfiguration nicht gewechselt werden muss. Wechseln der Konfiguration bedeutet meist, dass Komponenten oder eine andere Konfiguration einer Komponente nachgeladen wird. Dies ist beim Ändern des Anzeigestatus nicht der Fall.

Nur wenn auf das Komponentenmuster noch Baugruppenfeatures wirken, ist eine Baugruppe mit unterdrückten Komponentenmustern schneller als eine Baugruppe mit ausgeblendeten Komponentenmustern.

2.3 Fehler beheben

Fehler haben direkten Einfluss auf die Leistung der gesamten Baugruppe. Warum SolidWorks für die Berechnung von Baugruppen mit Fehlern mehr Zeit benötigt als für fehlerfreie Baugruppen, kann nur vermutet werden. Die tieferen Kenntnisse zu den Berechnungsalgorithmen sind nicht offengelegt. Anhand der Ergebnisse lässt sich aber vermuten, dass SolidWorks mehrfach versucht, eine Lösung (im Sinne einer mathematischen Lösung) zu finden. Hier wurde das Makro zum Erstellen der deckungsgleichen Verknüpfungen von drei Ebenen derart abgewandelt, dass die dritte der Verknüpfungen von ausgerichtet zu *gegen*ausgerichtet geändert wurde.

In der Version 2009 untersucht:

Drei Ebenen deckungsgleich verknüpfen dauert bei 343 Komponenten 1701 s.

Drei Ebenen deckungsgleich verknüpfen mit je einem Fehler (Ausrichtung einer Verknüpfung falsch) dauert bei 343 Komponenten 4077 s (Verhältnis 1:2,4).

Zu bemerken wäre noch, dass für einen Modellneuaufbau schon bei nur einem Fehler in einer Baugruppe mit 1000 Verknüpfungen die Berechnungszeit verdoppelt wird. Weitere Fehler fallen dann nicht mehr so stark ins Gewicht. Generell ist die Fehlerbehebung zu empfehlen. Wenn schon ein Fehler in der Baugruppe ist, übersieht man schnell, dass noch weitere Fehler hinzugekommen sind - besonders dann, wenn man das Meldungsfenster ausschaltet.

2.4 Steigerung der Leistung

Nachfolgend sind ein paar Ideen dargestellt, wie man mit Baugruppen eine Leistungssteigerung beim Bearbeiten erreichen kann. Die verschiedenen Ideen basieren auf SolidWorks-Funktionalität, fordern aber vom Anwender entsprechende Disziplin und Verständnis. Voraussetzung ist natürlich, dass es keine Widersprüche zum restlichen CAD-Umfeld gibt.

2.4.1 Nutzen einer Arbeitskonfiguration

Die Variante, eine Arbeitskonfiguration zu benutzen, ist durchgängig möglich - bis zur ältesten hier untersuchten SolidWorks-Version 2001plus. Wichtig dabei - wie auch bei den anderen auf Konfigurationen basierenden Leistungssteigerungen - ist eine Kenntnis von den Einstellungen der erweiterten Optionen der Konfigurationseigenschaften zu haben.

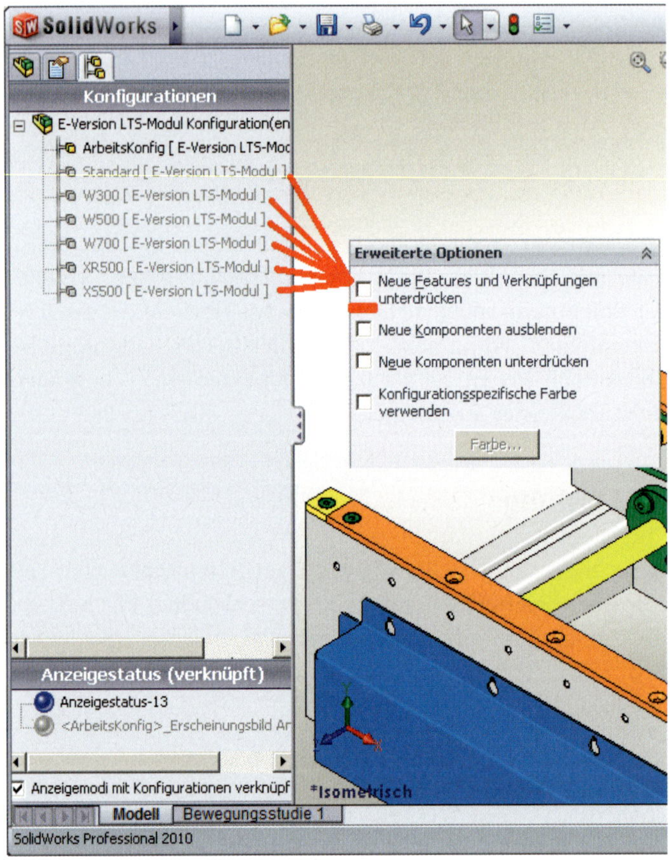

Abb. 2-18 Konfigurationseigenschaften

Je komplexer und größer eine Baugruppe wird, je mehr In-Kontext-Referenzen erzeugt werden, umso länger werden die Wartezeiten. Die schon verbauten Komponenten, deren Störkontur zum Einbau weiterer Komponenten zurzeit nicht benötigt wird, könnten unterdrückt sein. Unterdrückt bedeutet nicht in den Arbeitsspeicher geladen und bei Berechnungen nicht berücksichtigt, was deutliche Verkürzung der Wartezeiten bedeuten kann. Lästig wäre aber, ständig den (Unterdrückungs-)Status der Komponenten zu ändern, da man ja mindestens eine Konfiguration darstellen möchte, in der alle Komponenten vollständig dargestellt sind, zum Beispiel für eine Stückliste. Wenn man nun eine neue Konfiguration anlegt (z.B. ArbeitsKonfig) und in dieser Konfiguration die nicht benötigten Komponenten unterdrückt, kann man in dieser Arbeitskonfiguration Komponenten, Verknüpfungen und Features mit höherer Geschwindigkeit als in der vollständigen

Konfiguration hinzufügen. Damit diese Komponenten, Verknüpfungen und Features auch in der vollständigen Konfiguration angezeigt werden, müssen die Erweiterten Optionen dieser vollständigen Konfiguration entsprechend eingestellt werden. Abb. 2-18 zeigt im Bildausschnitt rechts die erweiterten Optionen. Der Haken vor Neue Features und Verknüpfungen unterdrücken sowie Neue Komponenten unterdrücken darf nicht gesetzt sein. Dies gilt für die Konfigurationseigenschaften aller betroffenen Konfigurationen.

Eine zusätzliche Steigerung der Produktivität mit dieser Technik kann durch Erweitert Öffnen erreicht werden. Natürlich muss diese Funktion auch im CAD-Umfeld *verfügbar* sein, d.h., wenn mit einem PDM-System gearbeitet wird, stehen beim Öffnen von Baugruppen über das PDM-System nicht alle Funktionen von SolidWorks zur Verfügung, das PDM-System hat eventuell einen eigenen Öffnen-Dialog.

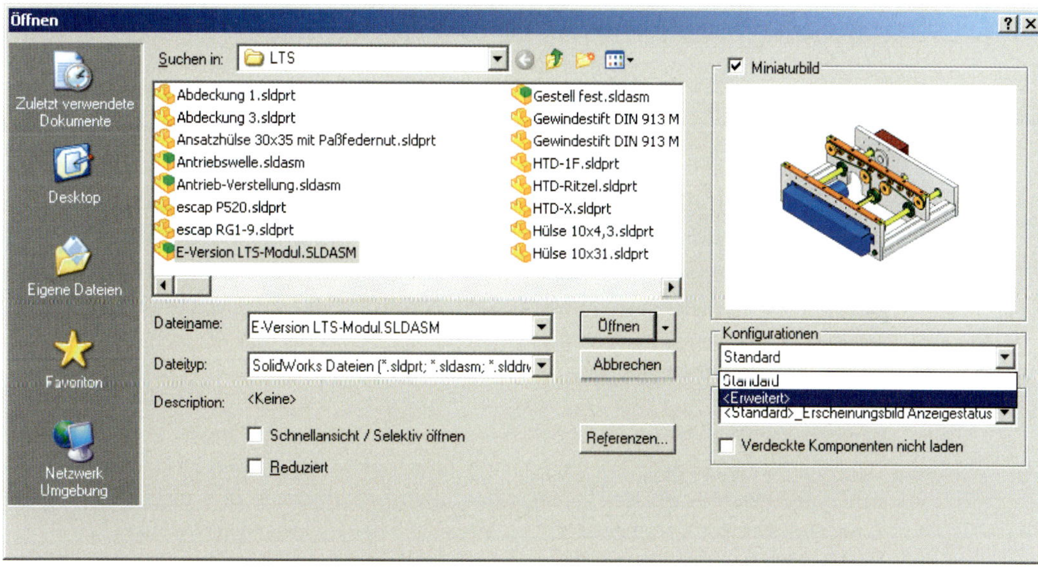

Abb. 2-19 Datei-Öffnen-Dialog von SolidWorks

In der rechten Hälfte von Abb. 2-19 sieht man unterhalb des Vorschaubildes das Drop-down-Feld Konfigurationen. Hier wird die Auswahl auf <Erweitert> gesetzt. In älteren Versionen von SolidWorks kann man im Bereich unter der Anzeige des Dateinamens einen Haken setzen (SolidWorks-Version 2001plus: Konfigurieren, SolidWorks-Versionen 2003 bis 2007: Erweitert).

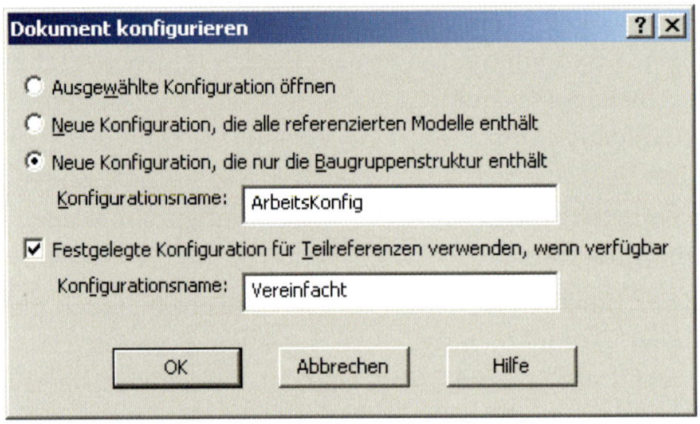

Abb. 2-20 Konfigurieren des ERWEITERT-Öffnen-Dialogs von SolidWorks

Das nachfolgend erscheinende Fenster (Abb. 2-20) gibt die Möglichkeit, eine neue Konfiguration anzulegen, die nur die Baugruppenstruktur enthält, d.h., **alle** Komponenten werden beim Öffnen der Baugruppe in der *ArbeitsKonfig* unterdrückt sein. Die Baugruppe enthält dadurch keine Modelle und kann sehr schnell geladen werden. Zum Arbeiten werden in dieser Konfiguration nur die benötigten Komponenten nachgeladen, d.h. deren Unterdrückung aufgehoben. Zur Sicherheit noch mal kontrollieren: die Einstellungen in den Konfigurationseigenschaften der vollständigen Konfiguration. Diese sollten wie oben beschrieben gesetzt werden.

> Das Öffnen einer Baugruppe mit der Option <ERWEITERT> gibt die Möglichkeit, deren Einzelteile und die verbauten Unterbaugruppen mit einer definierten Konfiguration (Name im Beispiel: Vereinfacht) zu laden. Dazu muss man den Haken bei FESTGELEGTE KONFIGURATION FÜR TEILREFERENZEN VERWENDEN, WENN VERFÜGBAR setzen und den entsprechenden Konfigurationsnamen angeben. Wenn die Baugruppe eine gewünschte Konfiguration beinhaltet, kann man diese angeben. Diese Konfiguration wird aktiviert, und Teile sowie Unterbaugruppen werden mit der Konfiguration VEREINFACHT geladen. Falls nicht vorhanden, kann eine neue Konfiguration in der (zu öffnenden) Baugruppe angelegt werden.

2.4.2 Arbeiten mit temporären Baugruppen

Wie schon zuvor dargestellt, steigert die Verwendung von Baugruppenstrukturen die Bearbeitungsgeschwindigkeit. Um diesen Geschwindigkeitsvorteil auch bei einer vorhandenen Baugruppe (E-Version LTS-Modul<1>, Abb. 2-21) zu nutzen, ohne die gesamte Baugruppenstruktur zu verändern, gibt es die Möglichkeit, mit einer temporären Baugruppe (Baugruppe1) zu arbeiten. Man öffnet eine Baugruppe (E-Version LTS-Modul.sldasm) und erzeugt daraus eine temporäre Baugruppe (Baugruppe1): DATEI->BAUGRUPPE AUS BAUGRUPPE ERSTELLEN.

In dieser Baugruppe kann man mit sehr hoher Geschwindigkeit Komponenten einfügen und verknüpfen. Zu beachten wäre, dass man nur zu Elementen verknüpft, die sich in der (Unter-)Baugruppe (E-Version LTS-Modul<1>) befinden. Wenn man einige Komponenten hinzugefügt hat, kann man die Komponenten in die temporäre (Unter-)Baugruppe (E-Version LTS-Modul<1>) verschieben.

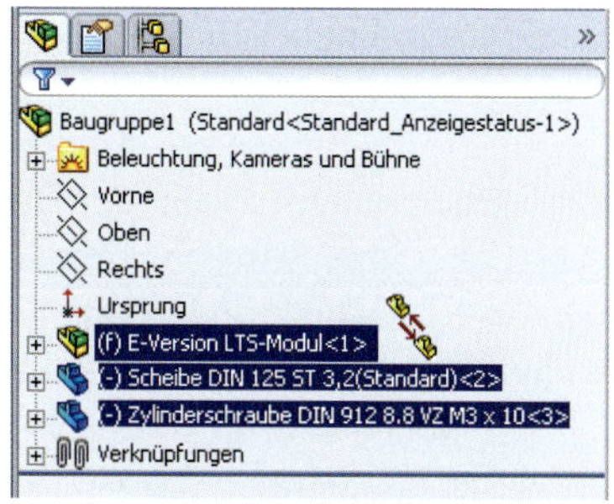

Abb. 2-21 Bearbeiten der Baugruppenstruktur: Verschieben von Komponenten per Drag & Drop

Verwendeter Befehl: BAUGRUPPE AUS BAUGRUPPE ERSTELLEN

2.4.3 Arbeiten mit Vereinfachungen in Konfigurationen

Die Baugruppenleistung hängt zum großen Teil von der Detailqualität bzw. Detailquantität der Komponenten ab. Diese Faktoren beeinflussen die Dateigröße (Lade- und Speicherzeit) und die Zeit für den Modellneuaufbau. Wie man dies am Einzelteil beeinflussen kann, wird in einem der folgenden Kapitel besprochen. Für die Reduzierung der Zeit für den Modellneuaufbau bieten sich drei verschiedene Varianten direkt an.

> Beim Arbeiten mit vereinfachten Konfigurationen ist darauf zu achten, dass man die Verknüpfung immer mit Flächen oder anderen Elementen erstellt, die in allen Konfigurationen vorhanden sind. Fehler in Verknüpfungen haben häufig die Ursache, dass sich die Geometrie oder Topologie verändert hat. Dies sollte keinen Einfluss auf die Verknüpfungen haben.

Vereinfachung durch Unterdrücken von Features

In der Baugruppe kann man eine vereinfachte Konfiguration der Komponenten verwenden, in der Details (z.B. kosmetische Verrundungen, Fasen, Spiralen, Helix, Mustergeometrien, modellierter Text und Ähnliches) unterdrückt oder durch Ersatzfeatures dargestellt werden. Dadurch wird die Zeit für den Modellneuaufbau verkürzt, was sich positiv auf die Gesamtleistung der Baugruppe auswirkt.

Beim manuellen Erstellen einer solchen vereinfachten Konfiguration müssen Regeln eingehalten werden, die am besten in der allgemeinen CAD-Richtlinie allen Anwendern zugänglich sind. So sollten beim Verknüpfen der Komponenten in der Baugruppe stabile Partner gewählt werden. Das bedeutet, dass man Flächen zum Verknüpfen wählt, die später nicht durch die Vereinfachung unterdrückt werden. Auch Kenntnisse vom Aufbau der Bauteile und Baugruppen sind sehr wichtig, was im Entwicklungsprozess nicht immer ganz einfach ist. Die Komponenten entwikkeln sich weiter, Features, die vielleicht am Anfangsstadium der Entwicklung gebraucht wurden, fallen im Laufe des Entwicklungsprozesses weg. Entscheidend, um solche Techniken erfolgreich anzuwenden, ist der saubere Aufbau des Modells mit eindeutiger Struktur der Eltern/Kind-Beziehungen. Wie dieser Modellaufbau aussehen sollte, wird später noch untersucht. Diese Vorgehensweise beansprucht sehr viel Disziplin und solide SolidWorks-Kenntnisse der Anwender. Die vorausschauende Variante: Man definiert schon in den Vorlagen eine Konfiguration, in der alle neuen Features unterdrückt werden. Nicht immer lässt sich die Komplexität der Komponenten planen, und der Aufwand, immer eine vereinfachte Konfiguration mitzuführen, ist nicht unerheblich.

Features unterdrücken, das kann man auch mit einer SolidWorks-Funktion automatisieren. Seit der SolidWorks-Version 2006 gibt es in der Zusatzanwendung Utilities den Befehl Vereinfachen. Ab SolidWorks-Version 2010 findet man den Befehl unter Extras-Suchen/Modifizieren-Vereinfachen... Die Eigenschaften und Parameter werden seit SolidWorks-Version 2009 im Task-Fensterbereich eingestellt. Abb. 2-22 zeigt im oberen Bereich, auf welche Features untersucht wird, wie groß die Features im Verhältnis zur Teilegröße sein sollen und ob sich diese auf eine Baugruppenverknüpfung beziehen. Wenn im untersuchten Teil oder in den Teilen der untersuchten Baugruppe (inklusive Unterbaugruppen) Features gefunden wurden, kann man diese Alle unterdrücken oder nur ausgewählte im Listenfeld Ergebnisse. Die Option Abgeleitete Konfiguration erstellen führt dann zu einem vereinfachten Ergebnis, das keinen Einfluss auf die vollständige Darstellung der anderen Konfiguration(en) hat.

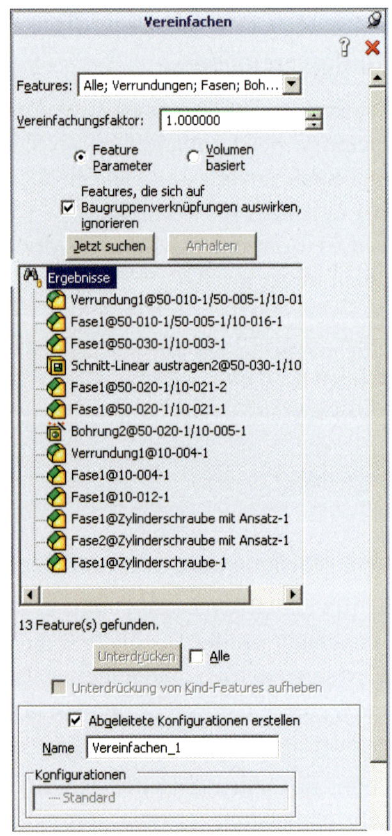

Abb. 2-22 Task – Fensterbereich Vereinfachen

Verwenden von assoziativen Ersatzmodellen

Auch komplette Unterbaugruppen könnte man durch Ersatzmodelle darstellen und diese als vereinfachte Konfiguration der Baugruppe einsetzen. Man könnte z.B. die Konzeptteile der Baugruppe als Ersatzmodell verwenden – wie schon zuvor beschrieben.

Der aufwendigere Weg ist, in der zusammengebauten Baugruppe ein Modell zu erstellen, das Modellflächen und andere Elemente als In-Kontext-Referenz zur Featureerstellung verwendet. Die Vorgehensweise wurde schon von Berlitz [3] beschrieben.

Verwenden von nichtassoziativen Ersatzmodellen

Um die Zeiten für den Modellneuaufbau auf nahezu *Null* zu bringen, kann man auch das Modell in ein Neutralformat exportieren. Anschließendes Importieren in SolidWorks und Austauschen gegen das Originaldokument sorgen für diese Reduzierung der Zeit für den Modellneuaufbau. Bei Änderungen am Originaldokument muss diese Prozedur erneut durchgeführt werden. Es führt natürlich zu Problemen bei den Verknüpfungen. Verknüpfungen zu Ebenen und Achsen, die in den Vorlagen hinterlegt sind, werden automatisch gefunden. Ebenen und Achsen, die zusätzlich erstellt wurden, können an die importierte Geometrie angefügt werden, **bevor** die Komponente ausgetauscht wird. Die Ebenen und Achsen müssen im Ersatzmodell exakt den gleichen Namen (Featurename im FeatureManager™) haben wie die Ebenen und Achsen im Originalmodell.

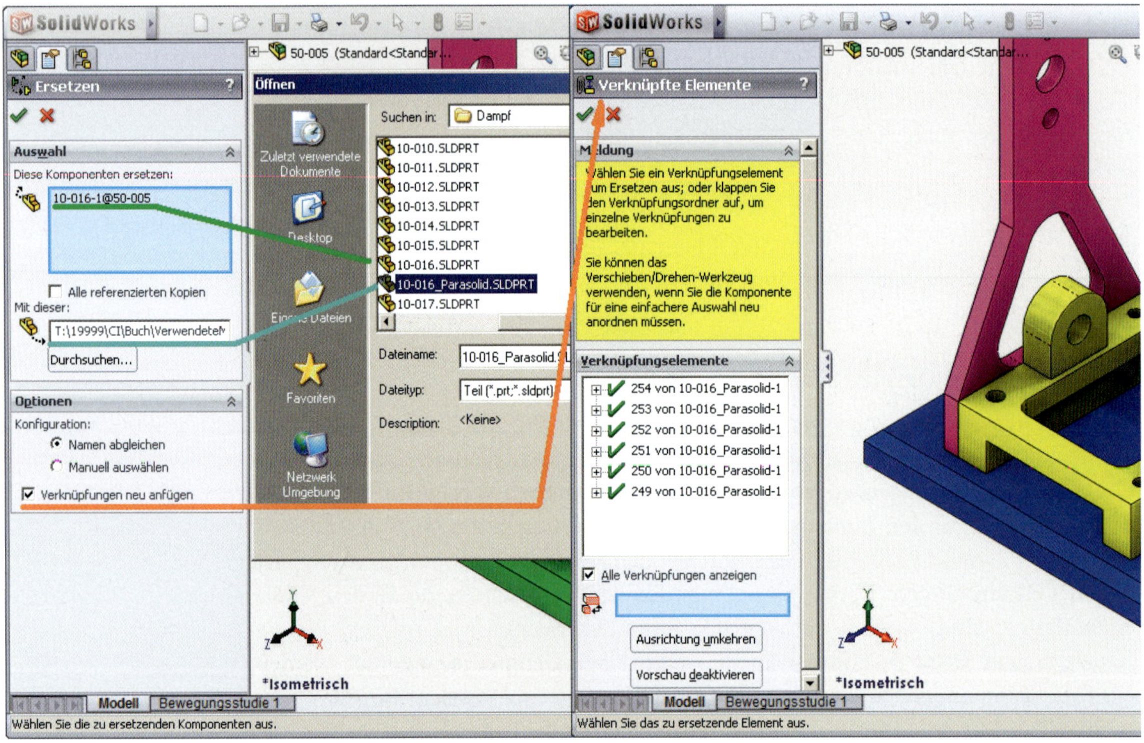

Abb. 2-23 Komponenten ersetzen mit Ersatzmodell und Verknüpfungen neu anfügen mit vergebenen Flächennamen

Verknüpfungen zu Flächen des Modells haben ähnliche Möglichkeiten: Wenn man, wie in Abb. 2-23 zu sehen, die Flächen eines Modells (10-016.sldprt) **vor** dem Verknüpfen mit einem Namen belegt, kann man dieses Modell (10-016.sldprt) in der Baugruppe gegen ein anderes Modell (10-016_Parasolid.sldprt) austauschen. Im Ersatzmodell (10-016_Parasolid.sldprt) müssen die Flächen zur Verknüpfung die gleichen Flächennamen (249 bis 254 in der rechten Bildhälfte von Abb. 2-23 im Feld Verknüpfungselemente zu sehen) aufweisen wie die im Originalmodell (10-016.sldprt). Unter diesen Voraussetzungen kann SolidWorks die Verknüpfungen wieder herstellen.

Leider lassen sich die Flächennamen nicht mit einem Neutralformat übertragen. Das Hinzufügen der Flächennamen wird über das Kontextmenü beim Mausklick auf die Fläche mit dem Befehl FLÄCHENEIGENSCHAFTEN vorgenommen (Abb. 2-24). Wenn schon ein Flächenname vergeben ist, wird dies im Kontextmenü direkt angezeigt. Auch gibt SolidWorks einen Hinweis, dass der Name schon verwendet wird – wenn dies der Fall ist. Auch eine Auflistung der benannten Elemente ist möglich: mit RMT im FeatureManager™ auf die Komponente klicken und den Befehl BENANNTE ELEMENTE AUFLISTEN wählen.

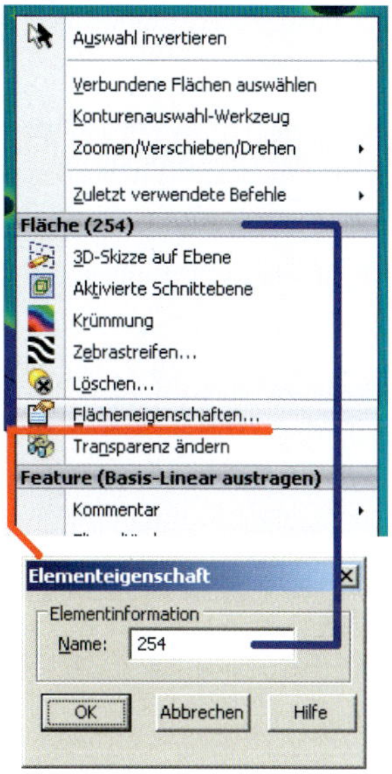

Abb. 2-24 Vollständiges Kontextmenü und mit RMT-Klick auf die Modellfläche und Befehl FLÄCHENEIGENSCHAFT wählen

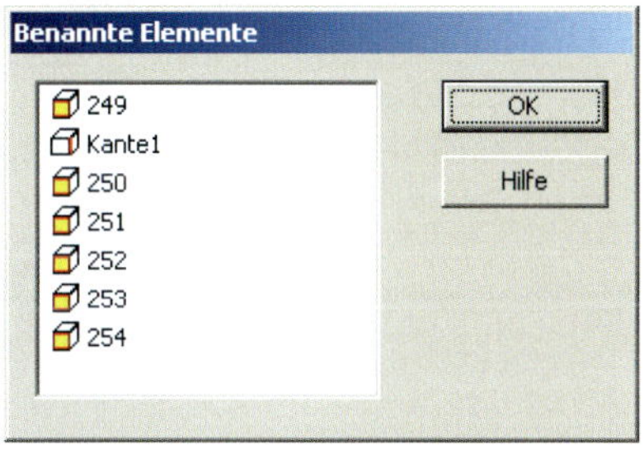

Abb. 2-25 Benannte Elemente auflisten

Wenn man im Listenfeld eines der Elemente anwählt (Abb. 2-25), wird dieses im Grafikbereich hervorgehoben.

Mit bestimmten Neutralformaten lassen sich die Flächenfarben übertragen. Zunächst benennt man die Flächen vom Originalmodell (10-016.sldprt), die für Verknüpfungen verwendet werden sollen, mit einer Farbe (z.B. Rot, RGB-Wert 254, 0, 0) und einer Nummer (z.B. 254), am besten mit einem Makro. Dann wird das Modell in der Baugruppe verknüpft. In den nächsten Schritten wird das Originalmodell als Neutralformat gespeichert und das Neutralformat in SolidWorks eingelesen. Dem so eingelesenen Ersatzmodell (10-016_Parasolid.sldprt) könnte man den Flächen mit Farbe einen Namen zuordnen, am besten mit einem Makro. Der Austausch mit dem parametrischen Modell (10-016.sldprt) wäre dann auch ohne Probleme mit den Verknüpfungen durchzuführen.

Weitere Randbedingungen:

- Featuregesteuerte Komponentenmuster können nicht mehr abgebildet werden, da das entsprechende Feature nicht mehr vorhanden ist. Abhilfe: Meist sind Verbindungselemente (Schrauben, Scheiben, Muttern ...) zur Verbindung von zwei Komponenten ausgeführt. Wenn die zweite Komponente nicht auch vereinfacht wird, dann kann man das entsprechende Feature dieser Komponente verwenden.

- Stufen von Explosionsansichten müssen bearbeitet oder neu erzeugt werden.
- In-Kontext-Referenzen müssen erneut bearbeitet werden, da die übernommenen Elemente nicht im neuen Ersatzmodell vorhanden sind.

2.4.4 SpeedPak

Mit der Version SolidWorks 2009 wurde diese Funktion neu eingeführt. Mit SolidWorks-Version 2010 ist SpeedPak auch für Baugruppen verfügbar, die schon Unterbaugruppen beinhalten, die ein SpeedPak beinhalten.

> Mit der SolidWorks-Version 2011 kommen noch ein paar Erweiterungen zum SpeedPak hinzu: man kann die Baugruppe als SpeedPak direkt öffnen. Auch kann man im FeatureManager™ mit <RMT> auf eine Unterbaugruppe SPEEDPAK VERWENDEN bzw. SPEEDPAK AUF ÜBERGEORDNET im Kontextmenü anwählen. Auch werden nicht absorbierte Skizzen angezeigt

Durch SpeedPak kann die Steigerung der Baugruppenleistung durch Datenreduktion erreicht werden.

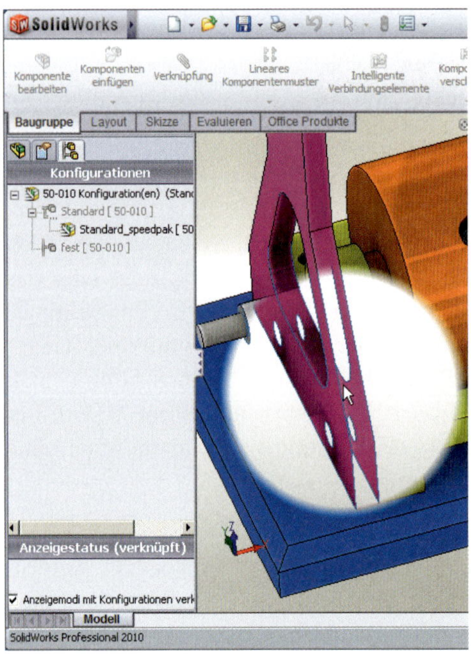

Abb. 2-26 SpeedPak mit Ghost: am Halo um den Mauszeiger zu erkennen

> Der Halo um den Mauszeiger im SpeedPak wird nicht angezeigt, wenn man sich im Messen-Dialog befindet. Man kann die Flächen und Kanten des Ghost messen.

Elemente, die in der nächsten Baugruppenebene oder auf einer Zeichnungsableitung verwendet werden sollen, sind hier auszuwählen. Die restliche Baugruppeninformation (Features, Volumen ...) wird entfernt. Es bleibt nur noch die grafische Darstellung. Die grafische Darstellung (Ghost) kann zusätzlich entfernt werden, was die Datenmenge weiter reduziert.

2.4.5 Fixieren von Komponenten

Seit der SolidWorks-Version 2007 gibt es die Möglichkeit, Komponenten zu fixieren, ohne dass dabei die Verknüpfungen Fehlermeldungen ausgeben. Wenn man die Fixierung wieder aufhebt, dann wirken die zuvor definierten Verknüpfungen wieder.

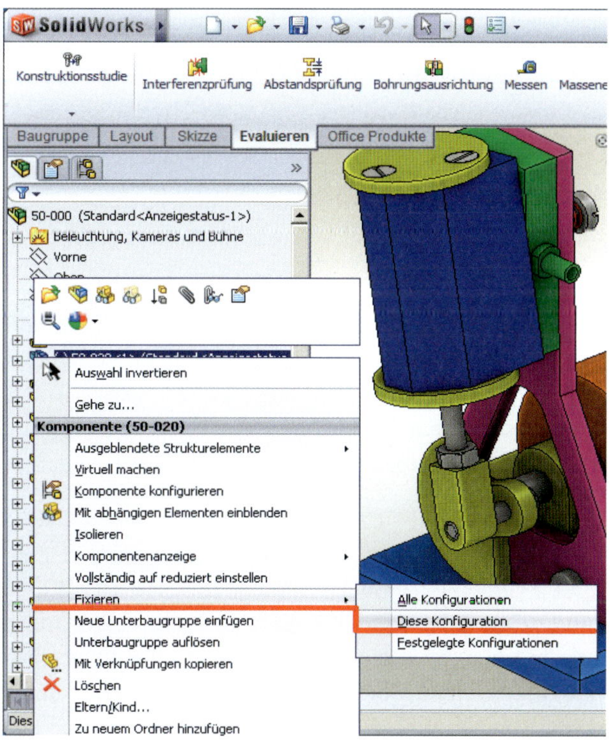

Abb. 2-27 Fixierung von Komponenten – konfigurationsspezifisch

Mit der SolidWorks-Version 2009 wurde dieses Feature dahingehend erweitert, dass die Fixierung abhängig von der Konfiguration gesteuert werden kann. Die Leistungssteigerung liegt auf der Hand: Die Verknüpfungen müssen nicht mehr gerechnet werden.

2.4.6 Positionieren und Sperren

Mit der Version SolidWorks 2008 kommt eine neue Art der Verknüpfung hinzu: Sperren. Mit dieser Verknüpfung können Komponenten zu Gruppen zusammengefasst werden, die sich dann ähnlich wie eine (starre) Unterbaugruppe verhalten. Leider ist auch diese Funktion erst seit der SolidWorks-Version 2011 per API erreichbar. Zum Vergleich mit den Baugruppen der Verknüpfungsuntersuchung wurde eine Baugruppe aufgebaut, mit gleicher Anzahl von Komponenten. Die Komponenten wurden zueinander gesperrt. Per Makro wurde eine weitere Komponente eingefügt, und die Standardebenen wurden deckungsgleich verknüpft. Die angegebenen Zeitwerte geben einen Mittelwert aus 100 Werten wieder.

In der Version 2009 untersucht:

Baugruppe mit 343 Komponenten gesperrt, eine Komponente hinzu, drei Standardebenen deckungsgleich verknüpft dauert 5,95 s.

Baugruppe mit 343 Komponenten und drei Flächen deckungsgleich verknüpft, eine Komponente hinzu, drei Standardebenen deckungsgleich verknüpft, dauert 5,53 s (Verhältnis 1,08:1).

Auch wenn die gesperrten Komponenten nicht schneller berechnet sind: Die voll definierte Position (Verknüpfung) ist in einem Drittel der Zeit erzeugt. Außerdem bleibt der FeatureManager™ für die Verknüpfungen übersichtlicher – zwei Drittel weniger an Informationen zu lesen/identifizieren.

2.4.7 Isolieren

Um die Grafikkarte beim Arbeiten zu entlasten, kann mit dieser Funktion eine Steigerung der Bearbeitungsgeschwindigkeit erreicht werden. Die isolierten Komponenten werden schneller angezeigt, d.h., das Verändern der Ansichtsrichtung geht deutlich schneller (drehen, zoomen ...). Weitere Zeitersparnis: Nur die zu bearbeitenden Komponenten sind eingeblendet, wodurch sie leichter erreichbar sind.

2.4.8 Automatischen Neuaufbau unterbrechen

Um das Modell möglichst immer mit aktuellen Parametern grafisch darzustellen, muss SolidWorks das Modell neu aufbauen. Dies geschieht automatisch, was zu unerwünschten Wartezeiten gerade in größeren Baugruppen führt. Im FeatureManager™ von Baugruppen lässt sich dieser Automatismus im Kontextmenü unterbinden.

2.5 Standards

Die CAD-Richtlinie kann auch deutlich zur Gesamtleistung von Baugruppen beitragen. Die darin definierten Regeln sollten von allen betroffenen SolidWorks-Anwendern vereinbart werden. Die Regeln sollten gelebt werden, d.h., sie sollen sich mit dem wachsenden Kenntnisstand der Anwender und den sich ständig erweiternden SolidWorks-Funktionen anpassen. Das gleiche Vorgehensweisen in allen Einzelteilen und Baugruppen, z.B. eine Analyse der Baugruppe eines Kollegen erleichtern, ist einleuchtend. Wenn streng nach solchen Standards gearbeitet wird, dann kann man auch unter Umständen automatisiert einen Austausch von Elementen vornehmen. Beispielsweise könnte man Schnittfeatures für Stanzbiegeteile mit Nummerierung benennen, weil dafür spezielle Schnittwerkzeuge gebraucht werden. Wenn jetzt eine Änderung am Werkzeug eine Änderung am Schnittfeature nach sich zieht, kann man dies mit einem Makro tauschen. Das Makro könnte ohne Eingriff eines Anwenders alle Teile nach dem alten Feature durchsuchen und gegebenenfalls durch das neue Feature ersetzen.

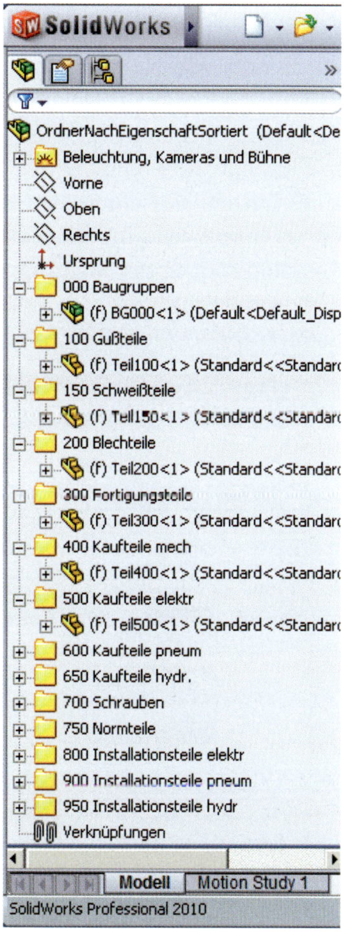

Abb. 2-28 Ordner mit einsortierten Komponenten

2.5.1 Ordnung im FeatureManager™

Das Verwenden von Ordnern verkürzt den FeatureManager™, man kann Komponenten gruppieren (Abb. 2-28). Auch hier ist ein Makro hilfreich: Die Funktion Komponenten in Ordner zu verschieben ist seit SolidWorks-Version 2006 SP2 per API verfügbar. Somit lassen sich Komponenten z.B. nach Dateieigenschaft in entsprechende Ordner sortieren.

2.5.2 Dokumentation mit Kommentarfunktionen

Jedes einzelne Feature kann mit einem Kommentar versehen werden. Dies kann zur Transparenz der Einzelteile und Baugruppen beitragen. Hier sollten die Gestaltungsabsicht (Design Intent) stichpunktartig festgehalten werden. Die Analyse von Einzelteilen und Baugruppen kann dadurch deutlich vereinfacht werden.

2.5.3 Finden und auswählen

Mit SolidWorks-Version 2008 wurde im FeatureManager™ die Filterfunktion eingeführt. Hier werden Dokumenteigenschaften, Kommentare, Tags, Featurenamen, Konfigurationsnamen ... gefiltert. Es werden im FeatureManager™ und im Grafikbereich nur die Komponenten angezeigt, die das Filterkriterium erfüllen. Im Falle eines Einzelteils werden die Skizzen und Features angezeigt, die dem Filterkriterium entsprechen. Eine weitere Funktion (auch für ältere SolidWorks-Versionen), Komponenten in der Baugruppe nach vordefinierten Kriterien auszuwählen, findet man unter EXTRAS -> KOMPONENTENAUSWAHL -> ERWEITERT AUSWÄHLEN (bis SolidWorks-Version 2007 EXTRAS -> ERWEITERT AUSWÄHLEN).

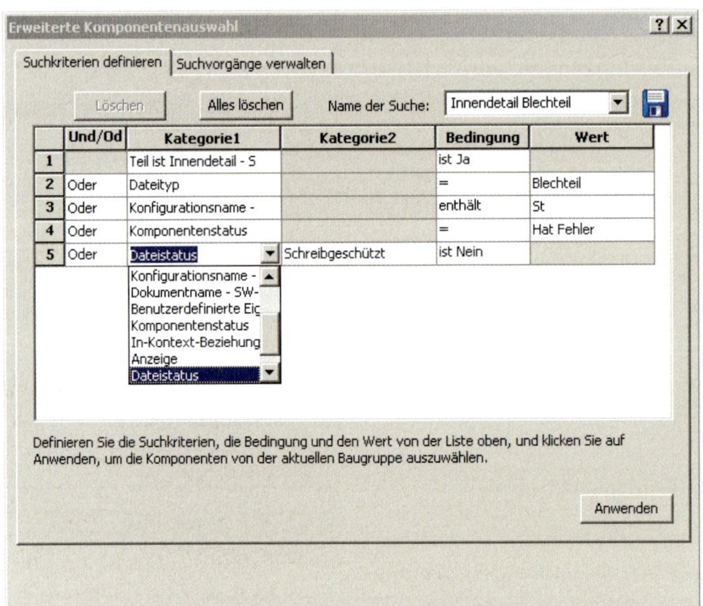

Abb. 2-29 Kriterien definieren für die ERWEITERTE KOMPONENTENAUSWAHL

Das Popup-Menü (Abb. 2-29) bietet viele Möglichkeiten, teilspezifische oder SolidWorks-spezifische Kriterien zu definieren. Diese können benannt und als Suchvorgang gespeichert werden. Als Favoriten angelegt, stehen diese im aufschwingenden Auswählen-Menü zur Verfügung.

Eine weitere Möglichkeit, Komponenten auszuwählen, bietet die Funktion HÜLLE. Im ConfigurationManager müssen man dazu mit RMT auf die HÜLLE klicken und im Kontextmenü AUSWÄHLEN MITTELS HÜLLE oder EINBLENDEN/AUSBLENDEN MITTELS HÜLLE wählen. Im Popup-Menü kann man die Kriterien INNERHALB, AUßERHALB oder DURCH HÜLLE auswählen und auf die Baugruppe anwenden.

2.5.4 Bibliotheken verwenden

Neben Featurebibliothek und Komponentenbibliothek (Norm- und Kaufteile) für Volumeninformation lassen sich auch Beschriftungen, Bemaßungen, Blöcke und vieles mehr in Bibliotheken zusammenfassen. Diese sollten zentral gespeichert und verwaltet werden. Beim Systemstart werden die Aktualisierungen dann allen Anwendern lokal zur Verfügung gestellt. Die lokale Datenablage sorgt dafür, dass kein Anwender aus Versehen die Bibliotheksdaten manipuliert. Die zentral gespeicherten Bibliotheksdaten werden nicht mit einem temporären Schreibschutz belegt, wenn ein Anwender eine Datei verwendet. Wenn die Daten gepflegt werden müssen, stehen diese dem Administrator direkt zur Verfügung.

2.5.5 Systemoptionen/Dokumenteigenschaften

Allgemein sollten diese Einstellungen zur Erläuterung in den CAD-Richtlinien festgehalten sein, damit alle Anwender nachlesen können, warum welche Einstellung getroffen wurde. Es gibt einige Einstellungen, die deutlich Leistung vom Prozessor fordern, aber auch eine deutliche Erleichterung beim Arbeiten darstellen. Andere Einstellungen haben keinen großen Einfluss. Aber auch bei geringem Einfluss auf die Leistung kann in Summe der Einfluss entsprechend hoch sein. Es muss abgewogen werden: Leistung freigeben bedeutet weniger Komfort bei der Bearbeitung, mehr Komfort benötigt mehr Leistung oder erfordert längere Wartezeiten. Wie häufig beim Arbeiten mit komplexen Anwendungen und vielfältigen Einstellmöglichkeiten: Die optimale Einstellung muss jeder für sich finden.

Die Einstellungen können (sollten) auch mit einem SolidWorks-Werkzeug (Assistent zur Kopie der Anwendereinstellung) von einem System auf ein anderes übertragen werden.

Es folgen die Einstellungen, die Auswirkungen auf die Baugruppenleistung haben:

Systemoptionen – Allgemein

MINI-GRAFIKEN IM WINDOWS-EXPLORER ANZEIGEN: abhängig vom Betriebssystem. Windows XP zeigt 16 x 16 Pixel große Bilder, in denen man sicherlich keine größere Baugruppe erkennen/unterscheiden kann. Wenn viele Dateien in einem Windows-Verzeichnis enthalten sind, kann die Darstellung der Mini-Grafiken einiges an Zeit beanspruchen. Empfehlung: Aus, Gesamteinfluss gering.

NEUESTE NACHRICHTEN IM TASK – FENSTERBEREICH ANZEIGEN: Das Deaktivieren verkürzt die Startzeit von SolidWorks, da nicht nach einer Internetverbindung gesucht wird, um die neuesten Nachrichten abzurufen. Gesamteinfluss gering.

LEISTUNGS-FEEDBACK AKTIVIEREN: Wenn SolidWorks nicht normal beendet wird, werden hier automatisch Daten über die Beendigung des Programms an SolidWorks Corp. gesendet. Diese Daten beinhalten zum Beispiel, zu welchem Zeitpunkt, d.h. bei welchem Befehl SolidWorks unfreiwillig beendet wurde, mit welcher Version und Service Pack gearbeitet wird und noch ein Paar Daten mehr (direkt darunter befindet sich ein Link zum Kunden-Feedback-Programm für die Details). Die SolidWorks Corp. wertet die Daten statistisch aus. Wenn z.B. viele Rückmeldungen zu einem Feature kommen und ab einem bestimmten Service Pack die Rückmeldungen stark abnehmen, kann man davon ausgehen, dass der Fehler mit diesem Service Pack gefixt wurde. Die Hotline des Resellers bekommt die Information und kann diese an den Kunden weitergeben. Empfehlung: Ein, Gesamteinfluss nicht messbar.

Systemoptionen – Zeichnungen – Anzeigeart

ANZEIGEART FÜR NEUE ANSICHTEN: Die schnellste Anzeigeart in Zeichnungen ist die Darstellung schattiert ohne Kanten [Berlitz, 4]. Wenn man die Bearbeitung in den Zeichnungen beendet hat, stellt man auf den Standardanzeigetyp um, der vom Kunden (z.B. Fertigungsabteilung) benötigt wird. Empfehlung: SCHATTIERT, Gesamteinfluss hoch.

Systemoptionen – Farben

HINTERGRUND – ERSCHEINUNGSBILD: EINFARBIG, zusätzlich: Arbeiten ohne RealView und dazu Schatten unter dem Modell ausschalten, das sind Erleichterung für Prozessor und Grafikkarte. Die meiste Performance benötigt RealView für die Bühne mit dem Namen Umgebungslicht-Okklusion, da ab SolidWorks-Version 2008 SP1 auch Schatten vom Modell auf Modellflächen über die CPU berechnet werden. Gesamteinfluss mittel bis hoch.

Systemoptionen – Anzeige/Auswahl

AUSWAHL VON VERDECKTEN KANTEN: Dass der Anwender die verdeckten Kanten auswählen kann, bedeutet, dass SolidWorks die Information beim Überstreichen mit dem Mauszeiger zur Verfügung stellen muss. Gerade in einer großen Baugruppe mit vielen verdeckten Kanten kann dies bedeuten, dass Bewegungen des Mauszeigers im Grafikbereich durch das Hervorheben langsam werden. Empfehlung: Aus, Gesamteinfluss mittel.

BAUGRUPPENTRANSPARENZ FÜR BEARBEITUNG IM KONTEXT: Benötigt entsprechende Leistung von der Grafikkarte. Mit der Einstellung BAUGRUPPENTRANSPARENZ FORCIEREN ist das Auswählen von Elementen gewöhnungsbedürftig. Empfehlung: BAUGRUPPENTRANSPARENZ BEIBEHALTEN oder UNDURCHSICHTIGE BAUGRUPPE, Gesamteinfluss mittel.

DYNAMISCHES HERVORHEBEN VON GRAFIKANSICHT: Wenn man mit dem Mauszeiger im Grafikbereich über die Flächen eines Modells streicht, werden die Kanten der Flächen hervorgehoben. Gesamteinfluss gering.

Systemoptionen – Leistung

TRANSPARENZ: Das Drehen von Baugruppen und komplexen Komponenten mit transparenten Volumen/Flächen geht deutlich schneller, wenn die HOHE QUALITÄT FÜR DEN DYNAMISCHEN ANSICHTSMODUS ausgeschaltet ist. Empfehlung: Aus, Gesamteinfluss mittel.

DETAILLIERUNGSGRAD: Beim Drehen von Komponenten (linke Bildhälfte Abb. 2-30) wird die grafische Darstellung vereinfacht.

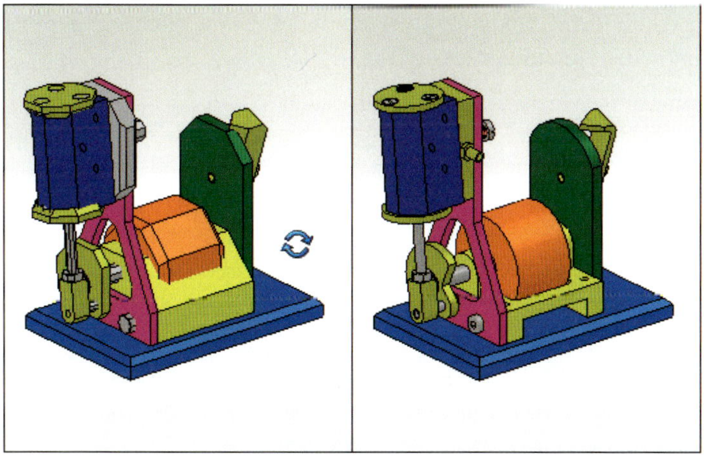

Abb. 2-30 Detaillierungsgrad – links Details entfernt, rechts normale Darstellung

Dadurch lassen sich größere Baugruppen schneller bewegen (drehen). Sobald man die mittlere Maustaste wieder loslässt, wird die *normale* Darstellung, wie in der rechten Bildhälfte zu sehen, berechnet. Eine temporäre Unterbrechung dieses Verhaltens kann man durch gleichzeitiges Drücken der <Alt>-Taste erreichen. Gesamteinfluss mittel.

BAUGRUPPEN – KOMPONENTEN AUTOMATISCH IN REDUZIERTER DARSTELLUNG LADEN: Baugruppen werden deutlich schneller eingelesen, da nicht alle (Feature-)Informationen in den Hauptspeicher geladen werden. Das bringt die wesentlichen Einsparungen im Speicherbedarf. Wenn die Speicherauslastung über den physikalischen Hauptspeicher (RAM) hinaus beansprucht wird, lagert das Betriebssystem die Informationen in den virtuellen Speicher (meist auf der lokalen Festplatte) aus. Dieser ist deutlich langsamer als der physikalische Hauptspeicher. Die reduzierte Darstellung zeigt manchmal inkonsistentes Verhalten, wenn man intensiv mit Konfigurationen und Excel-Tabellen arbeitet – in solcher Konstellation sollten man besser mit vollständiger Darstellung arbeiten. Gesamteinfluss hoch.

BAUGRUPPEN – GESCHWINDIGKEIT DER VERKNÜPFUNGSBEWEGUNGSSIMULATION: Die Verknüpfungsbewegungssimulation zeigt eine Bewegung der zu verknüpfenden Komponente in die Richtung der erfüllten Verknüpfung. Hier wird auch der Detaillierungsgrad verwendet, d.h., wenn die Komponente sich bewegt, wird die Vereinfachung der Geometrie vorgenommen. Ist die Komponente platziert, wird die normale Darstellung berechnet. Empfehlung: schnell bis Aus, Gesamteinfluss gering.

KEINE VORSCHAU WÄHREND DES ÖFFNENS (SCHNELLER): Gerne und häufig ausgeschaltet für Live-Präsentationen, da man das Modell schon drehen und zoomen kann, bevor es vollständig geladen ist. Die Zeit, bis das Modell vollständig geladen ist, dauert länger, wenn vorab diese Darstellung geladen wird. Ohne Vorschau geht es schneller. Empfehlung: Aus, Gesamteinfluss mittel.

Systemoptionen – Baugruppen

GROßE BAUGRUPPEN: Der MODUS GROßE BAUGRUPPE ist eine Sammlung von Voreinstellungen der Systemoptionen, die mit einem Schalter gesetzt werden können. - Eleganterweise – manchmal auch überraschend beim Arbeiten – setzt SolidWorks diesen Schalter selbst, beim Erreichen/Überschreiten der angegebenen Anzahl von Komponenten beim Einlesen von Baugruppen.

Systemoptionen - FeatureManager

GEWÄHLTES ELEMENT IN ANSICHTSFELD BRINGEN: Wenn man im Grafikbereich eines Einzelteils ein Feature oder in einer Baugruppe eine Komponente auswählt, wird der FeatureManager™ so verschoben, dass dieses Element auch im FeatureManager zu sehen ist. Empfehlung: Ein.

FEATURE-NAMEN BEI ERSTELLUNG EINGEBEN: Wenn ein neues Feature erzeugt wird, kann der vorgeschlagene Standardname gleich überschrieben werden. Falls dieser Standardname nicht geändert werden soll, einfach weiter arbeiten. Empfehlung: Ein.

DYNAMISCHES HERVORHEBEN: Ist diese Option aktiv und man überstreicht mit dem Mauszeiger den FeatureManager™, werden im Einzelteil die Kanten der Features im Grafikbereich hervorgehoben. In der Baugruppe bekommt man einen Quader angezeigt – die Bounding-Box der Komponente, der die Größe der Komponente wiedergibt. Farbe Rot – die Komponente im Baugruppen-FeatureManager, Farbe Oliv – Baugruppenfeature Komponentenmuster, das die Komponenten beinhaltet. Gesamteinfluss gering bis mittel.

Systemoptionen – Ansicht

ÜBERGÄNGE: Es sind zwar nur Sekunden bzw. Sekundenbruchteile, die spartanische Einstellung ist: Aus.

Dokumenteigenschaften – Bildqualität

AUFLÖSUNG VON VERDECKTEN KANTEN AUSGEBLENDET/SICHTBAR IN SCHATTIERTER UND ENTWURFSQUALITÄT: Computergrafiken können keine Kreise darstellen. Ein Kreis wird als Polygon dargestellt. Je mehr Ecken das Polygon hat, umso mehr sieht es einem Kreis ähnlich. Je mehr Ecken das Polygon hat, umso mehr muss der (Grafik-) Prozessor rechnen. Den Schieberegler, soweit wie es der Anwender vertragen kann, nach links schieben. Wie schon in der Beschreibung zu sehen, ab einem bestimmten Punkt auf der rechten Seite, verändert sich auch die Dateigröße. Am besten in der Dokumentvorlage einstellen und verteilen.

2.6 Zusammenfassung

Die Geschwindigkeit von Verknüpfungen ist ein Teil der Gesamtleistung einer Baugruppe. Die verwendeten Verknüpfungstypen haben darauf Einfluss. Die hier durchgeführte Untersuchung hat gezeigt, dass ein Unterschied zwischen den Verknüpfungstypen vorhanden ist. Auch wenn die Alternativen zur Positionierung von Komponenten begrenzt sind, kann man manchmal den Verknüpfungstyp oder die Verknüpfungspartner auswählen. So ist es z.B. einfacher, die konzentrischen Flächen einer Schraubverbindung zu ändern statt die deckungsgleichen (temporären) Achsen der Schraube, Scheibe, Teil1, Teil2, Scheibe und Mutter, da sie sich im

Grafikbereich leichter unterscheiden lassen. Vergleicht man zum Beispiel die Diagramme *Ebenen Deckungsgleich* und *Flächen Deckungsgleich*, findet man, dass die neueren Versionen von SolidWorks (2008 bis 2011) Flächen als Verknüpfungspartner schneller berechnen können. Demgegenüber muss man die Austauschbarkeit der Komponenten sehen – wenn die Komponenten über Achsen und Ebenen verknüpft werden, ist der Austausch *leichter* möglich, da die Verknüpfungspartner im FeatureManager™ zu sehen und mit eindeutigen Namen benannt sind. Zwar wurde auch eine Alternative aufgezeigt, die mit Flächenverknüpfungen eine ähnlich gute Austauschbarkeit zeigt, so ist dafür jedoch ein Mehraufwand erforderlich.

Wie man leicht aus der gesamten Untersuchung und den Strategien zu Verknüpfungen sehen kann, gibt es keinen optimalen Weg, Verknüpfungen zu definieren. Immer wieder ist das Abwägen der Vor- und Nachteile gefragt. Ein progressiver Ansatz ist sicherlich der beste: Irgendwo muss man anfangen und kann nicht alle Unwägbarkeiten von Anfang an mit einbeziehen, da man sich auch meist in einem Entwicklungsprozess befindet. Auch ändert sich die Verknüpfungsgeschwindigkeit von einer SolidWorks-Version zur nächsten. Bestes Beispiel hierfür sind die schnelleren Verknüpfungen zu Flächen statt zu Ebenen in den jüngeren SolidWorks-Versionen.

In Verbindung mit den Konzeptteilen und Konzeptbaugruppen sind Verknüpfungen nur für die Normteile, Kaufteile, Wiederholteile und Ähnliche erforderlich, die nach Bottom-up-Methode eingebaut und verknüpft werden. Die anderen Komponenten beziehen sich alle auf einen entsprechenden Referenzpunkt. Wenn diese Komponenten in eine Baugruppe eingebaut werden, müssen diese nicht verknüpft werden. Die Koordinatensysteme werden zur Deckung gebracht, und die Komponenten werden fixiert. Besser wäre nur noch, wenn man die Standardebenen der Komponenten deckungsgleich verknüpft und anschließend die Komponente(n) fixiert. Ab SolidWorks-Version 2007 ist dies ohne Fehler in den Verknüpfungen möglich. Dies würde durch die Fixierung für die Berechnung der Verknüpfung keine Rolle spielen. Es bietet aber den Vorteil, dass man sicher sein kann, dass die Koordinatensysteme deckungsgleich sind. Anwenderfehler – temporäres Aufheben der Fixierung und versehentliches Verschieben der Komponente oder beim Einfügen der Komponente nicht den Ursprungpunkt der Zielbaugruppe getroffen – werden dadurch vollständig ausgeschlossen. Eine solche Aufgabe kann man sehr elegant durch ein Makro lösen.

Das Arbeiten mit Konfigurationen, gerade in Baugruppen, ist ein sehr mächtiges Werkzeug. Die Möglichkeiten, nicht nur die Modellgeometrie zu beeinflussen, sondern auch die Datenmengen zur Bearbeitung zu manipulieren, sind vielfältig. Die Varianten, mit Arbeitskonfigurationen oder vereinfachten Konfigurationen zur Geschwindigkeitssteigerung zu arbeiten, wurden aufgezeigt. Auch hier sollte man mit einem Makro arbeiten, das die Steuerung der erweiterten Optionen der Konfigurationseigenschaften erleichtert. Dann sind die Überraschungen beim Umschalten der Konfigurationen kleiner.

Wie schon mehrfach angesprochen, helfen festgelegte Arbeitsweisen und ausreichende Dokumentation bei der Analyse des Modellaufbaus. In Form einer CAD-Richtlinie können neben Aufbau von Modellen, Aufbau von Zeichnungen, Verwenden der benutzerdefinierten Bibliotheken auch Namenskonventionen z.B. für spezielle Features oder Konfigurationsnamen (vereinfacht, vollständig, Zeichnungskonfiguration ... wenn verwendet) festgehalten werden. Diese, am besten von allen Anwendern gemeinsam erarbeiteten Arbeitsweisen sind als lebendes Dokument zu sehen, das sich mit der Erfahrung der Anwender und den Möglichkeiten der Software im gesamten CAD-Umfeld weiter entwickelt.

[1] - Keith Pedersen, CAPINC, Life-Long Mates, Tutorial zum Download auf www.capinc.com

[2] – Greg Jankowski, SolidWorks Corp., Understanding and Increasing Large Assembly & Drawing Performance, Vortrag auf der SolidWorksWorld 2006

[3] – Stefan Berlitz, Eigene Hüllfunktion, Inoffizielle deutsche SolidWorks-Hilfeseite, Bereich KnowHow

[4] – Stefan Berlitz, Vortrag auf der CATPro 2005, Stuttgart, Download der Vortragsfolien: Inoffizielle deutsche SolidWorks-Hilfeseite, Bereich KnowHow

3 Teilemodellierung nach Plan

Ähnlich wie schon zu den Baugruppen beschrieben, werden hier systematische Ansätze diskutiert, wie komplexe Einzelteile geplant, von mehreren Anwendern gemeinsam (parallel) bearbeitet und fertig gestellt werden können. Die wesentliche Randbedingung ist, wie sie bei allen Konzepten für komplexe Zusammenhänge sein sollte, die Stabilität. Konventionelle Vorgehensweisen werden, zur besseren Analyse und zum Vergleich, vorab dargestellt. Auch hier noch mal zur Begriffserläuterung: Häufig wird der Begriff *Layout* verwendet. Um hier die Verwechselung mit der SolidWorks-Funktion LAYOUT zu vermeiden, wird der Begriff *Konzept* gewählt. Zur Wahl der recht einfachen Beispiele sei noch mal erwähnt: Für geübte Anwender bedürfen diese Teile sehr wahrscheinlich keiner großen Planung. Diese Teile sind beispielhaft und zeigen minimal die Features, die zu den Erläuterungen erforderlich sind.

3.1 Teileaufbau wie gelernt

In der SolidWorks-Grundschulung wird von einem Entwurfsplan gesprochen: Ähnlich wie ein Modellbauer, der eine Teilezeichnung analysiert und die Modellerstellung plant, sollte der SolidWorks-Anwender seine Teilemodellierung planen. Wenn man einmal unsicher ist, wie man ein Teil modellieren soll – am einfachsten ist es sich, an den Fertigungsschritten zu orientieren.

Mit der Wahl der Startebene legt man zumeist auch die Ausrichtung des Teils im Raum fest. Die Ausrichtung des Teils im Raum kann man z.B. nach natürlicher Lage oder Einbaulage in der übergeordneten Baugruppe wählen. Für ein symmetrisches Teil sollte beim Teileaufbau am besten eine Standardebene als Symmetrieebene verwendet werden. Man spart ein Feature, wenn man einzelnen Features oder auch den gesamten Körper spiegeln will. Wenn Muster eine Möglichkeit des einfacheren Teileaufbaus bieten, dann werden auch diese selbstverständlich eingesetzt.

Die Vorgehensweise ist leicht zu erlernen und schnell in der Umsetzung. Für einfache Geometrie, Anwender, die selten mit SolidWorks oder neu mit SolidWorks arbeiten, bestens geeignet. Die Produktivität ist schnell erreicht oder nach einer Pause schnell wieder hergestellt.

In Abb. 3-1 sind die einzelnen Schritte zum Aufbau im FeatureManager™ detailliert zu erkennen: Volumen erzeugen, Volumen hinzufügen, Volumen entfernen, Bohrungen einfügen (eventuell Formschrägen anfügen) und zum Schluss die kosmetischen Features Fase und Verrundung. Dies ist natürlich ein idealer Aufbau eines Teils und kann zumeist nur bei bekannten oder einfachen Teilen eingehalten werden. Häufig entwickelt sich ein Teil (Entwicklungsprozess oder Produktlebenszyklus), und diese idealisierte Reihenfolge der Features wird durchbrochen.

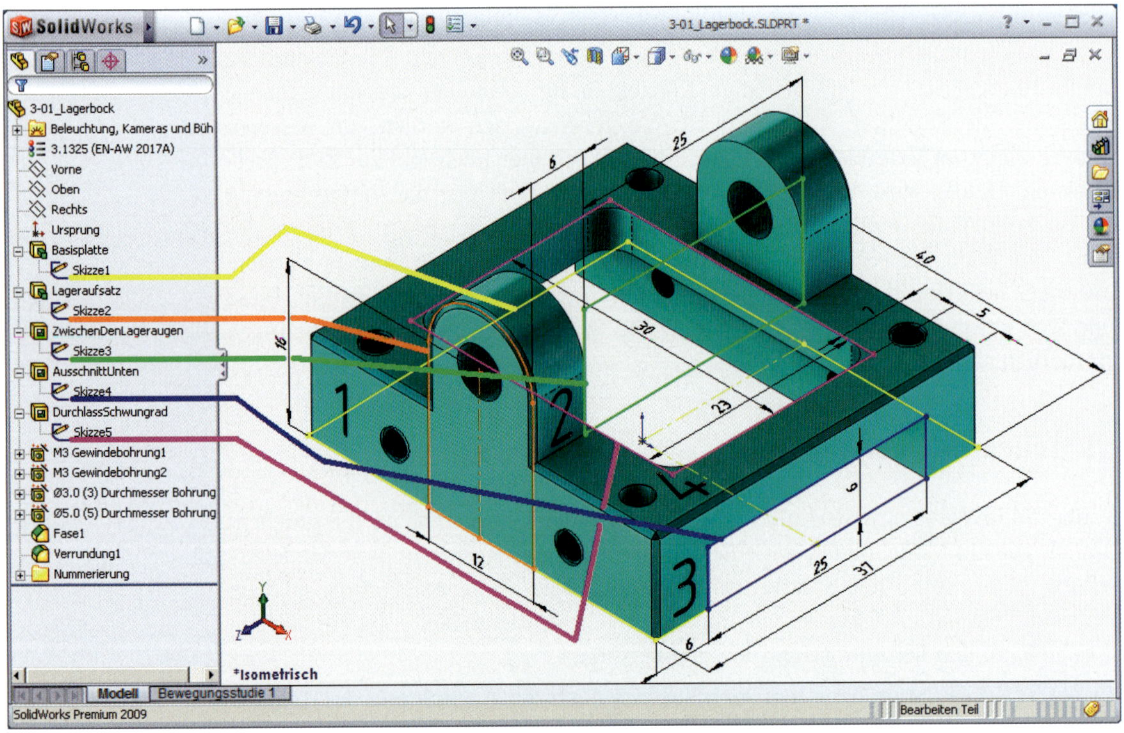

Abb. 3-1 Konventioneller Teileaufbau; Datei (Version 2009): 3-01_Lagerbock.sldprt

Zum Start wird auf der Ebene Oben die Skizze1 mit einfacher Geometrie (ein Rechteck) eingefügt. Das Feature Basisplatte ist mit der Endbedingung BLIND und einem Parameter ausgetragen. Die Skizzierebene für Skizze2 ist die Körperfläche mit der Kennzeichnung 1. Wieder mit einfacher Geometrie wird die Kontur des Features Lageraufsatz in Skizze2 dargestellt. Das Feature Lageraufsatz mit der Endbedingung DURCH ALLES bildet mit der Körperfläche 2 die Skizzierebene für Skizze3, die im Feature ZwischenDenLagerungen absorbiert ist. Der AusschnittUnten basiert auf der Skizze4, die auf der Körperfläche 3 angelegt ist, die Endbedingung des Features ist DURCH ALLES. Auf der Körperfläche 4 befindet sich die Skizze5, die für das Feature DurchlassSchwungrad mit der Endbedingung DURCH ALLES verwendet wird.

Die folgenden Bohrungen wurden alle mit dem Bohrungsassistenten erstellt, die kosmetischen Features auf die Kanten angewendet. Wie der geübte SolidWorks-Anwender vielleicht erkennen kann, sind die Bemaßungen (wenn möglich) an die Körperkanten angefügt. Man kann dies z.B. an den Positionsmaßen der Skizze5 sehen (Maße 5 mm und 7 mm, rechte Bildhälfte). Die im FeatureManager™ nachfolgende Fase entfernt diese Kanten, auf die sich die Maße beziehen. Es sieht so aus, als würde die Maßhilfslinie in der Luft *hängen*. Wenn man den FeatureManager™ als zeitliche Abfolge von Befehlen sieht, ist dies nicht so. Die Bemaßung zur Kante findet zu einem *Zeitpunkt* statt, an dem die Kante noch nicht gefast ist. Wenn man nun zur Leistungssteigerung die kosmetischen Features unterdrücken will, so ist dies ohne Verlust von relevanter Geometrieinformation möglich, d.h., die Abstandsinformation zur Kante ist nicht KIND-Feature der Fase. Der Begriff für den Zusammenhang ELTERN/KIND wird noch genauer besprochen.

3.2 Stabilität erhöhen

In der zuvor beschriebenen Arbeitsweise findet sich Potenzial zur Verbesserung: Die Stabilität kann man erhöhen, indem man z.B. beim Bemaßen nicht auf eine Körperkante referenziert, sondern aus der ursprünglichen Skizze des Features ein Skizzenelement als Referenz verwendet. Dazu muss natürlich das Teil entsprechend durch Planung (oder Erfahrung) aufgebaut sein. Im folgenden Beispiel sind die Standardebenen als Skizzierebenen verwendet; die Ebene VORNE ist Basis für alle Skizzen rotierender Features.

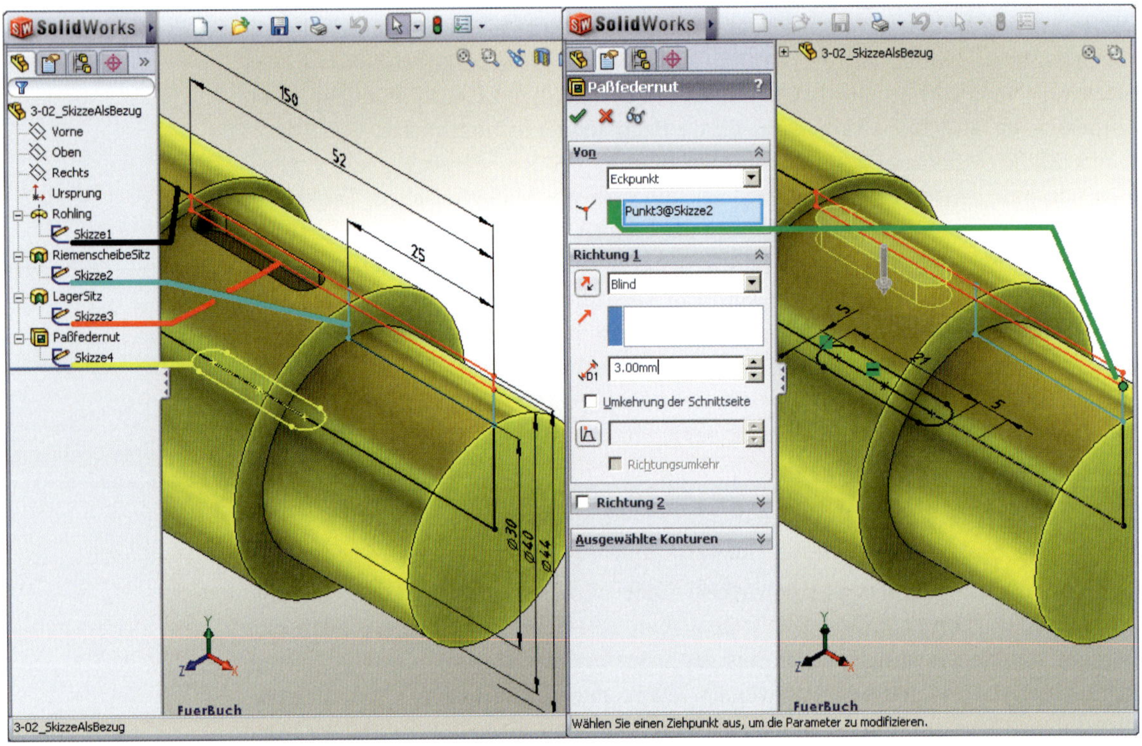

Abb. 3-2 Skizzenreferenzen basieren auf vorherigen Skizzenelementen; Datei (Version 2009): 3-02_SkizzeAlsBezug.sldprt.

Der geübte Anwender erkennt in der linken Hälfte von Abb. 3-2, dass die Skizze1 aus einem Rechteck mit einer Mittellinie besteht (nur durch eine Mittellinie funktioniert die Durchmesserbemaßung, auch wenn sich auf der anderen Seite der Mittellinie keine Geometrie befindet). Diese Skizze1 dient als Konturgeometrie für das rotierte Basisfeature Rohling. Wie auch bei Frästeilen werden von diesen Rohabmessungen weitere Volumina entfernt. Auf der Ebene VORNE wird Skizze2 eingefügt, die ebenfalls ein Rechteck enthält. Eine Ecke des Rechtecks ist deckungsgleich mit der Ecke des Rechtecks von Skizze1. Um die Beziehung zur Ecke des Rechtecks von Skizze1 herstellen zu können, muss die Skizze1 dazu vorher eingeblendet werden. Die Abmessungen werden durch Parameter definiert. Mit dieser Skizze2 wird der rotierte Schnitt (RiemenscheibeSitz) ausgeführt. Das Feature LagerSitz ist analog aufgebaut.

In der rechten Hälfte von Abb. 3-2 ist in der Skizze4 die Kontur der Paßfedernut auf der Ebene OBEN angelegt. Durch Verwendung der Anfangsbedingung Eckpunkt (Punkt3@Skizze2) zum Start des Features ist die Erstellung einer Ebene nicht erforderlich.

Genereller Hinweis zu dieser Vorgehensweise: Die gewählten Bezüge sollten man immer so weit wie möglich oben im FeatureManager™ auswählen. Die erste Skizze (hier Skizze1) ist am stabilsten. Elemente, die später einmal zur Featureerstellung nicht mehr verwendet werden sollen (z.B. Konturänderungen durch Änderung der Designvorgaben), sollten nicht gelöscht werden. Sie werden zu Konstruktionsgeometrie umdefiniert, und der Bezug in nachfolgenden Skizzen oder Features bleibt erhalten.

Was ist an dieser Vorgehensweise besser?

Wie auch in der Stabilität der Verknüpfungselemente (siehe Baugruppenabschnitt) zu lesen, lässt sich hier ebenfalls eine logische Reihenfolge zur Erhöhung der Stabilität von weiteren Skizzen und Features ableiten. Auch hier sind die stabilsten Elemente für Beziehungen und Bemaßungen die Standardebenen und der Ursprungspunkt. Alle weiteren Elemente bauen logisch darauf auf.

1. Standardebenen, Ursprungspunkt
2. Achsen der sich kreuzenden Standardebenen, parallele Ebenen mit Abstand zu den Standardebenen, Punkte frei im Raum
3. Skizzenelemente in Skizzen oder Skizzenblöcken (Punkte, Linien, Kreise, Kreisbögen ...), Achsen durch frei definierte Punkte im Raum von 2. oder dem Ursprungspunkt, Achsen durch sich kreuzenden Ebenen von 1. und 2., Ebenen durch Punkte und Achsen von 1. und 2. ...
4. Flächen von Körpern, temporäre Achsen ...
5. Kanten von Körpern ...
6. Eckpunkte von Körpern ...
7. Schnittkurve ...
8. Silhouettenkante ...
9. ...

Wie man bei der Analyse der Skizzen sehen kann, sind im zweiten Beispiel (3-02_SkizzeAlsBezug.sldprt) die Beziehungen und Bemaßungen immer zu Elementen einer vorher erzeugten Skizze (Punkt 3 in der Liste) oder zu Standardebenen bzw. dem Ursprungspunkt erstellt. Natürlich stellen diese Beziehungen teilweise nur die Projektion auf die Skizzierebene dar – aber die Stabilität bleibt. Die Features starten in aller Regel auf der Skizzierebene. Auch stabil sind die Punkte aus einer vorherigen Skizze, die man als Eckpunkt für Start und Ende eines Features verwenden kann.

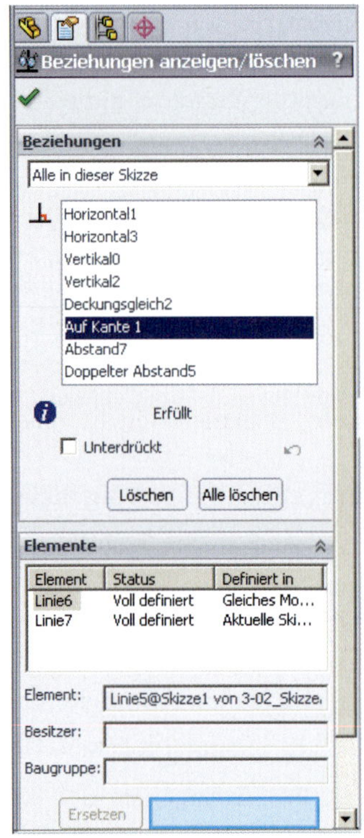

Abb. 3-3 Skizzenanalyse mit dem Werkzeug BEZIEHUNGEN ANZEIGEN / LÖSCHEN...

Anzeige der Silhouettenkante

Skizzierwerkzeug Schnittkurve

Ein weiterer Vorteil dieser *stabileren* Vorgehensweise ist die Unabhängigkeit der Features. Man kann die Features einzeln unterdrücken, ohne dass die anderen Features beeinflusst werden, da diese nicht auf Körperkanten der Features aufgebaut sind. Natürlich dürfen die Skizzen in diesem Fall nicht unterdrückt werden. Im gezeigten Beispiel können alle Features unabhängig voneinander unterdrückt werden (außer dem Basisfeature Rohling). Auch die Skizzen können alle unterdrückt werden, bis auf die Skizze3 für den LagerSitz (und die Skizze1 für das Basisfeature Rohling). Die Skizze der Paßfedernut, genauer das Maß 5 mm, nimmt Bezug auf einen Skizzenpunkt der Skizze3, die für das Feature LagerSitz verwendet wird.

Wenn man hingegen die Kontur in nur einer Skizze anlegt, ist dies nicht möglich.

Selten kommt es vor, dass man das Teil schon sehr genau kennt. In diesem Fall kann man auch die Möglichkeit nutzen, zuerst nur die Skizzen zu erstellen. Die Skizze für die Rohabmessungen zuerst, dann die für die rotierten Schnitte. Man spart sich das Einblenden der schon in die Features absorbierten Skizzen. Wenn man mit den Skizzen fertig ist, werden die Features erstellt.

Natürlich hat auch diese Vorgehensweise Nachteile: Die Erstellung benötigt mehr Zeit als eine einzige Skizze, die alle (Rotations-)Features enthält. Die Berechnung dauert auch länger. Noch einfacher ist manchmal der Aufbau des Modells in einzelnen Scheiben. Diese Variante wird häufig von autodidaktischen Anfängern verwendet – was nicht bedeutet, dass diese Variante schlecht ist. Wie mit allen Vorgehensweisen ist abzuwägen, wofür man welche Vorgehensweise verwendet.

3.3 Arbeiten mit Konzeptskizzen

Für eine konsequentere Umsetzung der im vorigen Kapitel besprochenen Ansätze liegt die Lösung denkbar nah: Man verwendet Konzeptskizzen, die später nicht für Features verwendet werden. Man erspart sich das Suchen der Skizzen, die zur Übernahme der Geometrie oder zur Referenz ein- und ausgeblendet werden müssen. Für komplexere Teile beginnt die Planung mit diesen Skizzen. In diesen ersten (Konzept-)Skizzen werden die wesentlichen Parameter des Modells definiert. Sie bilden zumeist auch die Grundlage für die Referenzgeometrie, die im weiteren Verlauf Basis der Skizzen und Features sind. Im späteren Zusammenbau können diese Referenzgeometrien zum Verknüpfen verwendet werden.

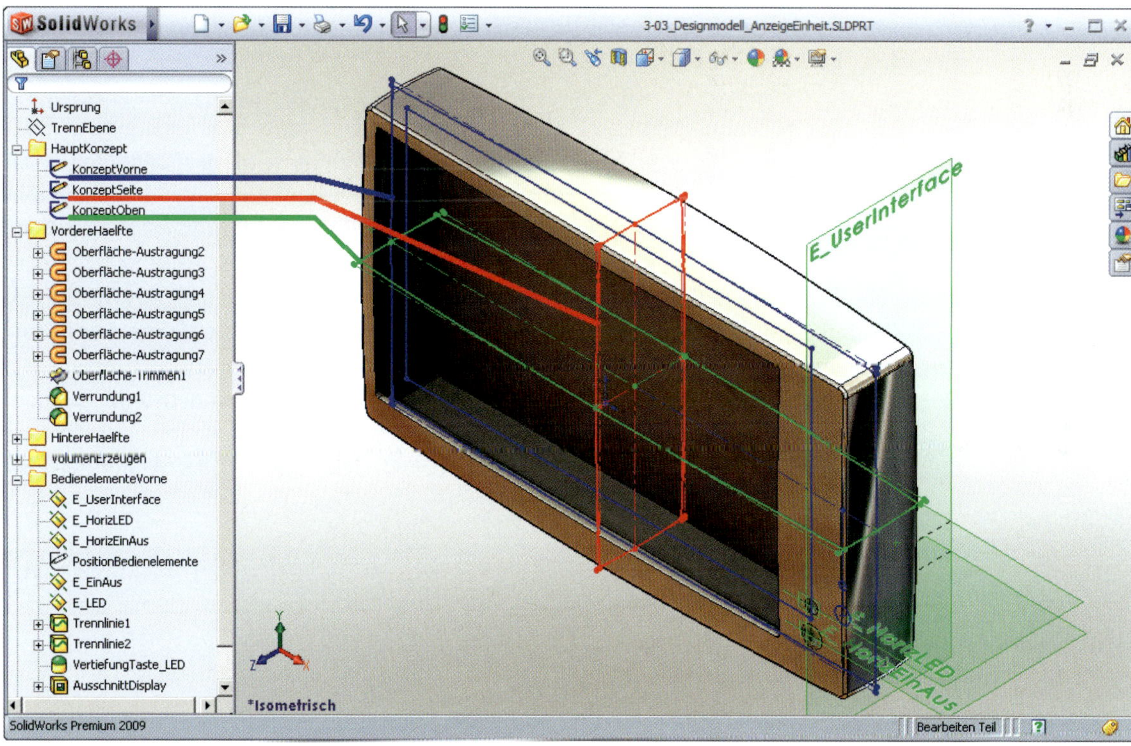

Abb. 3-4 Konzeptskizzen als Basis für das gesamte Modell; Datei (Version 2009): 3-03_Designmodell_AnzeigeEinheit.sldprt

Aufgebaut auf diese Skizzen werden z.B. für Consumer Products Kurven definiert, welche die Design- oder Konstruktionsabsicht wiedergeben. Im Beispielteil werden daraus erste Oberflächen entwickelt, gefolgt von ersten Volumina. Im Ordner BedienelementeVorne sind Schnittstellen zu anderen Bauteilen definiert. Diese Schnittstellen sind auch für die Verknüpfung in der übergeordneten Baugruppe geeignet.

Struktur in Konzeptskizzen

Abhängigkeiten von Skizzenelementen zueinander lassen sich mit Bemaßungen und/oder Beziehungen darstellen. Skizzenelemente, die eine Funktionsgruppe bilden, müssen ebenso zueinander als auch zu anderen Funktionsgruppen definiert werden. Um nicht zu viele Maße in den Konzeptskizzen unterbringen zu müssen, kann man Funktionsgruppen auch in Blöcken zusammenfassen (ab SolidWorks-Version 2005).

3.4 Lokale Details

Wie man im FeatureManager™ (Abb. 3-4) auch sehen kann, sind Elemente in Ordnern gruppiert. Die gewählte Darstellung mit Ordnern wird im Folgenden noch näher beschrieben. Hier sieht man aber auch, dass zusammenhängende Features in den Ordnern zusammengefasst sind. Ähnlich wie die Verknüpfungen in den Baugruppen, die nicht als Kette angelegt werden sollten, ist ein Teileaufbau, bei dem jedes Feature auf dem vorherigen basiert, instabiler. Instabil bedeutet in diesem Zusammenhang, dass beim Fehlschlagen eines Features die nachfolgenden beeinträchtigt werden. Basierend auf lokal zusammenhängenden Featuregruppen lässt sich folglich die Stabilität erhöhen, da bei Änderungen in der Konstruktionsabsicht und den daraus entstehenden Fehlern nur die entsprechende lokale Featuregruppe bearbeitet werden muss. Je nach Aufbau des Modells und Art der Änderung entstehen vielleicht auch gar keine Fehler.

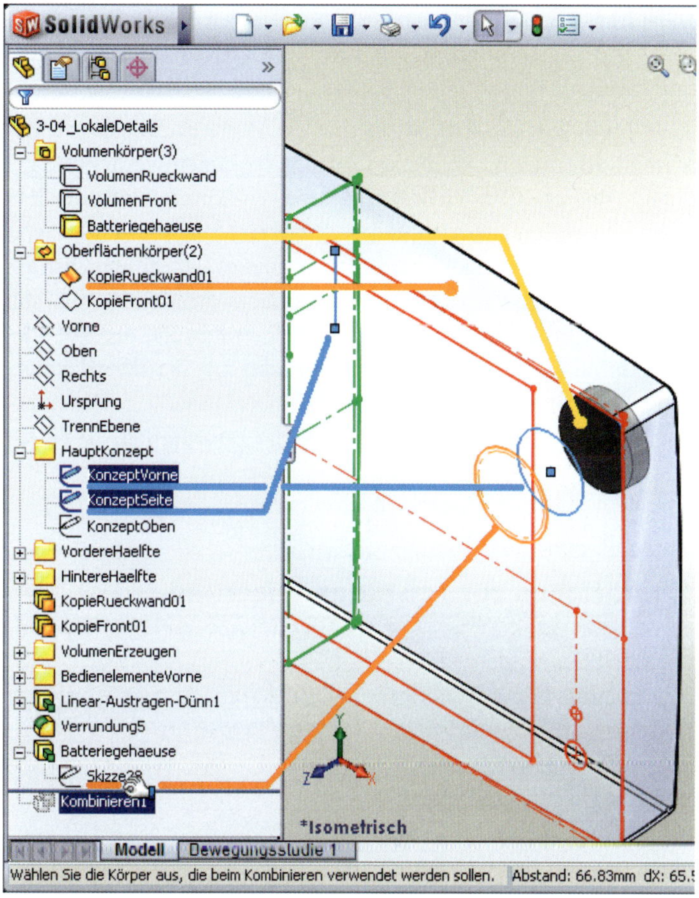

Abb. 3-5 Das Batteriegehäuse als lokales Detail; Datei (Version 2009): 3-04_LokaleDetails.sldprt

Wie schon zuvor beschrieben sind auch hier im Beispiel (Abb. 3-5) zunächst die Konzeptskizzen, die Startgeometrie und nachfolgend die ersten Features zu sehen. Zum weiteren Erstellen von lokalen Featuregruppen wird von der Außenhülle der Hauptkontur des Basiskörpers eine Oberflächenkopie erzeugt (KopieRueckwand01), hier im Beispiel transparent dargestellt. Diese Oberflächenkopie wird für das Erstellen der lokalen Featuregruppen verwendet. Im FeatureManager™ kann man sehen, dass diese Oberflächenkopie direkt nach dem Modellieren der Außengeometrie erzeugt wird. Das lokale Detail (Feature Batteriegehauese) kann eigentlich an beliebiger Stelle im FeatureManager™ folgen, gerade das ist das Merkmal dieser Vorgehensweise. Das Feature Batteriegehaeuse basiert auf der Skizze28. In der Skizze28 wird die Kreisgeometrie der Skizze KonzeptVorne übernommen. Mit der

Offsetgeometrie (Wandstärke des Batteriegehäuses) startet das Feature Batteriegehaeuse am Skizzenpunkt der Skizze KonzeptSeite und wird bis zur Oberfläche KopieRueckwand01 ausgetragen.

Entscheidend für dieses Modellierkonzept ist, in diesem Moment die Option ERGEBNIS VERSCHMELZEN nicht zu nutzen. An diesem lokalen Volumen werden die erforderlichen Details ausgearbeitet. Zum leichteren Bearbeiten könnte man mit dem Befehl ISOLIEREN alle anderen Volumina ausblenden. Weitere Features werden jetzt hinzugefügt (z.B. Bohrungen für die elektrischen Zuleitungen, Aufnahmen für die Batteriekontakte ...) Diese lokalen Details werden miteinander verbunden, d.h., die Features werden alle diesem lokalen Volumen zugeordnet. Volumina, die über die Grenzen des Basiskörpers hinaus modelliert wurden, können mit der Oberflächenkopie (KopieRueckwand01) getrimmt werden (SCHNITT MIT OBERFLÄCHE...). Wenn alle lokalen Volumen ausmodelliert sind, werden diese, wenn erforderlich, zu einem Volumenkörper verschmolzen. In Abb. 3-5 im FeatureManager™ unterhalb des Einfügebalkens kann man das Feature KOMBINIEREN1 erkennen.

3.5 Arbeitskonfigurationen zur Leistungssteigerung

Ähnlich wie schon bei der Baugruppenmodellierung besprochen, kann man mit der zuvor beschriebenen Arbeitsweise und einer Arbeitskonfiguration deutlich Leistungssteigerungen erhalten. Hier im Einzelteil muss man, wie in der Baugruppe auch, peinlich genau auf die erweiterten Optionseinstellungen der Konfiguration achten.

Wenn man sich eine Arbeitskonfiguration anlegt, sollte die Standardkonfiguration den Haken NEUE FEATURES UND VERKNÜPFUNGEN UNTERDRÜCKEN nicht gesetzt haben. Vielleicht ist auch eine konfigurationsspezifische Farbe sinnvoll. Gerade wenn man mit anderen zusammen an einem Teil arbeitet, ist eine Signalfarbe ein guter Hinweis auf die aktuell angezeigte Konfiguration.

Abb. 3-6 Erweiterte Optionen

3.6 Arbeitsschritte: Konfigurationen oder Teil in Teil

Im folgenden Beispiel sind verschiedene Arbeitsschritte als jeweils eine Teiledatei dargestellt.

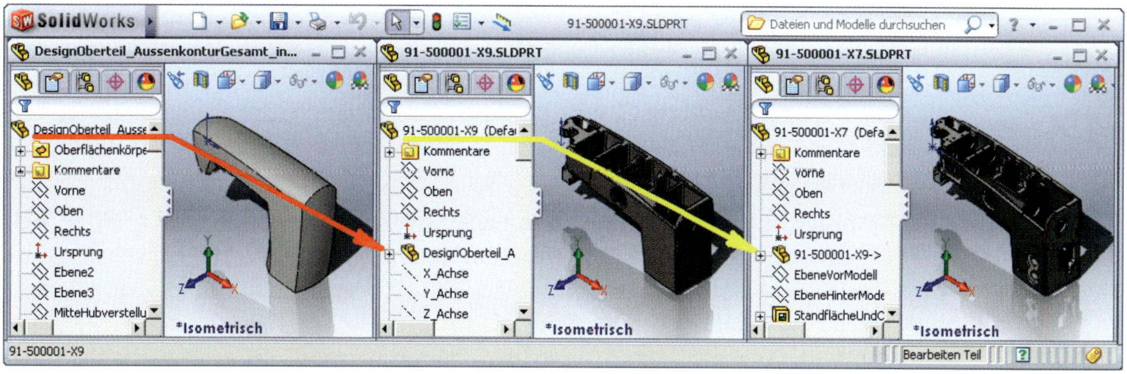

Abb. 3-7 Von links nach rechts: Designmodell, Gussmodell und bearbeiteter Guss (mit freundlicher Genehmigung der Firma PFAFF Industrie Maschinen AG)

In Abb. 3-7 ist links zunächst das Designmodell zu sehen, das in diesem Fall nur aus Oberflächenkörpern besteht. Mit dem Einfügen als Teil in das Gussmodell (in der Mitte) werden nicht nur Arbeitsschritte, sondern auch Berechnungsleistung aufgeteilt. Wie später noch zu sehen, ist diese Einsparung der Berechnungsleistung dramatisch – es kann viel Zeit gespart werden, da ein Teileneuaufbau im Laufe des Erstellens eines Teiles häufig benötigt wird. Der nächste Arbeitsschritt, die Bearbeitung des Gussmodells, wird erneut durch eine neue Teiledatei dargestellt. Auch in diese Teiledatei wird das zuvor erstellte Modell – hier das Gussmodell – als Teil in Teil eingefügt. Die ungefähr 1200 Features verteilen sich über die Einzelteildateien.

In einer SolidWorks-Basisschulung wird eine Ratsche als Gussteil erstellt und die Bearbeitung als Konfiguration angelegt. Die Features für die Bearbeitung werden im Gussmodell unterdrückt. Auch Konfigurationen von Abmessungen werden erzeugt, selbstverständlich mit passender Gussmodell-Konfiguration. Dabei sind die Zusammenhänge von Konfigurationen, die erweiterten Optionen (konfigurationsspezifische Farbe, neue Features und Verknüpfungen unterdrücken), Eltern und Kind sehr gut herausgearbeitet. Als praktischen Ansatz für verschiedene Fertigungszustände ist dies nur bedingt zu empfehlen.

3.7 Arbeitsteilung

Auf der Basis der vorangegangenen Konzeptmodelle kann man sich auch eine Aufteilung eines komplexen Einzelteils in verschiedene Sektionen vorstellen. Ein Konzeptteil definiert z.B. drei Teile: Sektion A, Sektion B und Sektion C. Die Aufteilung könnte man durch Oberflächen definieren. Mit Teil-in-Teil werden das Teil A, das Teil B und das Teil C erstellt. In den Teilbereichen kann jetzt, unabhängig von den anderen beiden Teilen, im jeweiligen dritten Teil modelliert werden. Anschließend kann man die Komponente wieder mit der Teil-in-Teil-Methode zusammenfügen und kombinieren.

Wie in den zuvor beschriebenen Vorgehensweisen einzeln aufgeführt, lassen sich für Schweißbauteile diese Techniken gut kombinieren. Diese Möglichkeiten basieren auf der Multibody-Fähigkeit (ab SolidWorks-Version 2003), den Schweißwerkzeugen (ab SolidWorks-Version 2004), den Teil-in-Teil-Einfügeoptionen (ab SolidWorks-Version 2008) und den Möglichkeiten, Dateieigenschaften von Schweißstücklisten über Teileebenen auslesen zu können (ab SolidWorks-Version 2009).

3.8 Standards und Individualität

Das gemeinsame Arbeiten an CAD-Modellen wird deutlich vereinfacht, wenn die Anwender alle einen gemeinsamen Kenntnisstand haben. Dies wird neben Schulungen auch durch das gemeinsame Festlegen von Arbeitsweisen erleichtert. Diese gemeinsamen Festlegungen erleichtern deutlich die Analyse von Modellen, die von anderen Anwendern erstellt wurden. Zweckmäßigerweise legt man diese Vereinbarungen schriftlich fest und stellt diese als CAD-Richtlinie zusammen. Dieses lebende Dokument muss, natürlich wie alle anderen auf einem sich entwickelnden Werkzeug basierenden Dokumente, ständig gepflegt werden. Hierzu empfehlen sich regelmäßige Treffen der Anwender, die in einer solchen CAD-Besprechung ihre Erfahrungen austauschen, Fragen klären und vieles mehr. Neben diesem Austausch untereinander werden zusätzlich Impulse von außen benötigt, um auch einmal ganz andere Vorgehensweisen kennenzulernen. Gute Gelegenheit geben die Schulungen und Anwendertreffen der Reseller, auch Messen, wo SolidWorks gezeigt wird, oder das Internet mit Foren, Blogs und Videowebseiten. Problematisch ist das Filtern dieser vielen Informationen, um die für einen selbst relevanten Informationen zu finden.

3.8.1 Geplante Vorgehensweisen bei komplexen Modellen

Bei komplexen Modellen, gerade auch in der Zusammenarbeit mit anderen, sollte man sich – wie zuvor schon erwähnt – in einer CAD-Richtlinie eine standardisierte Vorgehensweise definieren. Eine Dokumentation zum komplexen Modell ist nicht nur während des Produktentwicklungsprozesses wertvoll, sie zahlt sich nach Jahren noch aus, wenn z.B. ein neuer Mitarbeiter das komplexe Modell für eine Änderung bearbeiten muss.

Was ist ein komplexes Modell?

Ein erfahrener Anwender wird ein Modell mit fünfzig Features vielleicht noch nicht als komplex bezeichnen, ein Anfänger hingegen schon. Man könnte die Definition auch auf die Art der Features legen: Aufsätze und Schnitte = einfaches Modell, sobald eine Bohrung im Modell ist => komplexes Modell. Ein anderer Ansatz könnte auf das Zusammenspiel mit anderen Komponenten zielen: Ist das zu modellierende Teil von anderer Geometrie abhängig oder sind andere Teile von der zu modellierenden Geometrie abhängig? Auch hier ist die Definition in der Gemeinschaft der Anwender zu klären.

Wie wird die Dokumentation der komplexen Modelle geführt?

Für einfache Geometrie in einem einfachen Projekt lässt sich die Dokumentation vielleicht noch mit der Kommentarfunktion an den Features und Skizzen darstellen. Für komplexere Modelle wäre die Nutzung des Konstruktionsjournals oder einer externen Textdatei empfehlenswert. Diese externe Dokumentation sollte dem SolidWorks-Modell im PDM-System beigefügt werden.

Was beinhaltet die Dokumentation komplexer Modelle?

Die allgemeine Vorgehensweise ist mit Sicherheit schon in der CAD-Richtlinie definiert. Die Dokumentation des komplexen Modells beinhaltet z.B. die Modellhierarchie. Es muss leicht erkennbar sein, welches das steuernde Modell und wie die Abhängigkeiten der gesteuerten Modelle definiert sind: die Schnittstellen zwischen den Modellen. In dieser Modelldokumentation sollten die Berechtigungen festgelegt werden, wer hier ändern darf und wie die Versionen (Revisionen) sich verändert haben (Historie).

3.8.2 Ideen für Grundregeln beim Teileaufbau

Nachfolgend sind ein paar Vorschläge aufgelistet, die man für eine CAD-Richtlinie verwenden kann. Dass die grundlegende Strategie des Teileaufbaus hier nicht für alle SolidWorks-Anwender passend dargestellt werden kann, ist offensichtlich. Dazu ist das modellierbare Teilespektrum einfach viel zu groß. Die schon beschriebenen Kriterien für eine Anhebung der Stabilität sind hier auch gültig und könnten, je nach Verständnis für Richtlinien, auch in die CAD-Richtlinie aufgenommen werden. Prinzipiell sollten so wenig wie möglich Regeln in der CAD-Richtlinie zusammengetragen werden. Nicht nur, dass dann mehr Regeln befolgt werden, sie lassen sich auch leichter merken und werden umgesetzt. Die Auflistung lässt sich auch immer wieder erweitern – mit neuen Funktionen von SolidWorks oder Erfahrungen mit einzelnen Modellierstrategien. Die Minimalanforderungen sind aber immer wiederkehrend: Es muss alles so einfach sein, dass jeder Anwender den Teileaufbau nachvollziehen kann – zumindest wenn die CAD-Richtlinien eingehalten werden.

Planung komplexer Teile dokumentieren

Genauso wie die Planung komplexer Baugruppen sollten auch komplexe Einzelteile durch detaillierte Planung definiert werden. Gerade wenn das komplexe Einzelteil durch mehrere Anwender gleichzeitig entstehen soll, ist eine gut dokumentierte Planung zwingend erforderlich. Die Vorgehensweise für diesen methodischen Ansatz wurde weiter oben dargestellt.

Skizzen zeitnah für Features verwenden

Auch schwierig zu analysieren: Wenn man am Anfang Skizzen erzeugt, die zunächst nicht für ein Feature absorbiert werden (Skizze0, Abb. 3-8). Wenn diese nach einigen weiteren Features in einem skizzenbasierten Feature absorbiert werden, ist eine Analyse manchmal auch sehr schwierig. Beim Bearbeiten der Skizze hat man zusätzlich das Problem, dass alle nach der Skizze eingefügten Features unterdrückt sind (Abb. 3-8 Mitte). An dieser Stelle kann man zwar mit dem Einfügemodus arbeiten, macht das Ganze aber auch nicht einfacher (Abb. 3-8 Unten). Als bessere Alternative kann man in solchen Fällen mit Konzeptskizzen arbeiten, die im FeatureManager™ weit oben angesiedelt sein sollten. Im Moment, wenn Skizzengeometrie benötigt wird, eine neue Skizze einfügen und die gewünschte Geometrie in die neue Skizze übernehmen. Nach Belieben (oder CAD-Richtlinie) kann man den Namen der Skizze umbenennen und für das gewünschte Feature verwenden. Diese Vorgehensweise ist sicherlich beim Erstellen zeitlich aufwendiger. Die Analyse des Teils, gerade für jemanden, der das Teil nicht selbst erstellt hat, kann dadurch aber deutlich erleichtert werden.

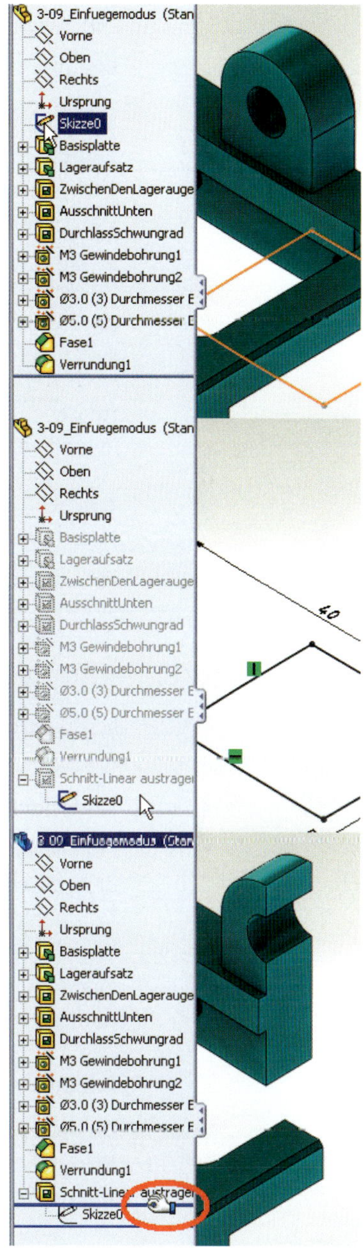

Abb. 3-8 Großer Abstand zwischen Skizzen- und Featureerzeugung

Verwenden von externen Referenzen

Beim Konstruieren und der effektiven und methodischen Arbeit mit einem CAD-System sind externe Referenzen nicht wegzudenken. Man müsste sie erfinden, gäbe es sie nicht in SolidWorks. Abgesehen von den Einschränkungen, die durch die Prozesskette gegeben sein können (es gibt z.B. vielleicht ein PDM-System, das nicht die volle Referenzkette der SolidWorks-Datenstruktur erfassen kann), gibt es noch das Verständnis der Anwender über diese Zusammenhänge. Selbst wenn diese Zusammenhänge vermittelt und verstanden sind, bleibt eine mentale Schwierigkeit, die dann entsteht, wenn die externe Referenz nicht geladen wird. Ist mein Modell noch aktuell? Ähnlich wie eine Fehlermeldung, könnte dies schließlich zu einem (Folge-)Fehler führen. Diese Unsicherheit lässt sich durch das Nachladen des Modells beheben.

Natürlich lassen sich externe Referenzen, die durch den Kontext in einer Baugruppe entstanden sind, auflösen und dadurch entfernen. Diese Vorgehensweise ist auch dann sinnvoll, wenn man aus dem Produktentwicklungsprozess in die Darstellung der Serienteile übergeht. Gerade die mehrfache Verwendung von Komponenten aus diesem Entwicklungsprozess in unterschiedlichen (Varianten-) Baugruppen macht die Verwaltung dieser externen Referenzen schwierig. Das SolidWorks-Modell mit der externen Referenz bezieht sich immer wieder auf die Baugruppe, in der diese externe Referenz erzeugt wurde, selbst wenn die Komponente in einer Variantenbaugruppe eingesetzt wird. Auflösen der externen Referenz ist die eleganteste der Varianten, sich von der Baugruppe zu lösen, in der die externe Referenz erzeugt wurde.

Das Auflösen von externen Referenzen, die durch das Einfügen eines Teils (Teil-in-Teil) entstehen, ist so nicht möglich. Man müsste die Geometrie im FeatureManager™ (Einfügemodus) vor dem Einfügen des Teils einbauen und dann alle weiteren Features auf diese Geometrie beziehen. Dies ist aber nicht erforderlich. Vom Verständnis kann man sich das Einfügen eines Teils in ein Teil ähnlich vorstellen wie das Einfügen einer Komponente in eine Baugruppe. Auch in einer Baugruppe sind die Komponenten als externe Referenz zu sehen. Der Unterschied liegt darin, dass man diese externe Referenz ohne eine weitere Datei erzeugt – die referenzierte Geometrie muss nicht den *Umweg* über eine Baugruppe machen. Die möglichst sorgfältige Strategie im Umgang mit externen Referenzen sollte man gemeinsam mit den anderen Anwendern in der CAD-Richtlinie festlegen.

Fehlermeldungen im FeatureManager™

Fehlermeldungen sollten so bald wie möglich entfernt werden. Die Möglichkeit, dass durch falsch dargestellte Geometrie die nachfolgend erzeugte Geometrie ebenfalls fehlerhaft dargestellt wird, analog zu einem Folgefehler, ist einfach zu hoch. Wie die Untersuchungen in der Teileleistung gezeigt haben, werden die mit Fehlern behafteten Teile teilweise schneller berechnet, da die fehlerhaften Features zum Unterdrücken (= nicht berechnen) der folgenden Features (Kindfeatures) führen.

Wiederverwendung/Mehrfachverwendung von Skizzen

Die Wiederverwendung von Skizzen ist seit der SolidWorks-Version 2005 möglich. Man erkennt dies an der Darstellung einer Hand an der absorbierten Skizze im skizzenbasierten Feature.

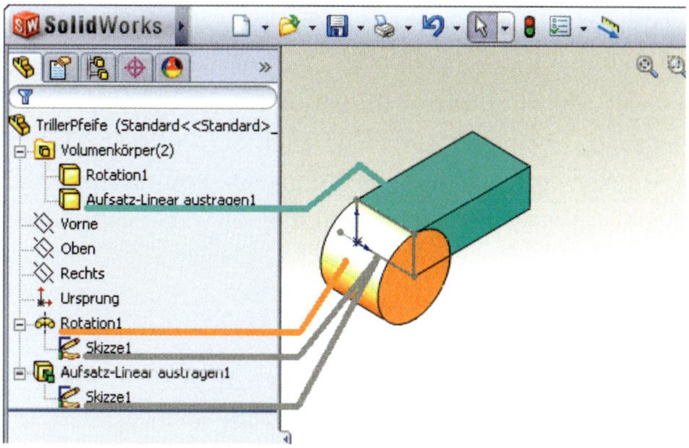

Abb. 3-9 Mehrfachverwendung von Skizzen: Skizze1 wird für beide Features verwendet.

Die Abb. 3-9 zeigt, dass Skizze1 für beide Features verwendet wird. Zwei Volumenkörper mit unterschiedlichen Farben sind nur zur besseren Darstellung erzeugt. Diese Technik der mehrfachen Verwendung von Skizzen ist nicht schwierig in der Anwendung. Nachteilig sind die erschwerte Analyse während der Fehlersuche und dass die schon erwähnte zeitnahe Verwendung einer Skizze für ein Feature dadurch nur bedingt möglich ist.

Konturauswahlwerkzeug

Ähnlich wie das mehrfache Verwenden einer Skizze kann man nur bestimmte Bereiche einer Skizze für ein Feature verwenden.

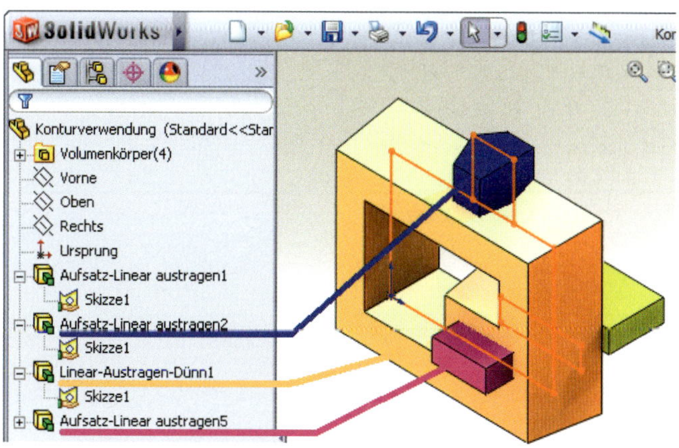

Abb. 3-10 Konturauswahlwerkzeug in Skizzen: Konturen von Skizze1 werden für mehrere Features verwendet.

Die Abb. 3-10 zeigt, dass Konturen von Skizze1 für mehrere Features verwendet werden. Die Volumenkörper sind mit unterschiedlichen Farben nur zur besseren Darstellung erzeugt. Diese Technik der Konturauswahl von (komplexen) Skizzen ist nicht schwierig in der Anwendung. Nachteilig sind (wie auch bei der mehrfachen Verwendung einer Skizze) die erschwerte Analyse während der Fehlersuche und dass die schon erwähnte zeitnahe Verwendung einer Skizze für ein Feature dadurch nur bedingt möglich ist.

Aufräumen (Löschen von nicht mehr benötigten Körpern)

Geometrien, die nicht zum vollständigen Modell beitragen, auch nicht in übergeordneten Dateien (wo das Teil eventuell als Teil in Teil eingefügt wird), sollten am Ende des Featurebaums gelöscht werden. Dies fördert die Übersicht und lässt die gespeicherte Datei kleiner werden.

Ordnung im FeatureManager™

Wie auch in den Baugruppen verkürzt das Verwenden von Ordnern die Darstellung der Features im FeatureManager™. Es sollten (wie schon zuvor in den Beispielen zu sehen) Funktionselemente zusammengefasst werden. In Abb. 3-11 sind im FeatureManager™ einige Strukturelemente ausgeblendet, damit die Verwendung der Ordner leichter erläutert werden kann. Man sieht ganz oben den Kommentarordner. Dort sind die Features und Skizzen aufgelistet, die mit einem Kommentar versehen wurden. Diese Funktion kann man, neben den Erklärungen zum Aufbau der Skizzen und Features, auch zum Auflisten von fehlenden Informationen oder nachzupflegenden Daten verwenden.

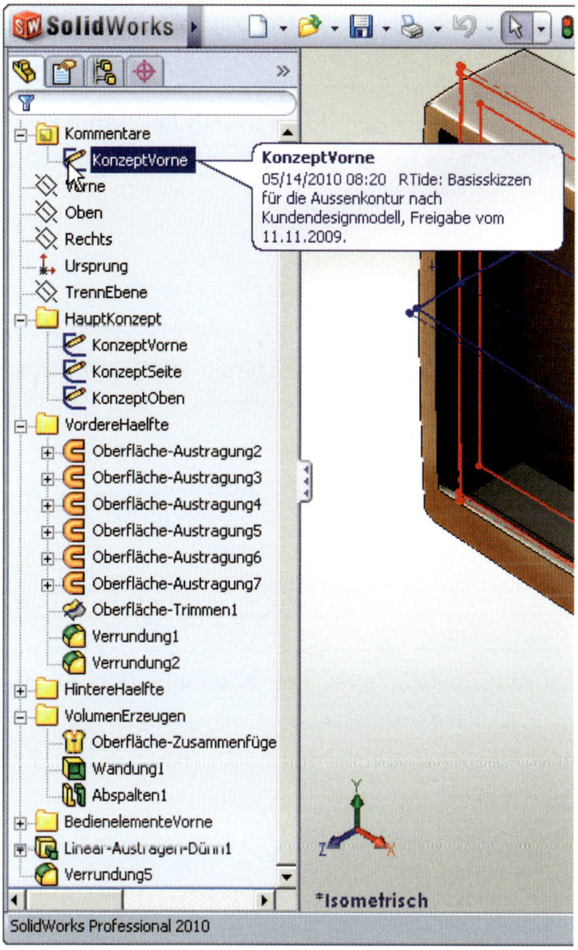

Abb. 3-11 Ordner mit einsortierten Skizzen und Features, genutzte Kommentarfunktion.

Auch für die Kommentarfunktion lässt sich die Filterfunktion anwenden (in Abb. 3-11 direkt über dem Ordner *Kommentare* zu sehen). Die darunter angelegten Ordner sind vom Text her selbsterklärend. Der Ordner *HauptKonzept* beinhaltet Skizzen in Richtung der drei Hauptebenen und legt die Hauptkontur des Bauteils fest. Im Ordner VordereHaelfte ist auf der Basis der Skizzen aus dem HauptKonzept-Ordner die erste Oberflächengeometrie erzeugt. Im Ordner VolumenErzeugen werden die Oberflächen zusammengefügt und die ersten Volumina erzeugt. Es ist auch vorstellbar, dass man die Namen dieser Ordner standardisiert, vielleicht mit vorangestellten Buchstaben S_ für Skizzen, O_ für Oberflächenfeatures, K_ für kosmetische Features ...

Wenn man hier wieder den allgemeinen Teileaufbau zugrunde legt (Volumen erzeugen, Volumen hinzufügen, Volumen entfernen, Bohrungen einfügen – eventuell Formschrägen anfügen – und zum Schluss die kosmetischen Features Fase und Verrundung), könnte man z.B. für eine vereinfachte Darstellung den Ordner mit den kosmetischen Features unterdrücken, es werden alle beinhalteten Features unterdrückt.

3.9 Zusammenfassung

Teilemodellierung ist individuell. Nicht nur, dass jedes Teil anders ist (sonst hätte man eine Kopie oder Konfiguration), nein, auch die Techniken, Teile zu modellieren, sind individuell. Einflussfaktoren sind:

- Kenntnisstand des Anwenders
- Immer größer werdender Funktionsumfang mit mehr Möglichkeiten
- Mögliche Einschränkungen durch den vollständigen Prozess (z.B. PDM, CAM, FEM ...)
- Verwendung des Teils: Einzelteil, für eine kleine Baugruppe, für eine große Baugruppe, als Bibliotheksteil, als Vorlagenteil, Basisteil, Teil einer Teilefamilie ...
- Art des Teils: Blechteil, Schweißteil, Gussteil, komplexes Designmodell
- ...

Verschiedene Aspekte, das modellierte Teil möglichst stabil zu halten, wurden diskutiert. Basierend auf möglichst einfacher Geometrie, die sich immer wieder auf Elemente weit oben im FeatureManager™ bezieht, wurden Teile modelliert. Der Vorschlag, mit lokalen Details zu arbeiten, liegt seit der Mehrkörper-Fähigkeit ab der SolidWorks-Version 2003 auf der Hand. Weniger Folgefehler ergeben sich beim Ändern eines Features, da man die Referenzgeometrie aus einer Konzeptskizze entnimmt. Das Feature kann – beim Arbeiten mit lokalen Details - in den meisten Fällen auch ausgeführt werden, selbst wenn ein zeitlich direkt davor liegendes Feature fehlschlägt. Die Leistungssteigerung in Skizzen, durch Verwenden von Blöcken, und der Ansatz, die Berechnungsleistung der Featuregeometrien auf mehrere Teile zu verteilen, wurden aufgezeigt. Ebenso wurden systematische Ansätze zur Definition komplexer Modelle vorgestellt. Leistungssteigerung durch Verwenden von Arbeitskonfigurationen wurden vorgestellt.

Allgemein sollten die verwendeten Modelliertechniken möglichst einfach gehalten werden. Wie immer wieder zu betonen ist: Eine gemeinsame Basis für die zu verwendenden Funktionen und Techniken zu finden, ist gemeinsame Aufgabe der Anwender. Das Zusammentragen in einer CAD-Richtlinie ist die logische Folge. Die Dokumentation, gerade von komplexen Modellen, ist unabdingbar.

4 Performante Teile

SolidWorks bietet den Anwendern einfachen Zugriff auf komplexe Modelliermöglichkeiten. Ein Zahnrad, eine Spiralfeder oder ein Gewinde sind schnell modelliert, die dafür benötigte Rechnerleistung wächst hingegen nicht mit den gewünschten Parametern. Allzu gerne vergisst man bei diesen Möglichkeiten, dass es sich um ein Modell handelt. Dass man nur so viele Details wie erforderlich modelliert und nicht so viele Details wie möglich, sollte ein oberstes Grundprinzip bleiben.

Manchmal ist eine vollständige Darstellung aller Details erforderlich, wenn z.B. ein Rapid-Prototype-Modell oder eine fotorealistische Darstellung des CAD-Modells erzeugt werden soll. Faktoren, die für eine bessere Leistung relevant sind, werden im Folgenden dargestellt. Allein schon in der Feature-Statistik kann man sehen, dass auch Skizzen – je nach Komplexität –einen beachtenswerten Anteil an der Berechnungszeit haben können. Der größte Anteil an Berechnungszeit für die Modellgeometrie dürfte in der Regel auf die komplexeren Features entfallen wie: ausmodellierte Helices, Muster mit vielen Instanzen und Features (z.B. Verrundungen, die einen Torus darstellen), komplexe Verrundungen, ausmodellierte Texte und Typenschilder ...

Die Tatsache, dass Produkte und die dazu erforderlichen Modelle einem Entstehungsprozess unterworfen sind, ist nur allzu offensichtlich. Der pragmatische Lösungsansatz (ich mach erst mal) ist in vielen Fällen als Gesamtprozess kürzer als stundenlanges Planen und Abwägen. Dass im Fall des pragmatischen Lösungsansatzes nicht immer das optimale Modelliererergebnis erzielt wird, liegt auf der Hand. Hier sind dann Erfahrung und Kenntnisstand des Anwenders ausschlaggebend für das Modelliererergebnis. Um nun diesen Kenntnisstand erweitern zu können, wie ein Skizzenaufbau am sinnvollsten ist, welche Skizzierwerkzeuge verwendet werden und mit welchen Featureoptionen die beste Leistung erzielt wird, sind ein paar grundlegende Untersuchungen ausgeführt.

Das Ziel dieser Untersuchung ist, die Anwender zum Thema zu sensibilisieren und gerade einfache Komponenten, die aber häufig verwendet werden (Normteile, Kaufteile, Bibliotheksteile und Standardkomponenten), entsprechend optimiert aufzubauen. Durch die Mehrfachverwendung ist hier das Einsparpotenzial höher als bei einem komplexen Einzelteil. Die jeweilige Untersuchung wird im entsprechenden Kapitel beschrieben.

Die Berechnungen wurden auf einer Hardware vorgenommen. Die Leistungseckdaten der verwendeten Rechenmaschine (vielen Dank an Matthias Willecke, Fa. AMD):

- HP xw6600 Workstation
- Intel Xeon E5430@2.66GHz
- 4 GB RAM
- ATI Fire GL V7700
- Windows™ XP 32 Bit SP3

Es wurden parallel die Versionen 2001+ bis 2011 installiert. Zur Messung der Leistung wurden die rechnerinterne Uhr und die Feature-Statistik (ab SolidWorks-Version 2003) verwendet. Wer schon mal mit der Feature-Statistik Untersuchungen gemacht hat, kennt wahrscheinlich das Phänomen, dass ein mehrfaches <Strg+q> zu unterschiedlichen Werten führt. Nach diesem mehrfachen Durchrechnen des Teileaufbaus wird ein einigermaßen stabiler Wert angezeigt. Auch die rechnerinterne Uhr kann man misstrauisch betrachten: Ein mehrfacher Durchlauf ausgewählter Messvorgänge zeigte Abweichungen kleiner 5%, d.h., man kann von einer wiederholbaren und nicht zufälligen Messung ausgehen. Im Wesentlichen geht es bei den Untersuchungen auch nicht um eine quantitative Auswertung, sondern um eine qualitative. Der Vergleich einzelner Funktionen miteinander oder zwischen den SolidWorks-Versionen steht hier im Vordergrund. Die Rohdaten wurden per Makro in eine Datei (Textdatei oder Datentabelle) geschrieben und für Diagramme ausgewertet. Während der Untersuchungen wurde der Taskmanager beobachtet, was teilweise zeigte, dass SolidWorks in einigen Fällen mehr als einen Rechnerkern verwendet. Bei der verwendeten Quadcore-Maschine war dies bei den Leistungsmessungen an der Anzeige der Prozessorauslastung von deutlich mehr als 25% im Taskmanager zu sehen.

4.1 Skizzen

Ähnlich wie Baugruppenverknüpfungen werden Beziehungen und Bemaßungen von Skizzenelementen durch interne Gleichungssysteme gelöst. Dadurch ist nachvollziehbar, dass, je mehr Skizzenelemente und je mehr Beziehungen und Bemaßungen in einer Skizze sind, sich die Berechnung entsprechend verlängert. Die untersuchten Skizzenelemente beschränken sich zunächst auf Linien und Kreise. Zusätzlich zur Berechnungszeit für die Erstellung der Geometrie wird auch die Berechnungszeit der hinzugefügten Beziehung oder Bemaßung aufgezeichnet. Folgende Zeiten werden untersucht:

- Erstellen einer Linie (nur zum Vergleich)
- Erstellen einer Linie und hinzufügen der Bemaßung der Länge

- Erstellen einer Linie und hinzufügen der Beziehung Horizontal
- Erstellen einer Linie und hinzufügen der Beziehung Vertikal
- Erstellen einer Linie und hinzufügen der Beziehung Fix
- Erstellen zweier Linien und hinzufügen der Beziehung Gleich
- Erstellen zweier Linien und hinzufügen der Beziehung Kolinear
- Erstellen zweier Linien und hinzufügen der Beziehung Parallel
- Erstellen zweier Linien und hinzufügen der Beziehung Senkrecht
- Erstellen eines Kreises (nur zum Vergleich)
- Erstellen eines Kreises und hinzufügen der Bemaßung des Durchmessers
- Erstellen eines Kreises und hinzufügen der Beziehung Fix
- Erstellen zweier Kreise und hinzufügen der Beziehung Gleich
- Erstellen zweier Kreise und hinzufügen der Beziehung Konzentrisch
- Erstellen zweier Kreise und hinzufügen der Beziehung Koradial
- Erstellen zweier Kreise und hinzufügen der Beziehung Tangential

Man könnte zwar die Erstellung der Geometrie unberücksichtigt lassen, aber der Vergleichswert mit dem Erstellen der Geometrie ohne Beziehung oder Bemaßung ist als Orientierung mitgeführt.

4.1.1 Der Messablauf

Folgende Schritte werden per Makro ausgeführt: Ein neues Teil wird erzeugt, es wird eine Skizze eingefügt. Die aktuelle Zeit (interne Rechneruhr) wird gelesen und gespeichert. Eine Geometrieelement wird eingefügt (Linie oder Kreis benötigt auf der verwendeten Hardware maximal 0,03 s – auch bei der 400sten Linie), eine Beziehung hinzugefügt. Die jetzt aktuelle Zeit wird gelesen und gespeichert. Die Differenz zwischen den beiden Zeitaufnahmen wird in eine lokale Datentabelle geschrieben. Das würde in etwa der Wartezeit entsprechen, bis SolidWorks wieder einen neuen Befehl entgegennehmen kann. Dieser Vorgang wird 400 Mal durchgeführt. Es werden 400 Geometrieelemente der Skizze hinzugefügt und die jeweils gewählte Beziehung/Bemaßung. Das Teil wird unter einem zuvor definierten Namen gespeichert. In der lokalen Datentabelle werden aus 20 Werten die Mittelwerte gebildet und für die grafische Auswertung verwendet.

Die grafische Auswertung selbst erfolgt durch Standard-Diagrammfunktionen im Tabellenkalkulationsprogramm. Die Vergleiche der einzelnen Beziehungen und Bemaßungen in der jeweiligen SolidWorks-Version und die Vergleiche der Beziehungen und Bemaßungen zwischen den SolidWorks-Versionen ergeben 25 Diagramme, die hier nicht einzeln aufgeführt werden. Exemplarisch werden einzelne Diagramme mit besonderen Merkmalen herausgestellt und kommentiert. Die fehlenden Diagramme und auch die Rohdaten sind für den geneigten Leser in der beigefügten Datei (Skizzenbeziehungen.xls) leicht nachzuvollziehen.

4.1.2 Beziehungen und Bemaßungen einzelner SolidWorks-Versionen im Vergleich

Am Beispiel der SolidWorks-Version 2011 sind im Diagramm die Beziehungen und Bemaßungen von Linien und Kreisen im Vergleich zueinander dargestellt.

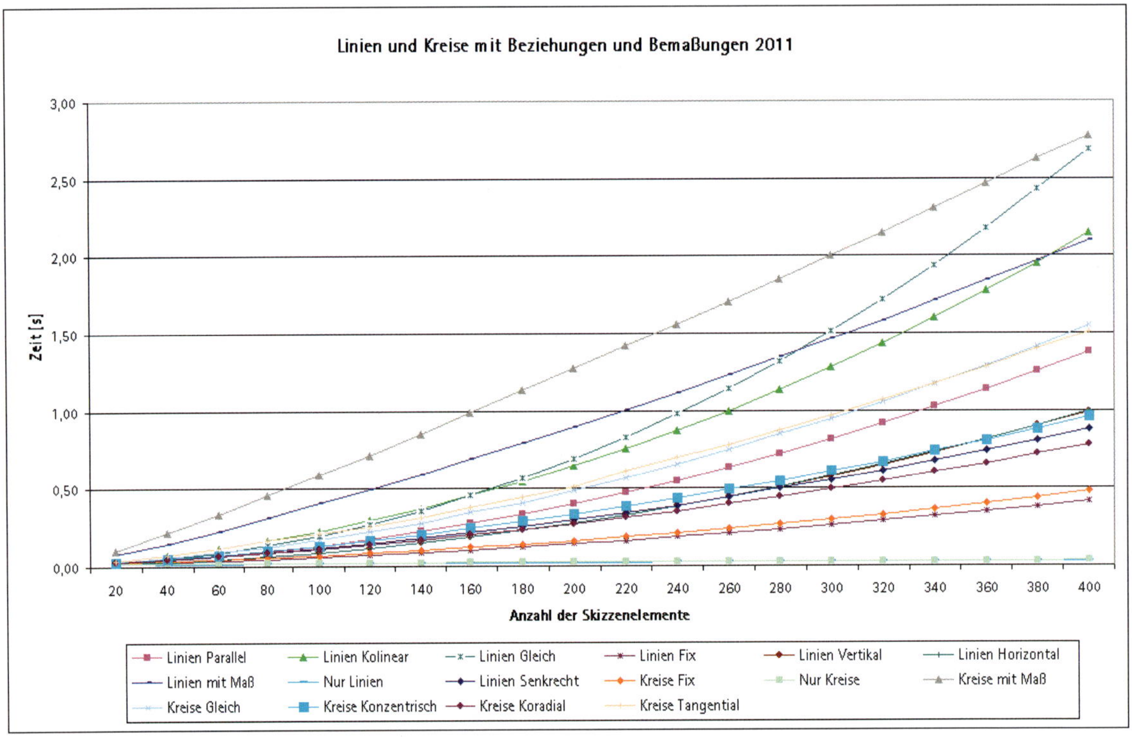

Abb. 4-1 Wartezeiten in der Skizze: SolidWorks-Version 2011

Die Grafik zeigt auf der Abszisse die Anzahl der Skizzenelemente (Linien oder Kreise), auf der Ordinate ist die (Warte-)Zeit in Sekunden aufgetragen. Der nichtlineare Verlauf der Kurven war zu erwarten. Die Linien mit hinzugefügtem Maß und die Kreise mit hinzugefügtem Maß zeigen zwar fast lineares Verhalten, aber dies ist nur auf den relativ kleinen untersuchten Bereich zurückzuführen. Natürlich sind hier schon deutliche Unterschiede zwischen den einzelnen Beziehungen zu sehen. Aber relativ zu vielen anderen SolidWorks-Versionen sind hier die Geschwindigkeitsunterschiede zwischen den verschiedenen Beziehungstypen einigermaßen ausgeglichen.

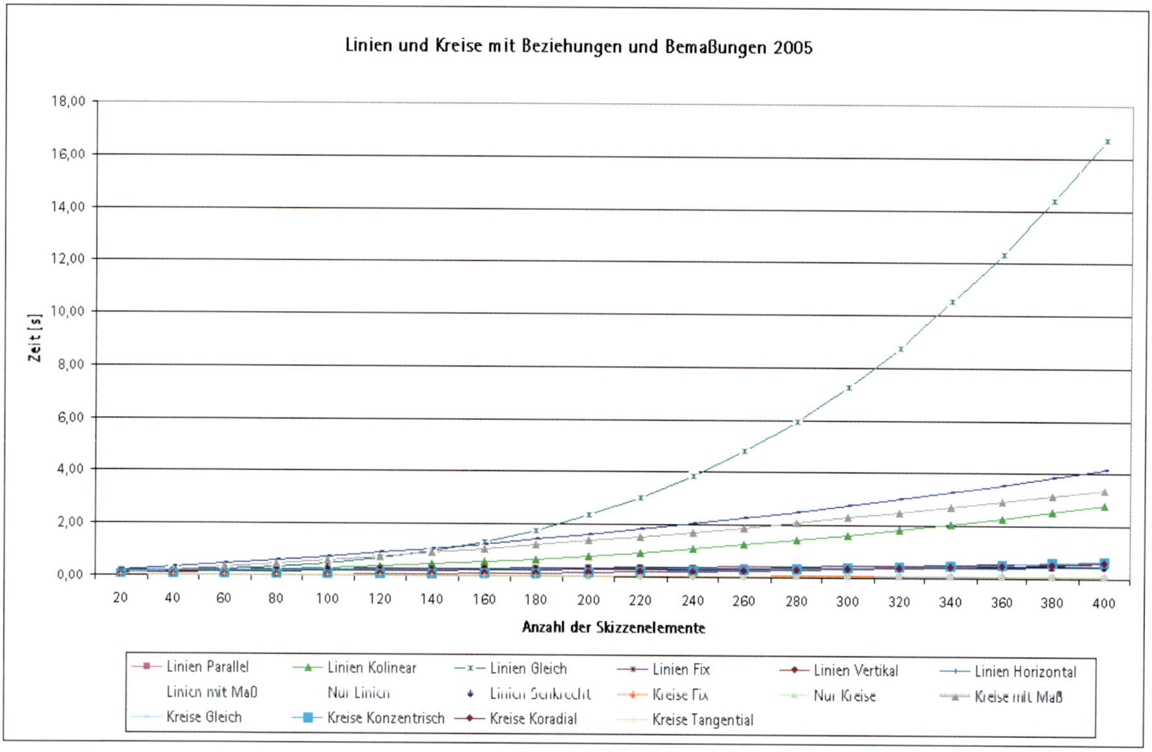

Abb. 4-2 Wartezeiten in der Skizze: SolidWorks-Version 2005

Gegenüber den ausgeglichenen Wartezeiten der SolidWorks-Version 2011 sieht man am Beispiel der SolidWorks-Version 2005, dass die Beziehung GLEICHE LÄNGE bei den Linien ab der 200sten Beziehung die Skizze dramatisch verlangsamt. Betrachtet man im Vergleich zwischen diesen beiden SolidWorks-Versionen (2011 und 2005) die absolute Zeit, zeigen die anderen Beziehungen ähnliche Wartezeiten.

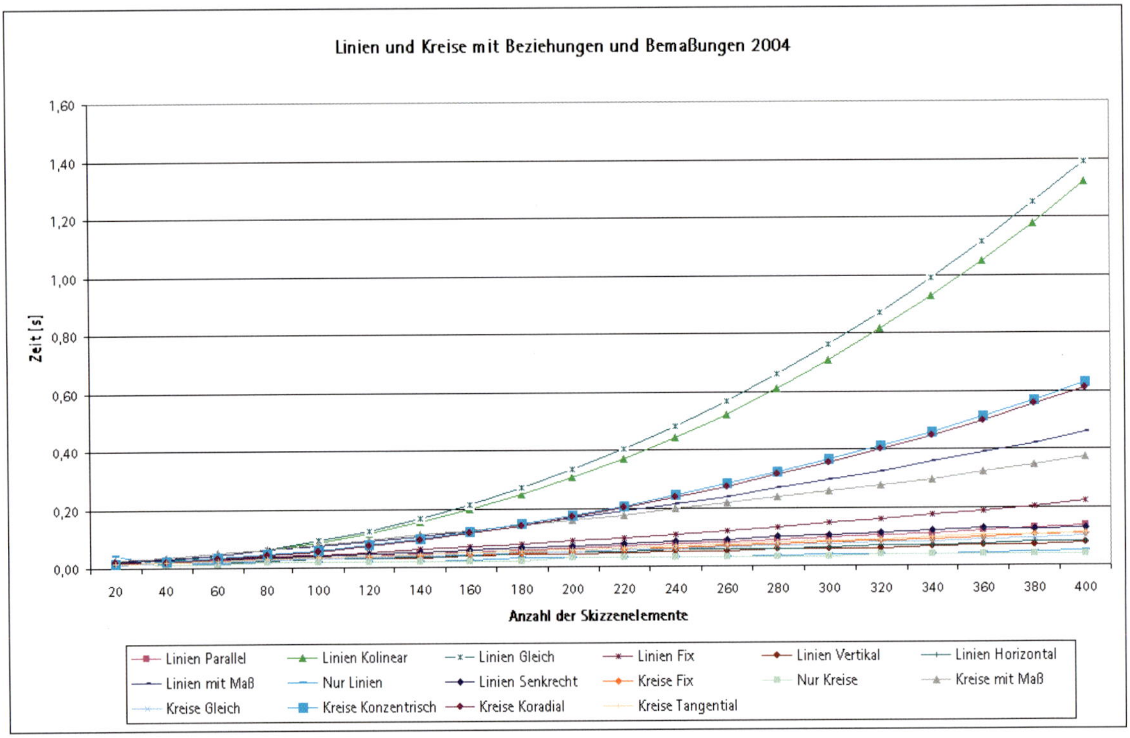

Abb. 4-3 Wartezeiten in der Skizze: SolidWorks-Version 2004

Am schnellsten haben sich die SolidWorks-Versionen 2003 und 2004 herausgestellt. Die Abszisse zeigt einen Skalenendwert von 1,6 Sekunden. Auch hier zeigt die Beziehung GLEICHE LÄNGE die höchsten Wartezeiten. Alles in allem ist die SolidWorks-Version 2004 aber deutlich unter den Werten der neueren SolidWorks-Versionen (mehr als Faktor 2).

4.1.3 Beziehungen und Bemaßungen einzelner SolidWorks-Versionen im Vergleich

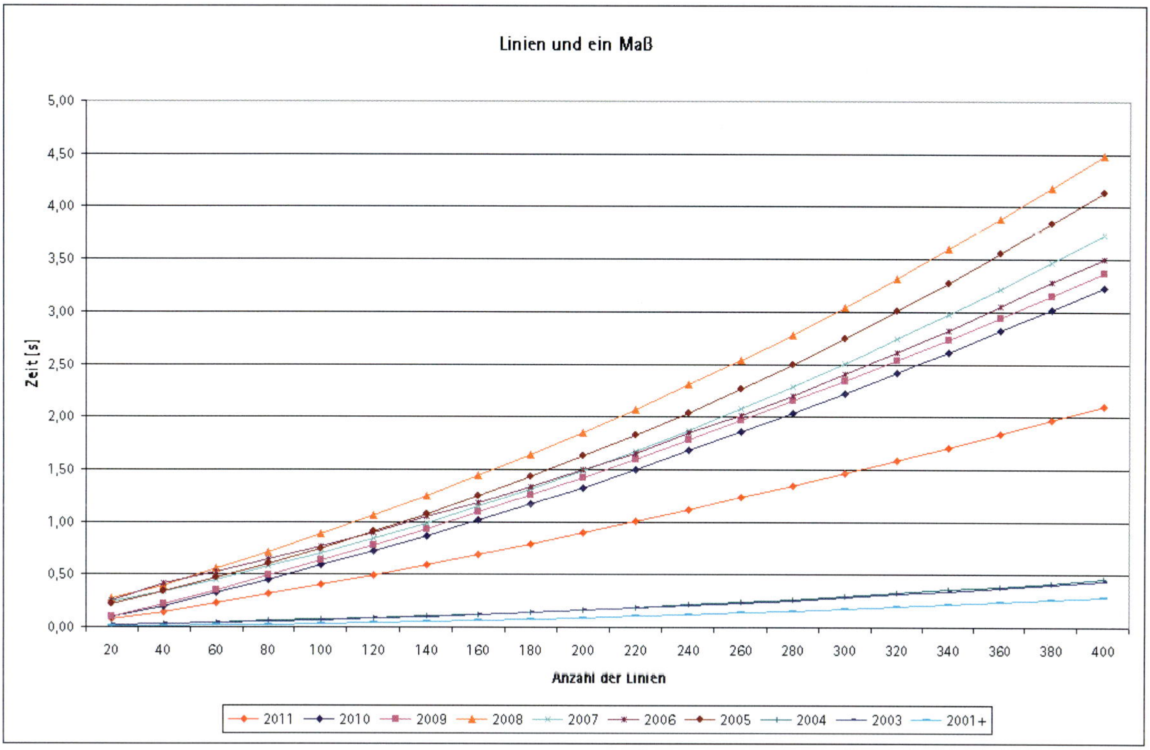

Abb. 4-4 Wartezeiten in der Skizze: Linie und Bemaßung in den untersuchten SolidWorks-Versionen

Die Bemaßung einer Linie ist wahrscheinlich mit Abstand eine der am häufigsten verwendeten Definitionen der Geometrie. Im Vergleich über alle untersuchten SolidWorks-Versionen sieht man in Abb. 4-4 noch mal ganz deutlich, dass die SolidWorks-Versionen 2001plus, 2003 und 2004 deutlich kürzere Wartezeiten zeigen. Sehr schön ist für Anwender mit einem Wartungsvertrag natürlich der Trend in den neueren SolidWorks-Versionen 2008 bis 2011: Hier nimmt die Wartezeit wieder ab.

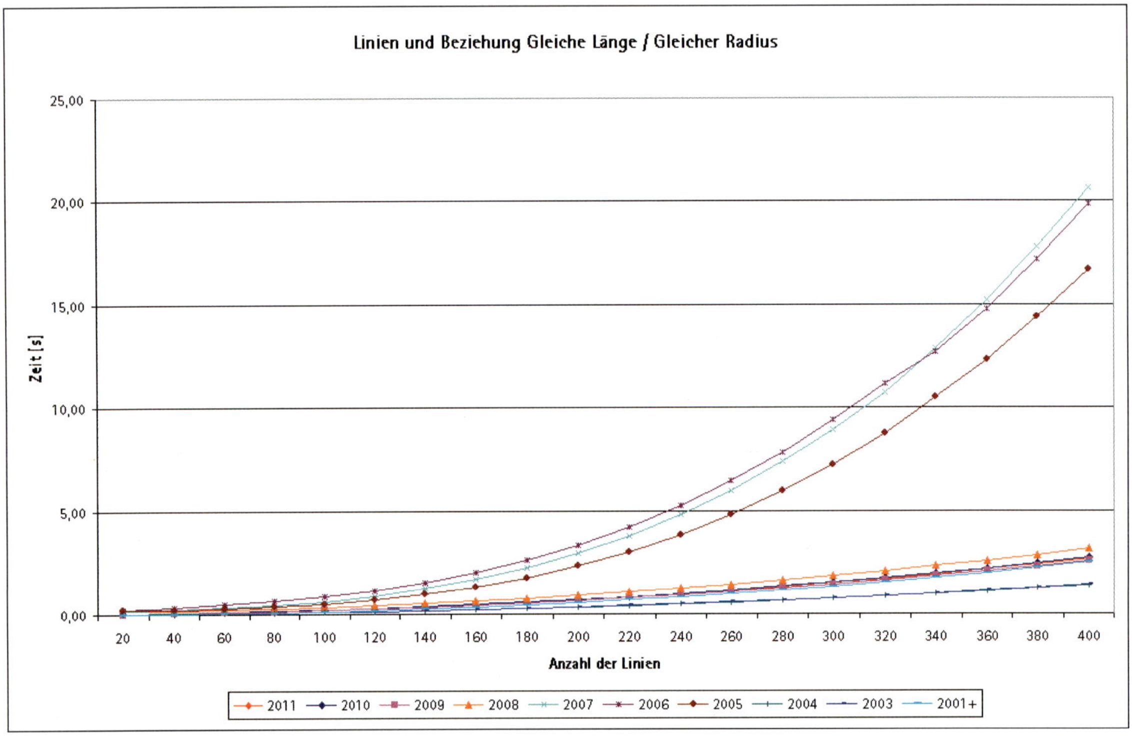

Abb. 4-5 Wartezeiten in der Skizze: Linie und Beziehung GLEICHE LÄNGE *in den untersuchten SolidWorks-Versionen*

Hier noch einmal im direkten Vergleich gezeigt: die Beziehung Gleiche Länge in den untersuchten SolidWorks-Versionen. Deutlich heben sich die SolidWorks-Versionen 2005 bis 2007 in den Wartezeiten ab.

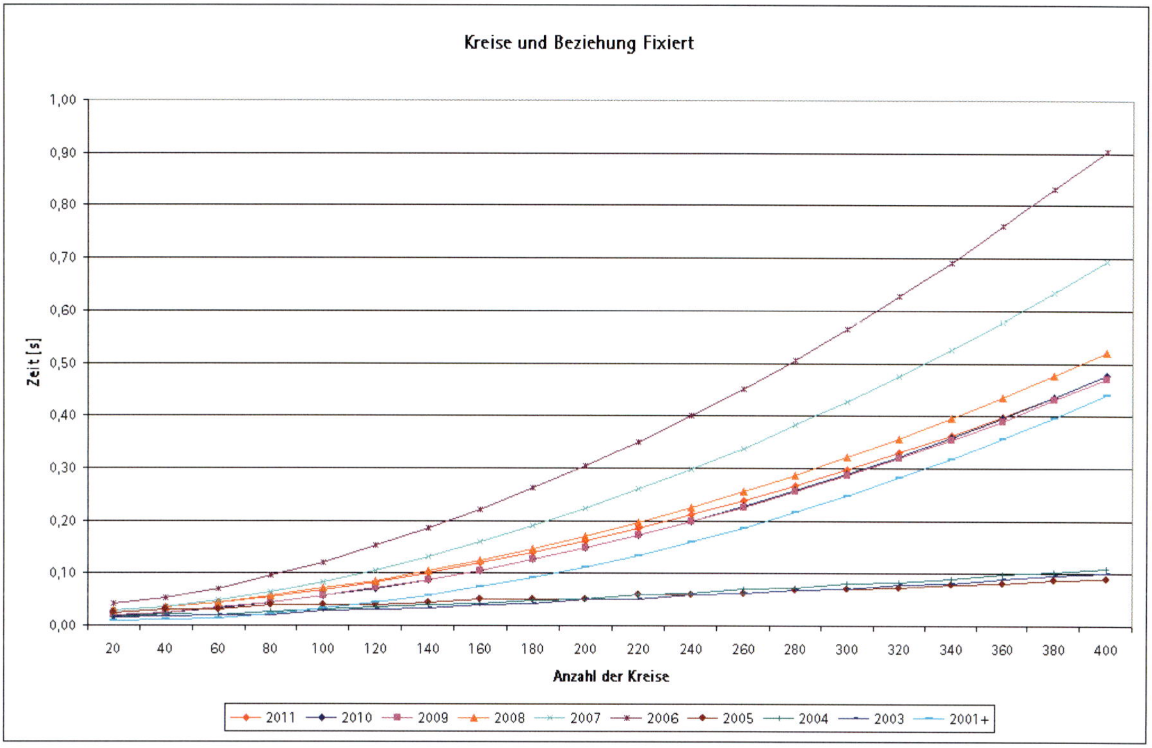

Abb. 4-6 Wartezeiten in der Skizze: Kreise und Beziehung FIXIERT in den untersuchten SolidWorks-Versionen

Eine der schnellsten Beziehungen über alle untersuchten SolidWorks-Versionen: FIXIERT. Kaum langsamer ist die Beziehung auf Linien angewendet. Im Allgemeinen lässt sich die Aussage treffen, dass Kreise mit Beziehungen oder Bemaßungen schneller berechnet werden als Linien mit Beziehungen oder Bemaßungen.

4.1.4 Zusammenfassung

Einleitend wurde schon erwähnt, dass die Skizze als Gleichungssystem zu betrachten ist und dieses Gleichungssystem, je nach Anzahl der enthaltenen Elemente, mehr oder weniger Zeit zur Lösung benötigt. Wie diese Algorithmen genau aussehen und wie eine Skizze als Gleichungssystem gelöst wird, ist vom Hersteller SolidWorks nicht explizit offengelegt. Natürlich lassen die Untersuchungen einige Vermutungen anstellen. Scheinbar wurde von der SolidWorks-Version 2004 zur SolidWorks-Version 2005 alles vollständig überarbeitet. Dieses wirkte sich in meisten der untersuchten Beziehungen in einer Verlängerung der Wartezeiten aus. Am dramatischsten lässt sich dies an der Beziehung GLEICHE LÄNGE beobachten. Im Vergleich der untersuchten SolidWorks-Versionen sieht man aber auch, dass die Beziehung GLEICHE LÄNGE ab der SolidWorks-Version 2008 wieder ähnlich schnelles Verhalten zeigt wie vor der SolidWorks-Version 2005. Das legt die Vermutung nahe, dass der Hersteller den vorherigen Berechnungsalgorithmus wieder eingesetzt hat.

Als Fazit aus diesen Untersuchungen kann man mitnehmen, dass man aus den Grafiken eine Anzahl von Skizzenbeziehungen oder Bemaßungen in einer Skizze definiert, die für einen persönlich als Wartezeit noch akzeptabel ist. Wie man die erforderliche Geometrie in mehreren Skizzen darstellt oder andere Möglichkeiten von SolidWorks nutzt, wird noch beschrieben.

4.2 Verwendung von Blöcken

Skizzen mit hoher Anzahl von Skizzenelementen verlangsamen die Bearbeitung der Skizze deutlich. Um die Bearbeitung der Skizze etwas zu beschleunigen, kann man Skizzenelemente zu Blöcken zusammenfassen.

Die deutliche Veränderung ist in Abb. 4-7 zu sehen. Die Feature-Statistik zeigt den Unterschied in Sekunden: 141,55 Sekunden zu 0,11 Sekunden entspricht einem Verhältnis von mehr als 1000 : 1. Dass dieser Kunstgriff auch Nachteile hat, liegt schon fast auf der Hand: Die Berechnung der Skizzengeometrie wurde in den Block verlagert, wodurch der Zugriff auf die Parameter nicht mehr direkt (per Doppelklick) möglich ist. Außerhalb des Blocks werden die Beziehungen und Bemaßungen nicht berechnet, was diesen Geschwindigkeitsvorteil erklärt. Bei der Verlagerung der Beziehungen und Bemaßungen in den Block wird bei hoher Anzahl von Skizzenelementen relativ viel Zeit benötigt, wenn aber (wie die Feature-Statistik zeigt) die

Abb. 4-7 Feature-Statistik mit vielen Elementen in der Skizze

Teileberechnung insgesamt deutlich schneller wird, kann man diesen Zeitaufwand rechtfertigen. Weitere Randbedingungen sind, dass es keine Beziehungen oder Bemaßungen zur externen Geometrie (außerhalb des Blockes) gibt. Selbst wenn die Geometrie in der Skizze Beziehungen und Bemaßungen zu irgendeiner Geometrie hatte, wird diese beim Erstellen des Blockes entfernt. Auch von einer Verwendung einer Teil-in-Teil-Methode muss zurzeit noch abgeraten werden, da nur die Position, nicht aber die Geometrie der Blöcke aus dem Basisteil im eingesetzten Teil aktualisiert wird.

4.3 Features

Dass die komplexen Geometrien mehr Zeit für Berechnung und Darstellung benötigen, steht außer Frage. Nachfolgende Untersuchungen beschränken sich auf die einfachen Features, die auch leicht per API erreichbar sind. Auch hier geht es nicht um eine vollständige Untersuchung, es soll vielmehr für die Problematik sensibilisiert werden, die am Beispiel der beiden am häufigsten verwendeten Features (Aufsatz und Schnitt) gezeigt wird. Die untersuchten Optionen sind:

- Blind
- Bis nächste
- Bis Oberfläche (Ebene)
- Bis Oberfläche
- Bis Offset-Oberfläche (Ebene)
- Bis Offset-Oberfläche
- Bis Eckpunkt (Skizzenpunkt)
- Bis Eckpunkt (Volumeneckpunkt)
- Bis Körper
- Durch alles
- Mittig

Sehr interessant wäre auch eine Untersuchung der seit SolidWorks-Version 2005 verfügbaren Optionen, die sich auf den Start des Features beziehen:

- Von Offset
- Von Fläche/Ebene
- Von Eckpunkt
- Von Skizzierebene

Leider sind diese Funktionen erst ab der SolidWorks-Version 2009 per API verfügbar. Der Vergleich mit den anderen SolidWorks-Versionen wäre mit entsprechendem Mehraufwand möglich und wird zu einem späteren Zeitpunkt durchgeführt.

Der Messablauf

Folgende Schritte werden per Makro ausgeführt: Ein Teil wird geöffnet, es wird eine Skizze eingefügt. In diese Skizze wird ein Rechteck eingefügt. Eine Zeitmessung wird gestartet. Das Feature LINEAR AUSGETRAGENER AUFSATZ wird mit entsprechend eingestellten Optionen ausgeführt. Die Zeitmessung wird erneut ausgeführt. Die Differenz zwischen den beiden Zeitaufnahmen wird in eine lokale Excel-Tabelle geschrieben. Dieser Vorgang wird 400 Mal durchgeführt, es werden 400 neue Features hinzugefügt. Das Teil wird unter einem zuvor definierten Namen gespeichert. Jeweils 20 Messungen werden gemittelt. Die Darstellung in den Diagrammen zeigt in der Ordinate die Zeit für ein neu zu erstellendes Feature, die Abszisse die Anzahl der schon erstellten Features.

Weitere Randbedingungen für die Messdurchläufe:

- Option PropertyManager automatisch einblenden AUS. Die Anzeige des PropertyManager kostet etwas Zeit, durch die Zeitnahme direkt vor der Featureerstellung und direkt nach der Featureerstellung hat dies keinen Einfluss auf die Messung. Diese Optionseinstellung hat nur Einfluss auf die Zeit des gesamten Durchlaufs – bis alle 400 Features erstellt werden.
- Option Automatische Beziehungen AUS. Wurde im Wesentlichen verwendet, um einen möglichen Einfluss der Skizzenrebuildzeiten auf die Zeit der Featureerstellung zu reduzieren.
- Ohne RealView. Diese Darstellung ist in den SolidWorks-Versionen 2001plus und 2003 noch nicht verfügbar.
- Ohne Anzeige des Schatten unter dem Modell. Die Berechnung des Schattens unter dem Modell könnte den Messvorgang verfälschen.
- Anzeige Schattiert mit Kanten.

Die Ergebnisse der Makrodurchläufe zeigen im Wesentlichen in den SolidWorks-Versionen Unterschiede. Die Einstellungen in den Endbedingungen sind zwar unterschiedlich, aber je nach Version nicht besonders dramatisch.

4.3.1 Linear ausgetragener Aufsatz

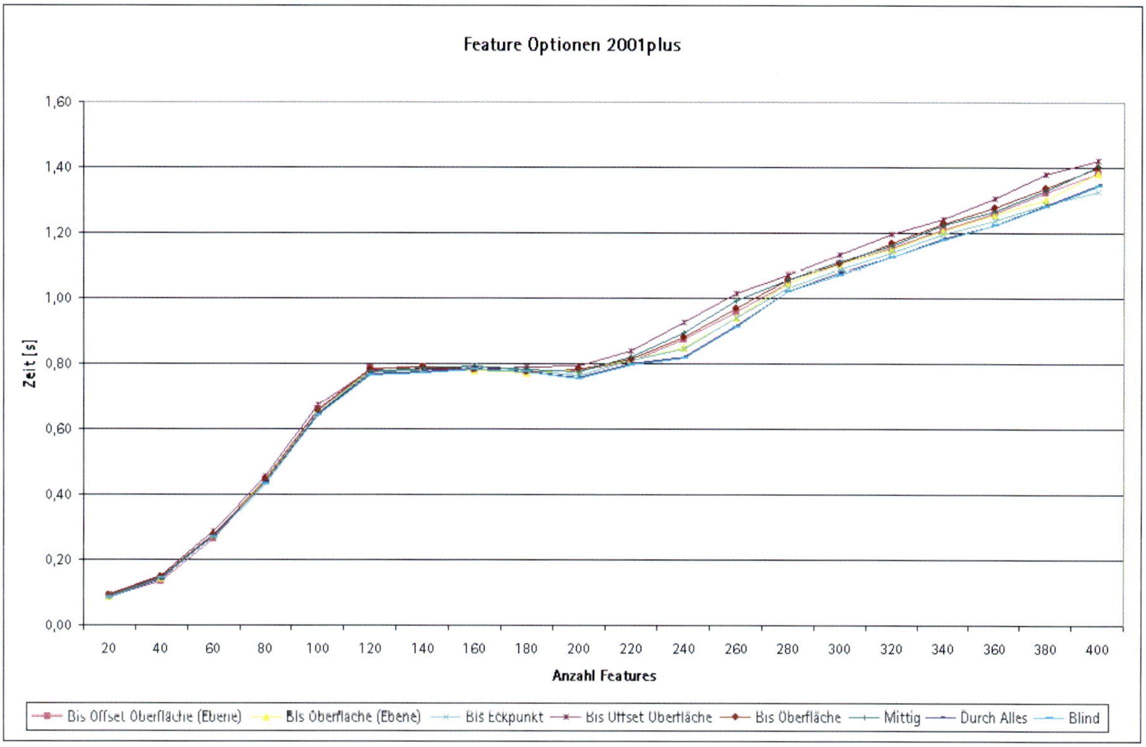

Abb. 4-8 Linear ausgetragener Aufsatz in SolidWorks-Version 2001plus

Nicht ganz einleuchtend ist der Verlauf der Kurvenschar bei den Messergebnissen der SolidWorks-Version 2001plus. Wie auch in den späteren Kurven zu sehen, würde man einen nichtlinearen, stetigen Verlauf erwarten. Der nahezu konstante Bereich 120 und 220 Features sieht etwas ungewöhnlich aus. Wie man leicht sieht, wird auch das Feature 401 noch unter 1,5 Sekunden berechnet. Wie man am folgenden Beispiel von Messkurven sehen kann, unterscheiden sich diese Kurven deutlich von allen anderen. Aus diesem Grund werden die Messergebnisse der SolidWorks-Version 2001plus bei den meisten Diagrammen nicht mit dargestellt. Beim Vergleichen der Messkurven der anderen SolidWorks-Versionen sind dadurch mehr Details sichtbar, gerade wenn die Messergebnisse der SolidWorks-Version 2001plus so weit weg von den Messergebnissen der anderen Versionen sind, wie im folgenden Diagramm zu sehen.

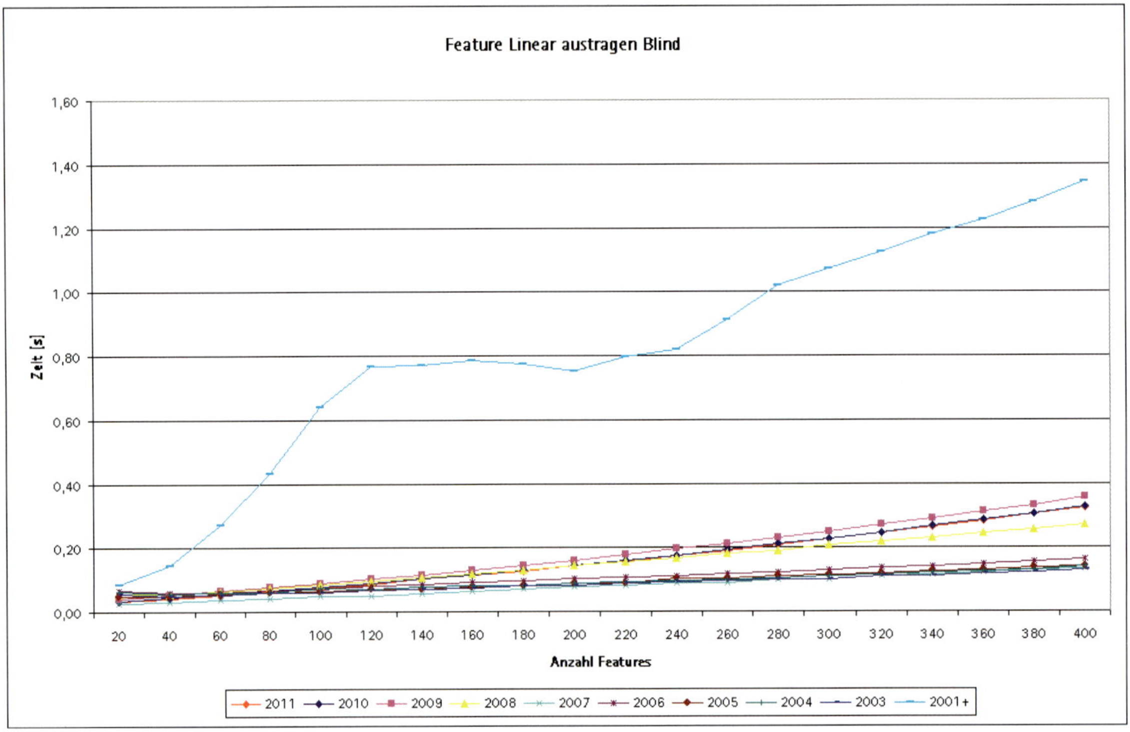

Abb. 4-9 Linear ausgetragener Aufsatz, Endbedingung Blind

Wie man an den Diagrammen im beigefügten Datensatz (FeatureOptionenAufsatz.xls) sehen kann, sind die Kurvenscharen und Zeiten zur Berechnung in den SolidWorks-Versionen 2003 bis 2007 sehr ähnlich. Die Diagramme sehen sich sehr ähnlich. Beispielhaft sind die Messkurven der SolidWorks-Version 2004 dargestellt:

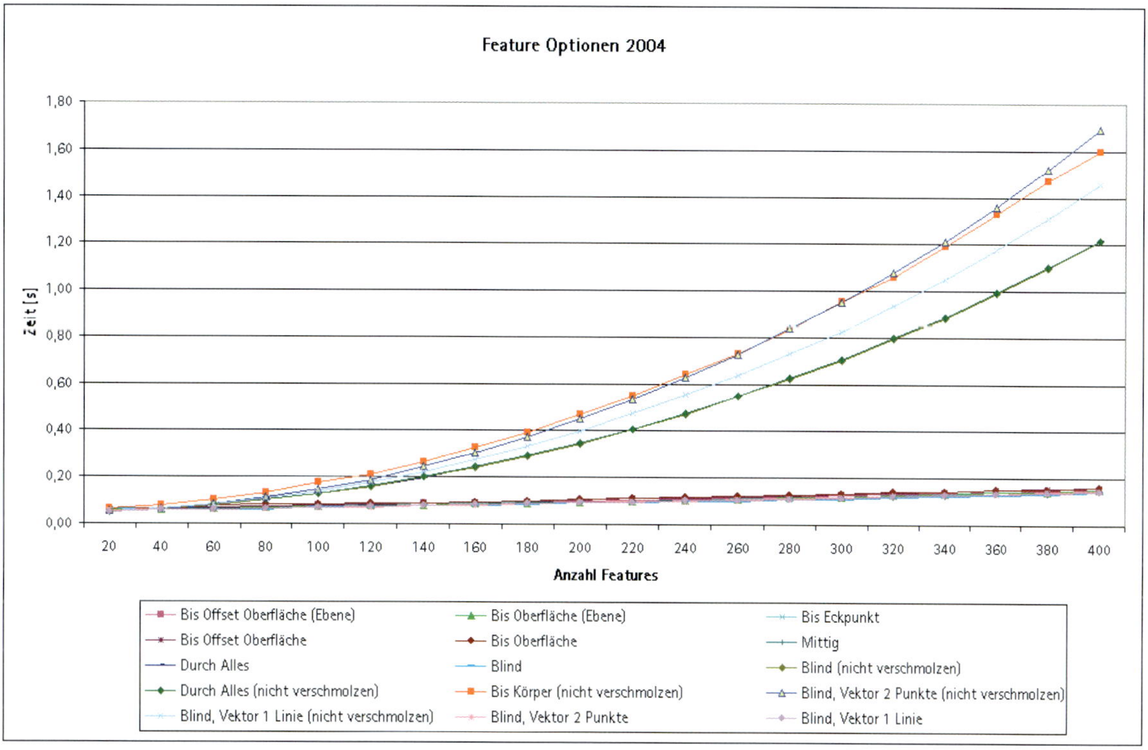

Abb. 4-10 Linear ausgetragener Aufsatz in SolidWorks-Version 2004

Im Diagramm 4-10 sieht man leicht, dass ein deutlicher Unterschied zwischen den Singlebody Features und Multibody Features besteht. In absoluten Werten ist die SolidWorks-Version 2004 die schnellste im Bezug auf Singlebody Features. Bei den Multibody Features ist die Version 2007 etwas schneller.

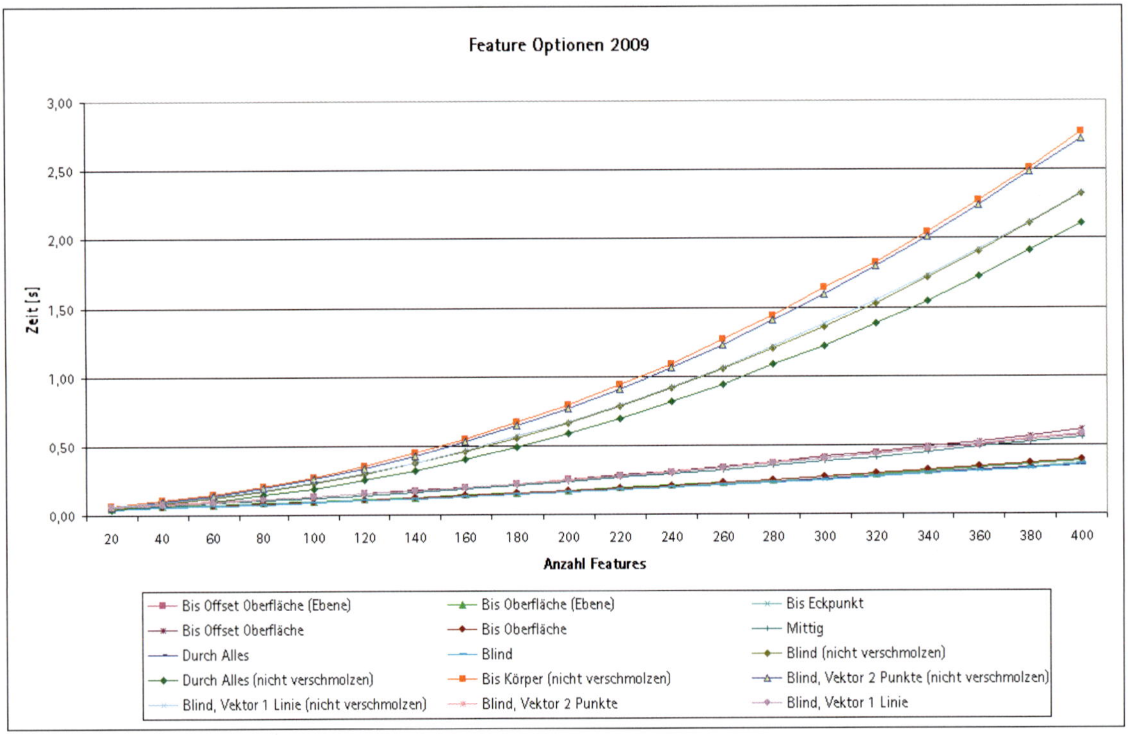

Abb. 4-11 Linear ausgetragener Aufsatz in SolidWorks-Version 2009

Deutlich langsamer sind die SolidWorks-Versionen 2008 und 2009. Deren Berechnungszeiten für das Feature 401 liegen bei ca. 2,5 Sekunden für das Multibody Feature, das Singlebody Feature liegt bei ca. 0,5 Sekunden.

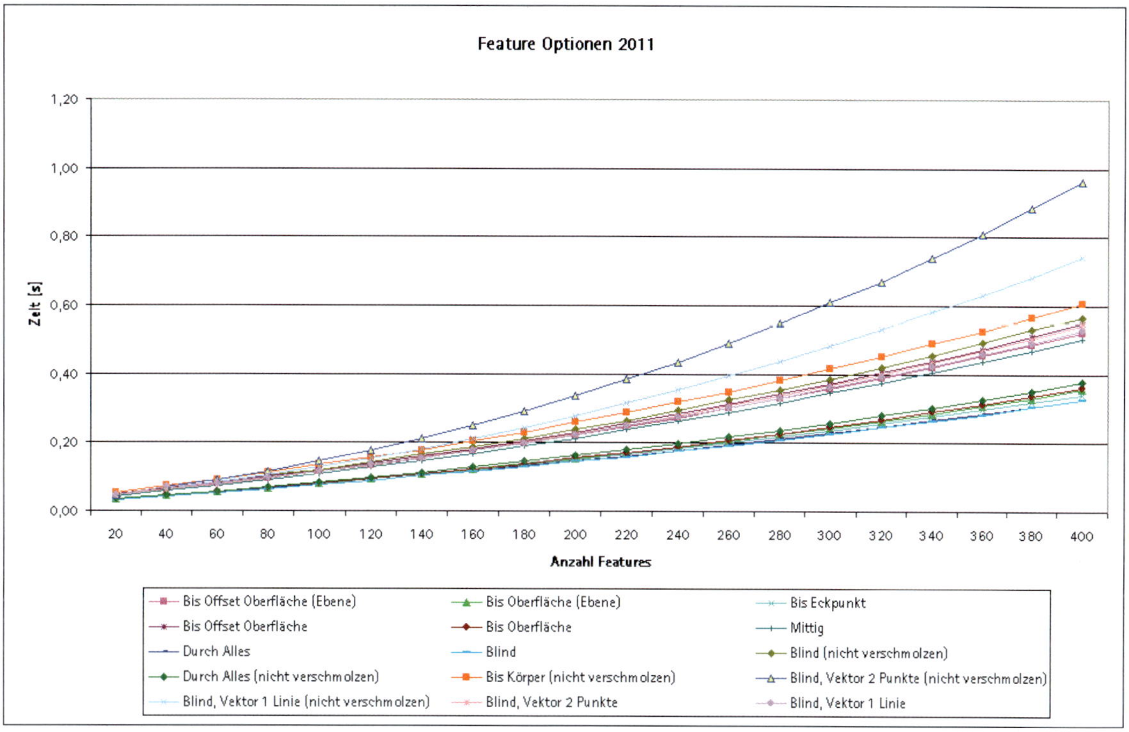

Abb. 4-12 Linear ausgetragener Aufsatz in SolidWorks-Version 2011

Eine deutliche Verbesserung zeigt sich bei den Messungen der SolidWorks-Versionen 2010 und 2011. Hier liegen die Berechnungszeiten der Singlebody Features besser als in den SolidWorks-Versionen 2008 und 2009. Die Berechnungszeiten der Multibody Features sind in der SolidWorks-Version 2010 deutlich besser als bei allen Versionen zuvor.

Zusammenfassung

Es hat sich gezeigt, dass die Endbedingung beim linear ausgetragenen Aufsatz gar keine so große Rolle spielt. Wie schon im ersten Diagramm (SolidWorks-Version 2001plus) zu sehen, liegen die Messwerte bei den verschiedenen Endbedingungen dicht beieinander. Die wesentliche Unterscheidung zeigt sich bei Verwendung von Mehrkörpern (Multibody). Diese benötigen zur Berechnung wesentlich mehr Zeit als ein (immer wieder verschmolzener) Volumenkörper.

Dass die SolidWorks-Versionen 2008/2009 deutlich langsamer als die SolidWorks-Versionen 2003 bis 2007 sind, lässt sich eindeutig erkennen. In vielen Features lässt sich dieser Trend feststellen: Die neueren SolidWorks-Versionen sind langsamer. Für das Feature linear ausgetragener Aufsatz ist die SolidWorks-Version 2010 ein Gegenbeispiel. Hier sind die Singlebody Features deutlich schneller als in der Vorgängerversion 2009, wenn auch noch nicht so schnell wie in der schnellsten SolidWorks-Version 2004. Dramatisch verbessert sind die Multibody Features. Diese sind in der SolidWorks-Version 2010 die schnellsten. Nur in zwei Endbedingungen (die Multibody Blind, Vektor 2 Punkte sowie Blind, Vektor 1 Linie) ist die SolidWorks-Version 2011 langsamer als 2010.

4.3.2 Linear ausgetragener Schnitt

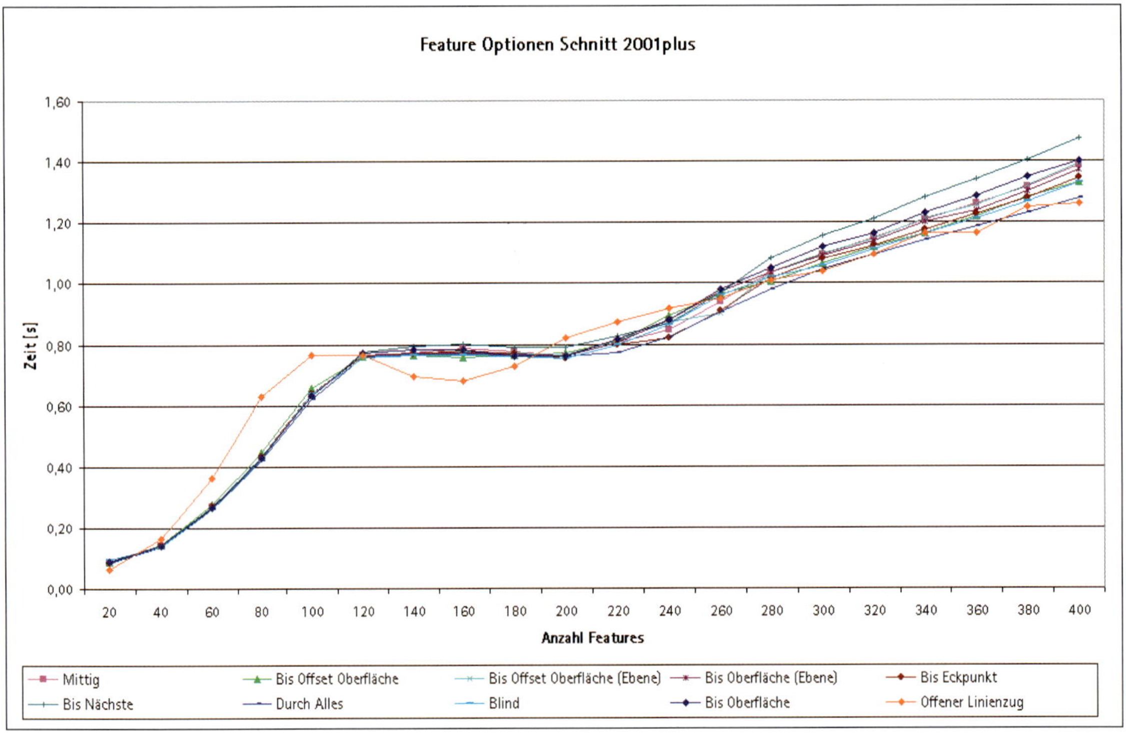

Abb. 4-13 Linear ausgetragener Schnitt in SolidWorks Version 2001plus

Wie schon beim linear ausgetragenen Aufsatz zeigt der linear ausgetragene Schnitt das ungewöhnlich Verhalten im Bereich zwischen 120 und 220 Features. Ebenso liegen auch hier die Kurven sehr dicht beieinander – im Vergleich mit den anderen SolidWorks-Versionen. Aus diesen Gründen wird auch hier auf Vergleiche mit den anderen SolidWorks-Versionen verzichtet, dadurch zeigen sich mehr Details im Vergleich der anderen Versionen untereinander.

Wie man aus der beigefügten Excel-Datei FeatureOptionenSchnitt.xls entnehmen kann, sind die Schnittfeatures der SolidWorks-Version 2003 die schnellsten.

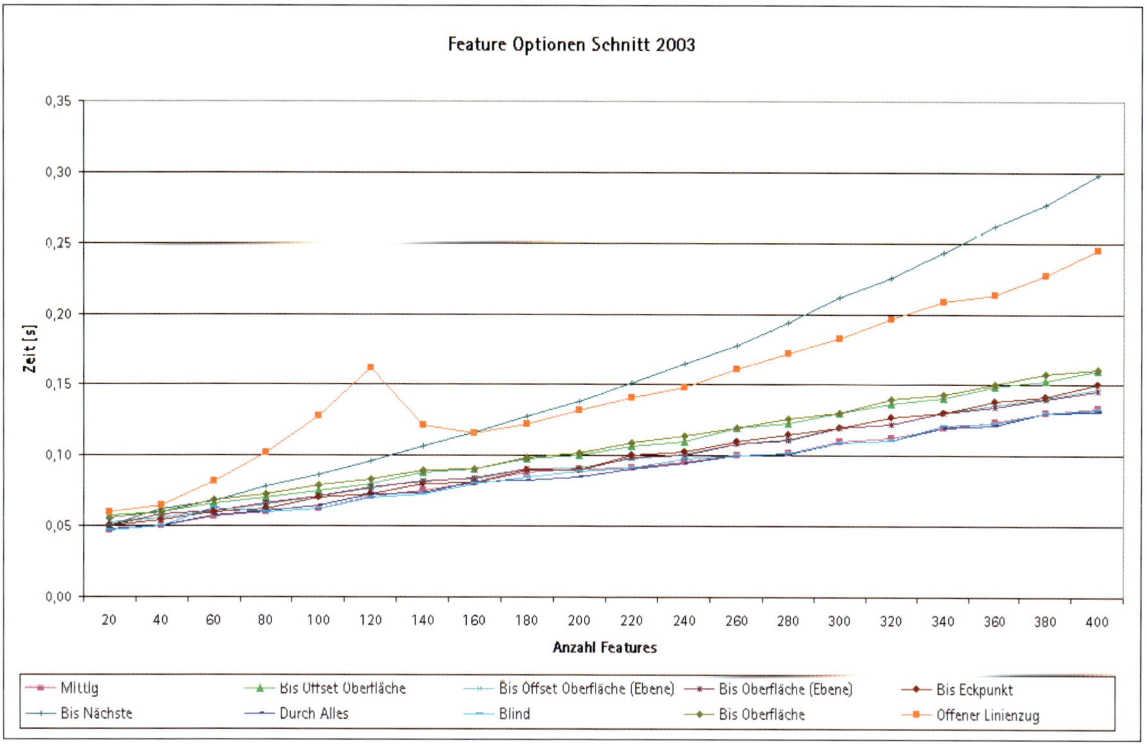

Abb. 4-14 Linear ausgetragener Schnitt in SolidWorks-Version 2003

Auch hier ist eine etwas ungewöhnliche Kurve dabei: der Schnitt mit dem offenen Linienzug. Durch die Anzahl der entstehenden Körperflächen ist dieser Schnitt nicht direkt vergleichbar mit den anderen, er wird später noch detaillierter untersucht. Der *Ausreißer* ist hier die Option BIS NÄCHSTE, die hier am meisten Zeit zur Berechnung benötigt. Logische Erklärung hierfür wäre, dass zu mehr als nur einer Körperfläche geprüft/berechnet werden muss.

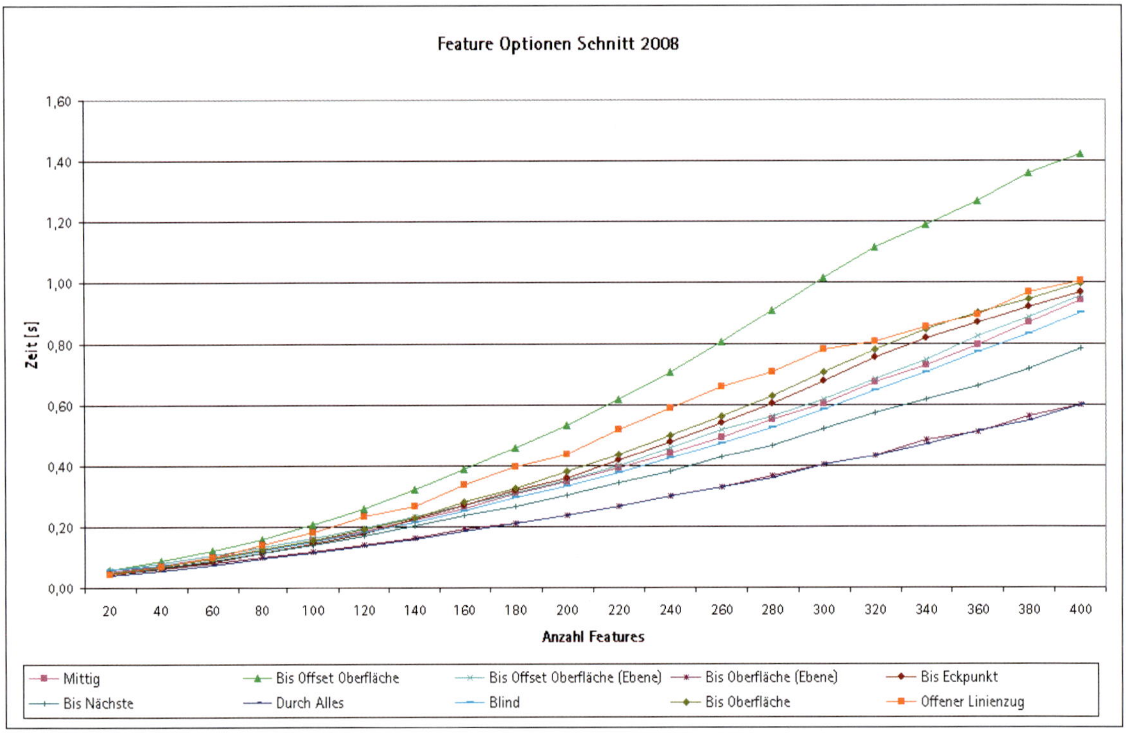

Abb. 4-15 Linear ausgetragener Schnitt in SolidWorks Version 2008

Wie auch in schon vielen anderen Bereichen festzustellen, ist die SolidWorks-Version 2008 eindeutig am langsamsten. Aber auch hier – wie auch in allen anderen SolidWorks-Versionen – ist die Option DURCH ALLES eine der schnellsten. In der beigefügten Excel-Datei FeatureOptionenSchnitt.xls sind die Diagramme aller untersuchten SolidWorks-Versionen mit den Austragungsoptionen vorhanden.

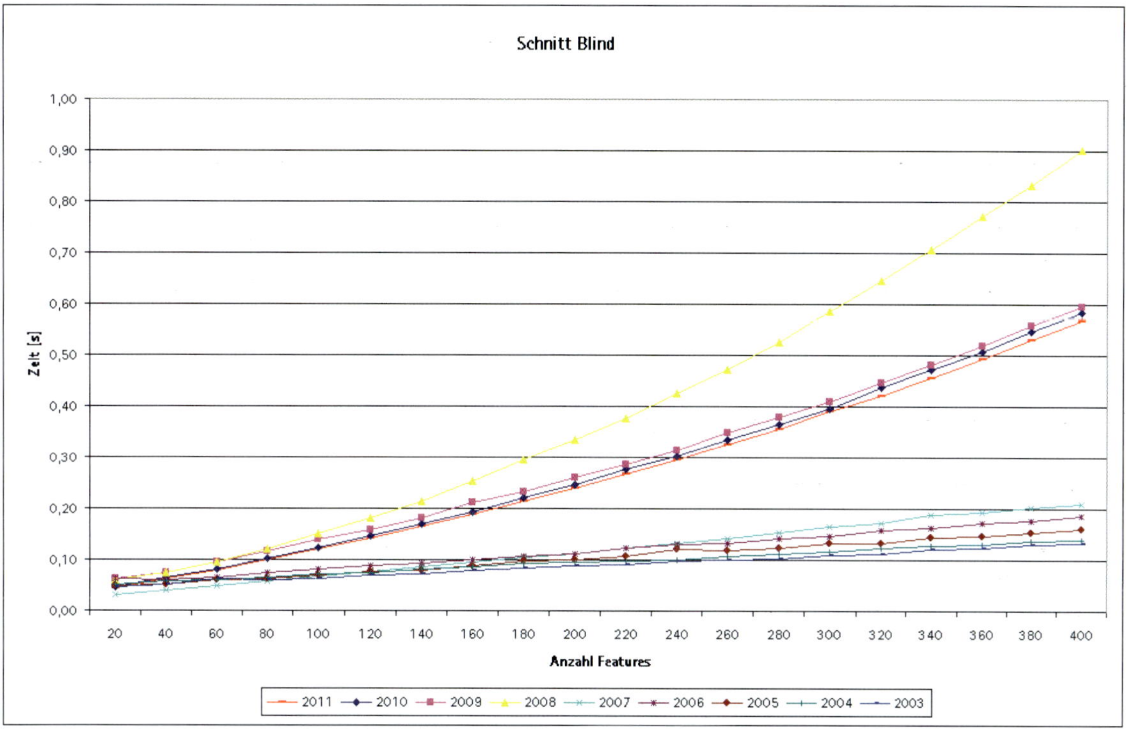

Abb. 4-16 Linear ausgetragener Schnitt Blind (ohne SolidWorks Version 2001plus)

Im Diagramm 4-16 leicht zu sehen: Die neueren SolidWorks-Versionen (2008 bis 2011) sind langsamer. Aber auch die Tendenz ist erfreulich, die Berechnungszeiten nehmen mit den neueren Versionen ab. In der beigefügten Excel-Datei FeatureOptionenSchnitt.xls sind die Diagramme aller untersuchten Austragungsoptionen im Vergleich zwischen den verschiedenen SolidWorks-Versionen vorhanden.

Anders als beim linear ausgetragenen Aufsatz gibt es beim linear ausgetragenen Schnitt eine spezielle Funktion mit dem offenen Linienzug: Es wird automatisch in beiden Richtungen DURCH ALLES geschnitten.

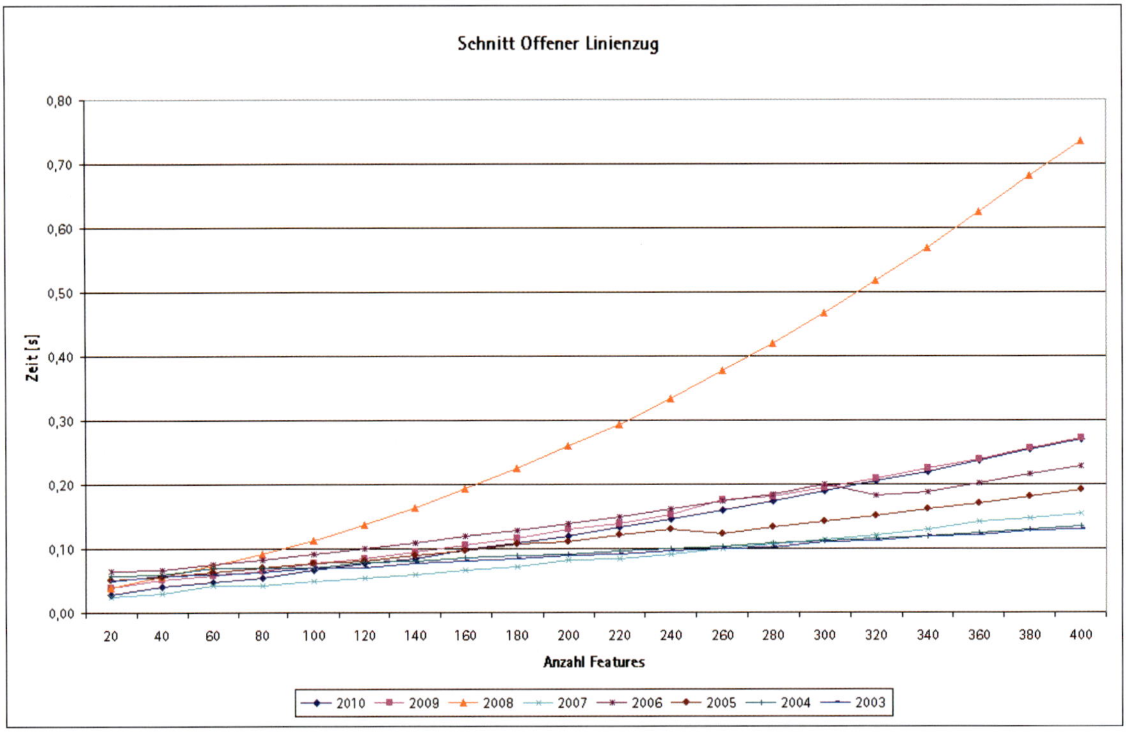

Abb. 4-17 Linear ausgetragener Schnitt mit einem offenen Linienzug (ohne SolidWorks Version 2001plus)

Die hier sehr kurzen Zeiten rühren auch daher, dass der offene Linienzug keine neuen Flächen erzeugt. Der Schnitt setzt, vereinfacht dargestellt, nur den schon vorhandenen Schnitt nach.

Zusammenfassung

Man hätte es auch schon vorher vermuten können: Der linear ausgetragene Schnitt unterscheidet sich vom linear ausgetragenen Aufsatz nicht dramatisch. Die gerne in den SolidWorks-Schulungen (Resellertraining, SolidWorks-Trainingshandbücher, Online-Lehrbuch, Fachbücher) verwendete Option DURCH ALLES ist auch eine der schnellsten in allen untersuchten SolidWorks-Versionen. Auch hier lässt sich als allgemeines Fazit schließen: Die gewählte Option hat keinen dramatischen Einfluss auf die Berechnungszeit. Hier gilt als wichtigste Grundlage, wie bei allen Funktionen/Optionen: Alle Anwender dieser Daten müssen den Teileaufbau verstehen.

4.4 Featuremuster

Natürlich werden auch in diesem Kapitel weder die Schwerkraft noch andere Naturgesetze außer Kraft gesetzt. Ein komplexes Muster mit hoher Anzahl von Formelementen benötigt viel Rechnerzeit und Arbeitsspeicher. Die Möglichkeiten, die Leistung zu erhöhen, sind dadurch begrenzt. **Die einfachste Leistungssteigerung ist, das Muster nicht vollständig auszumodellieren.** Bei Musterteilen, die durch Laserschnitt hergestellt werden, ist dies nicht möglich. Es müssen alle Musterelemente vollständig dargestellt werden. Am gewählten Beispiel eines Lüftergitters werden zunächst die Standardverfahren und anschließend zwei Ansätze zur Leistungsverteilung vorgestellt. Vergleiche mit allen Musterfeatures zwischen den gewählten SolidWorks-Versionen sind durch die Erweiterungen nicht durchgängig möglich: Körpermuster erst ab SolidWorks-Version 2003, Füllmuster erst ab SolidWorks-Version 2006.

Die zur Messung erfassten Rohdaten waren die abgelesene Zeit im Taskmanager, die abgelaufene Zeit der Windows-internen Uhr und ab der SolidWorks-Version 2003 zum Vergleich auch die Feature-Statistik. Wie man an den Zahlenwerten sehen kann, sind Feature-Statistik und Windows-interne Uhr sehr nah beieinander. Die Angabe der Last in % ist die Anzeige der Prozessorauslastung, die vom Taskmanager während der Messung angezeigt wird. Die Zahlenwerte zeigen auch, dass häufig mehr als ein Prozessor für den ForcedRebuild, ein erweiterter Modellneuaufbau (Tastenkombination <Strg+q>), verwendet wird (teilweise über 40% der Gesamtleistung der verwendeten Quadcore-Maschine). Tests auf Dualcore- und Singlecore-Maschinen haben dies bestätigt.

Gemessen wurde die Zeit eines ForcedRebuild. Wenn man die Messungen mehrfach durchführt (z.B. 20 x), bekommt man eine maximale Abweichung von 5%.

Zunächst wurden in der SolidWorks-Version 2001plus die verschiedenen Teile modelliert. Nach einem Neustart wurde das Teil geladen und der ForcedRebuild3 mit einem Makro durchgeführt.

4.4.1 Lineare Muster und Kreismuster

Beim verwendeten Beispiel des Lüftergitters liegt die Symmetrie des Musters in der Mitte des Objektes. Daher ist es nahe liegend, auch das erste Schnittfeature in der Mitte zu platzieren. Im nächsten Schritt wird ein lineares Muster für den ersten der sechs Sektoren erstellt, das Kreismuster verteilt dieses auf dem Umfang gleichmäßig.

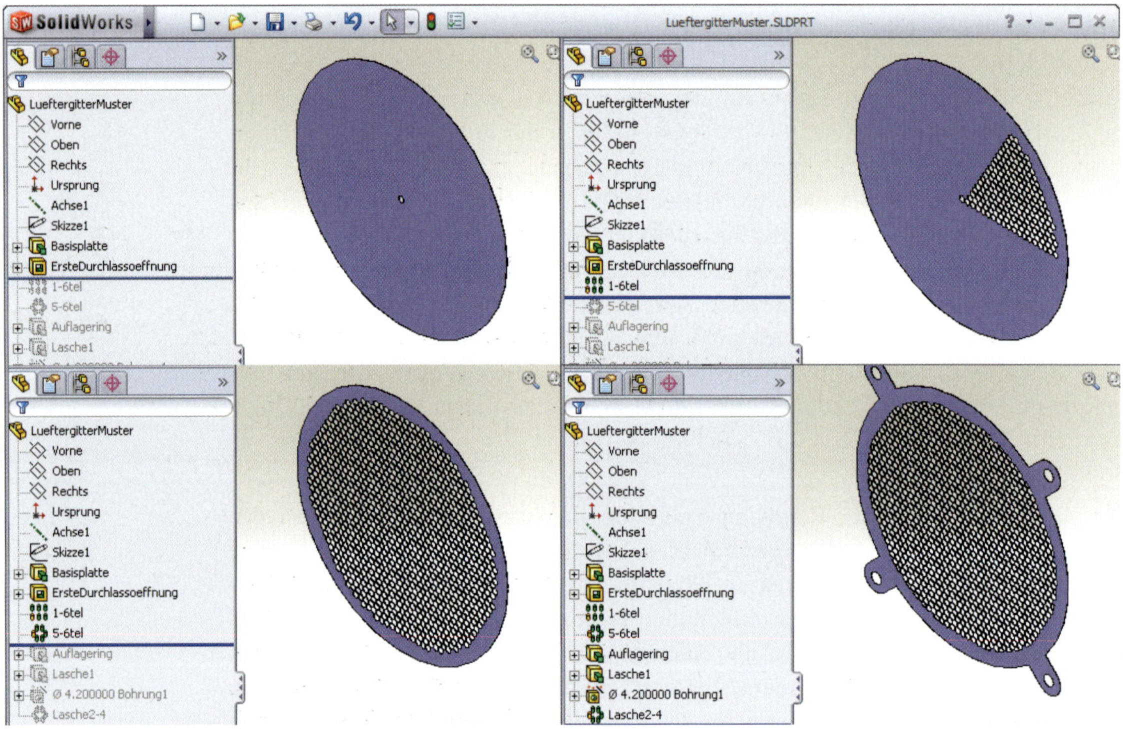

Abb. 4-18 Teileaufbau des einfachen Musterteils

Der Haken GEOMETRIEMUSTER

Um einen Eindruck von dieser Funktion zu bekommen, ist in Abb. 4-18 der Unterschied im direkten Vergleich gezeigt.

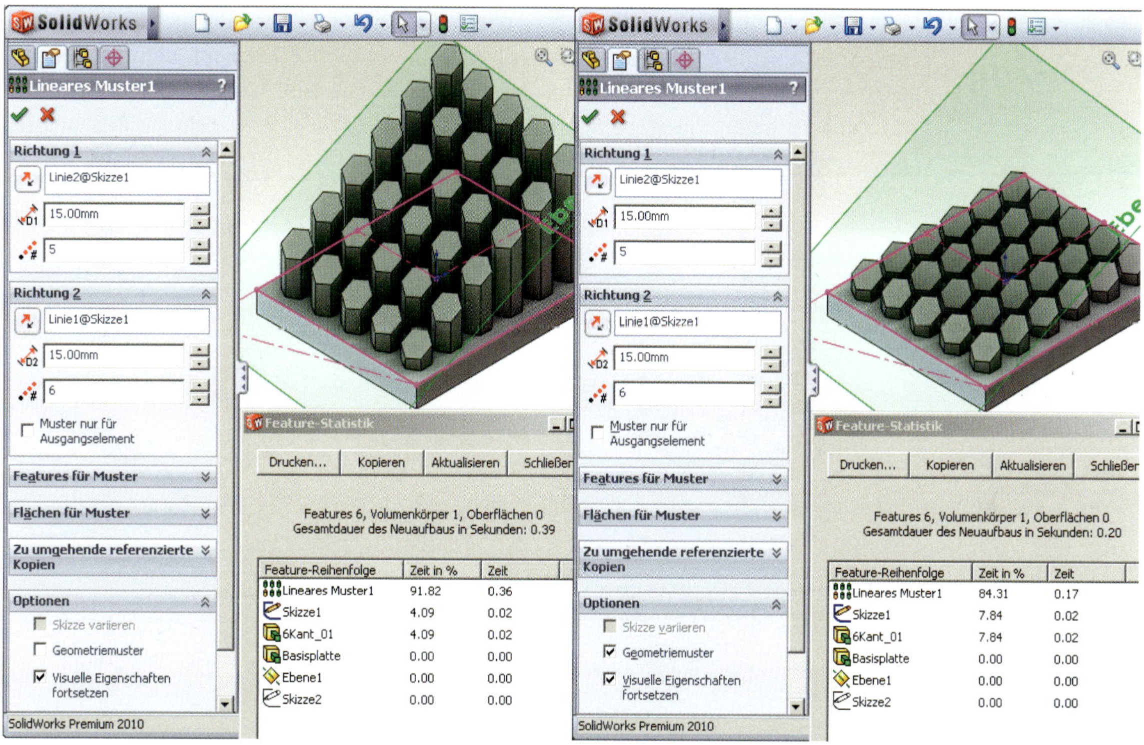

Abb. 4-19 Standardmuster (links) und Geometriemuster (rechts) im Vergleich; Datei (Version 2010): 4-10_Geometriemuster.SLDPRT

In der linken Hälfte ist deutlich erkennbar, dass bei jeder referenzierten Kopie des ursprünglichen Features die Endbedingung BIS OBERFLÄCHE (in diesem Fall die Ebene1) eingehalten wird. In der rechten Hälfte wird nur die ursprüngliche Geometrie vermustert. In der Feature-Statistik kann man den zeitlichen Unterschied schon bei dieser geringen Anzahl von 30 referenzierten Kopien deutlich ablesen: 0,39 Sekunden unter Berücksichtigung der Endbedingung, 0,20 Sekunden für das Geometriemuster – fast ein Verhältnis von 2:1.

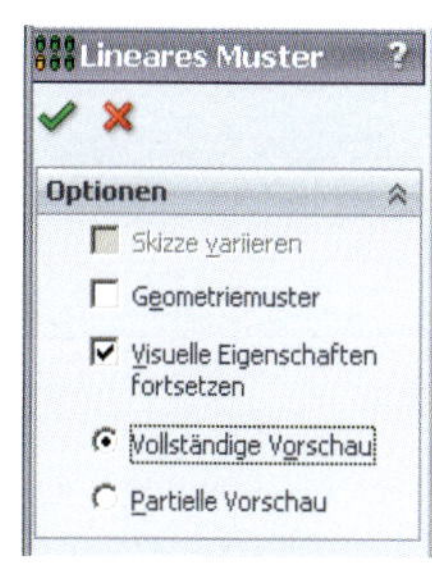

*Abb. 4-20 Ab Version 2010: Die **vollständige Vorschau** zeigt auch die Endbedingungen der referenzierten Kopien.*

Im verwendeten Beispiel des Lüftergitters ist die Geometrie aller referenzierten Kopien gleich. Die Option GEOMETRIEMUSTER sollte verwendet werden, um die Zeit für die Berechnung einzusparen.

Jetzt stellt sich natürlich die Frage: Warum ist der Haken GEOMETRIEMUSTER nicht als Standard gesetzt? Es gibt durchaus Fälle, in denen das Geometriemuster fehlschlägt. Wahrscheinlich ist die Voreinstellung aus diesem Grund durch den Hersteller so gesetzt. Die meisten Featuremuster können so erzeugt werden, auch wenn dies mehr Rechnerleistung benötigt. Um die genannte Rechnerleistung einzusparen, kann jeder Anwender damit experimentieren. An einem anderen Beispiel wird kurz erläutert, wie ein Fehlschlagen aussehen kann. Gezeigt ist eine Feature (6Kant_01), das entlang zwei Linien aus Skizze1 (gehört zum Feature Basisplatte) in X und Z gemustert wird. Die Option Geometriemuster ist beim Erstellen des linearen Musters gesetzt.

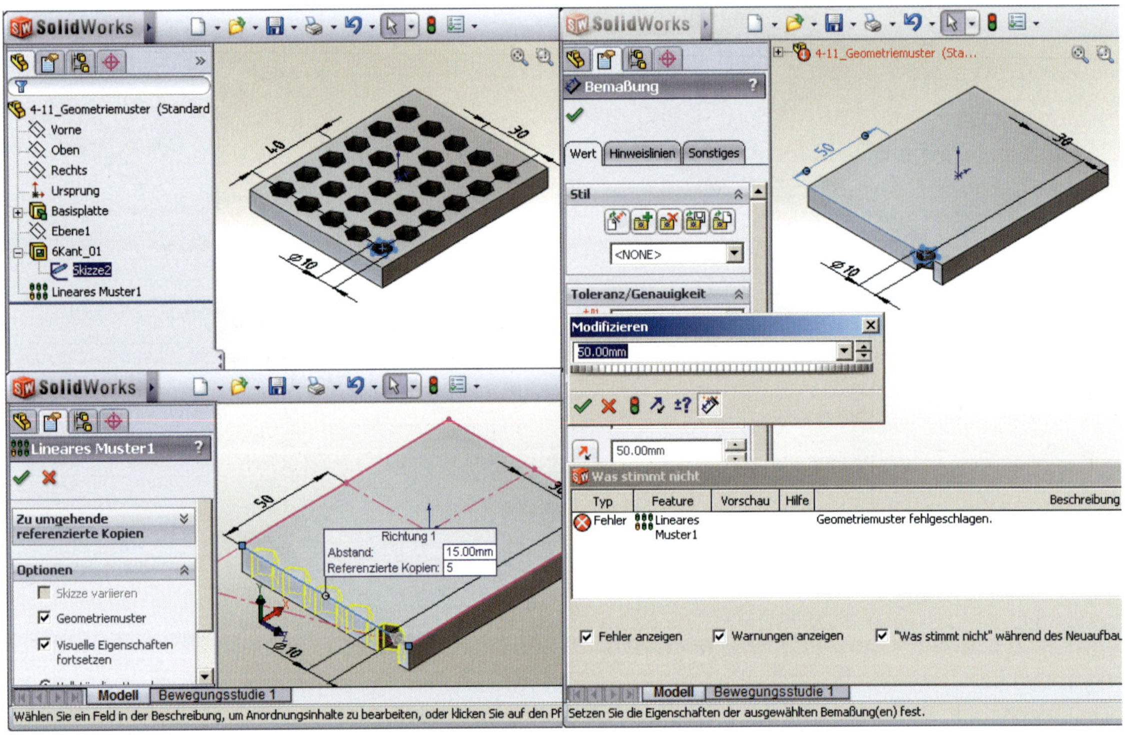

Abb. 4-21 Oben links: Geometriemuster in zwei Richtungen mit vollständiger Featuregeometrie; rechts: Fehlschlagen des Geometriemusters; unten links: Darstellung mit nur einer Musterrichtung; Datei (Version 2010): 4-11_Geometriemuster.SLDPRT

Wenn jetzt der Abstand des Features (6Kant_01) zum Bauteilrand derart verändert wird (Maß auf 50 mm), dass nicht mehr alle Flächen des Sechskants dargestellt werden, kommt es zur Fehlermeldung. Mathematisch eindeutig: Die vollständige Geometrie kann mit den voreingestellten Parametern nicht dargestellt werden. Wenn man hingegen nur die Linie entlang der Z-Achse zum Vermustern wählt, kann ein Teil des Musters als Geometriemuster (die vollständige Geometrie) berechnet werden.

4.4.2 Flächenmuster

Statt die Features zu vermustern, gibt es auch die Möglichkeit, einzelne Flächen zu vermustern. Neben dem Vorteil, auch von Flächen importierter Geometrie Muster zu erstellen, bietet diese Funktion deutliche Geschwindigkeitsvorteile. In der verwendeten Beispielgeometrie des Lüftergitters sind dies die sechs Flächen des polygonförmigen Schnittes. Die Funktion zeigt ein Verhalten wie ein Geometriemuster.

4.4.3 Körpermuster

Mit der Multibody-Fähigkeit der SolidWorks-Version 2003 kommt auch die Möglichkeit der Körpermuster hinzu. Die Körpermuster entsprechen im Prinzip einem Geometriemuster, da der gesamte Körper (immer die gleiche Geometrie) vermustert wird. Statt des Schnittes (ErstesDurchlassoeffnung) im Beispiel Lüftergitter erzeugt man einen weiteren Volumenkörper (den Haken ERGEBNIS VERSCHMELZEN entfernen). Um das Volumen aus einem Teil zu entfernen, verwendet man den Befehl KOMBINIEREN. Vorher wird der Körper vermustert. Diese Funktion kann man auch als Workaround benutzen, falls man mehr Geschwindigkeit benötigt, keine externen Referenzen (Teil in Teil) zulässig sind (CAD-Richtlinie oder Einschränkung durch PDM-System) und die Option Geometriemuster nicht verwendet werden kann. Nach dem Körpermuster ist dann noch das Feature KOMBINIEREN erforderlich.

4.4.4 Füllmuster

Zuvor wurden aus dem ersten Schnitt (ErsteDurchlassoeffnung) zwei Muster erstellt, da das erste (ursprüngliche) Feature aus Symmetriegründen in der Mitte erzeugt wurde. Mit der SolidWorks-Version 2006 kommt die Funktion FÜLLMUSTER hinzu, in der alle referenzierten Kopien mit einem Musterbefehl erzeugt werden können. Zusätzlich zur schnelleren Erstellung zeigt diese Art der Mustererstellung in diesem Fall auch Vorteile in der Geschwindigkeit der Berechnung.

4.4.5 Teil in Teil

Um die Leistung im endgültigen Einzelteil noch weiter zu steigern, kann man durch Aufteilung in verschiedene Teiledateien die Zeit für die Musterberechnung verlagern.

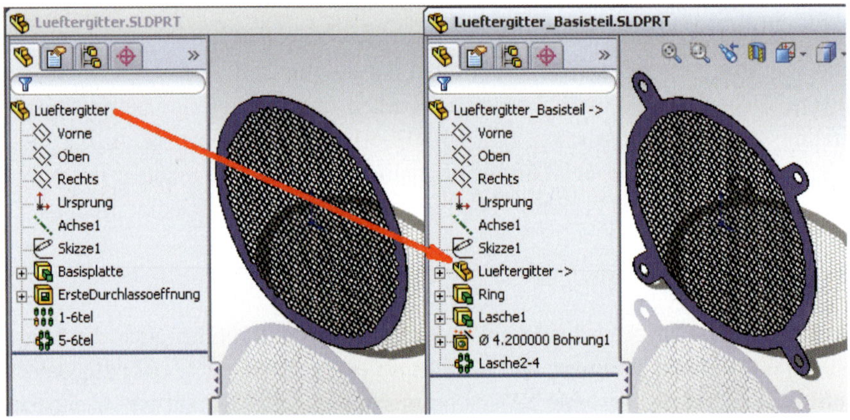

Abb. 4-22 Verlagern der Berechnungszeit auf andere Teildateien

Ein solches Einfügen von Musterelementen kann auch mehrfach erfolgen. Nachteil dieser Variante: Das Einfügen eines abgeleiteten Komponentenmusters in der Baugruppe ist nur mit einem Workaround möglich (z.B. verwenden einer HÜLLE).

Teil in Teil mit Konfigurationen

Die grafische Darstellung benötigt auch Zeit. Um auch diese Zeit zu verkürzen, kann man mit Konfigurationen in der Teiledatei arbeiten, die das komplexe Muster enthält. Auch könnte man, wie in Abb. 4-23 gezeigt, mehrere Konfigurationen erzeugen, jeweils für den entsprechenden Anwendungsfall.

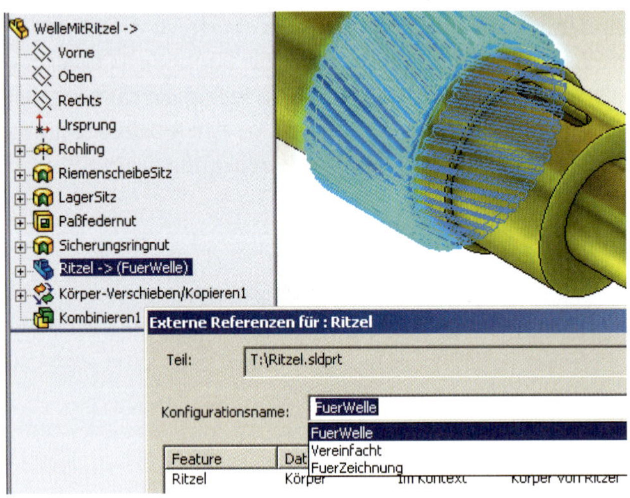

Abb. 4-23 Anwendung von Konfigurationen bei komplexen Mustern

Das Ritzel wird in der externen Datei berechnet und in den verschiedenen Konfigurationen hinterlegt. Aufrufen der gewünschten Konfiguration erfolgt mit RMT auf das Feature (hier RITZEL -> (FUERWELLE)) und Auswahl im Kontextmenü AUFLISTEN EXTERNER REFERENZEN... Ohne Darstellung der Zähne wäre die Konfiguration VEREINFACHT denkbar, ein oder zwei Zähne für die Darstellung in der Zeichnung und die vollständige Darstellung FuerWelle zum Rendern oder für den Rapid-Prototypen.

Noch mehr Leistung

Eine weitere Steigerung der Leistung kann mit dem Sperren der externen Referenz erzielt werden. Natürlich werden dann an dieser Stelle keine Aktualisierungen des Basisteils in das aktuelle Teil übertragen. Dafür steigt die Leistung ein wenig, da scheinbar nur noch die grafische Darstellung zu Lasten der Berechnungszeit geht. Diese Sperrung kann wieder aufgehoben werden, falls man Veränderungen im Basisteil (zur Änderung am komplexen Muster) vornehmen muss.

4.4.6 Auswertung

Die Untersuchung hat gezeigt, dass die Unterschiede in den SolidWorks-Versionen nicht besonders gravierend waren. Einzig der Sprung zwischen SolidWorks-Version 2009 und Version 2010 zeigt deutliche Veränderungen. Geometriemuster und Flächenmuster werden langsamer (von ca. 54 s auf 94 s bzw. von ca. 52 s auf ca. 92 s), Körpermuster werden schneller (von ca. 80 s zu ca. 60 s). In der logarithmischen Darstellung sieht das nicht besonders dramatisch aus.

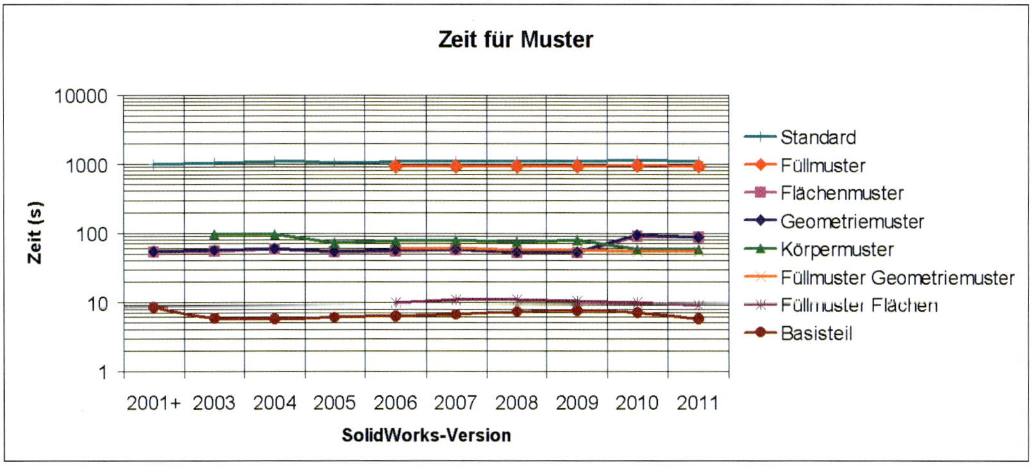

Abb. 4-24 Vergleich der Mustervarianten über die SolidWorks-Versionen (in logarithmischer Darstellung)

Die linearen und kreisförmigen Muster sowie das Füllmuster, ohne Verwendung der Funktion Geometriemuster, benötigen ungefähr 10 mal so viel Zeit wie Geometrie-, Flächen- oder Körpermuster (inklusive anschließendem KOMBINIEREN). Erstaunlich ist, dass die Funktion Füllmuster (in diesem Fall wurden die Flächen vermustert) noch mal zehnfach schneller ist als alle anderen Muster. Nur das Verteilen der Rechenlast auf mehrere Dateien bringt noch mehr Leistung (Teil-in-Teil, in der Grafik Basisteil).

Das Verteilen dieser Rechenlast lässt sich sehr gut mit einem Ansatz kombinieren, der auf einem Konzeptteil basiert. Im Konzeptteil wird die wesentliche Geometrie definiert, so z.B. die Lage der komplexen Muster. Mit der Funktion Teil in Teil lassen sich die Grundgeometrie und die komplexen Muster in verschiedenen Dateien aufbauen. In einer endgültigen Teiledatei werden die so erstellten Daten wieder mit der Teil-in-Teil-Funktion zusammengesetzt und, falls erforderlich, durch Kombinieren wieder zu einem Volumenkörper zusammengesetzt.

4.5 Skizzenmuster im Vergleich zu Featuremuster

Wenn man Leistung von erstellter Geometrie miteinander vergleicht, ist auch nahe liegend, Skizzenmuster mit Featuremuster zu vergleichen. Den Leistungsbedarf von Skizzenelementen und zugehörigen Beziehungen und Bemaßungen kann man auf den vorstehenden Seiten nachlesen.

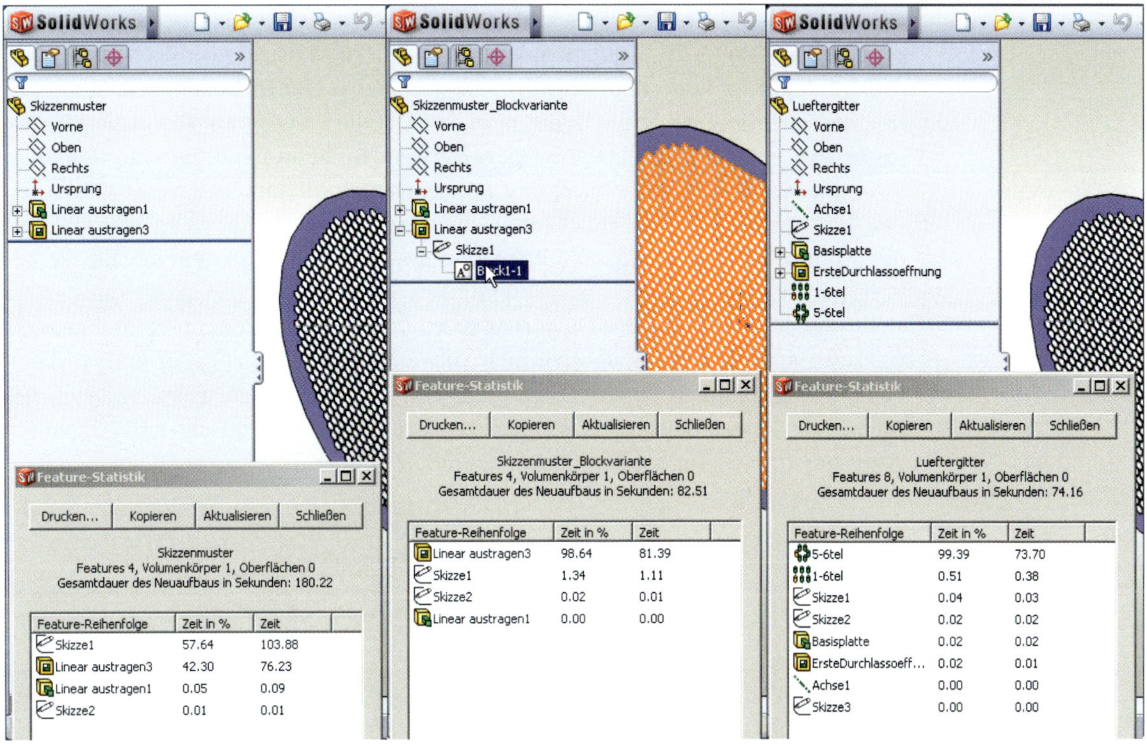

Abb. 4-25 Skizzenmuster im Vergleich mit Featuremuster. Links: Die Geometrie ist direkt in der Skizze, Mitte: Die Geometrie ist in einem Block definiert, Rechts: Featuremuster (Geometriemuster) zum direkten Vergleich

Die Kombination von Skizzenmustern (links in Abb. 4-25 in der Skizze1) mit einem Feature (links in Abb. 4-25 Linear Austragen3) führt zum mechanisch gleichen Ergebnis wie die Musterfeature (rechts in Abb. 4-25). Wie man leicht in der Feature-Statistik ablesen kann, wird sehr viel Zeit für die Berechnung der Skizze1 benötigt. Wenn man die vielen Linien in einen Block einfügt, werden diese für die Skizze nicht mehr berechnet. Diese Berechnungszeit wird in der Gesamtzeit eingespart. Im direkten Vergleich zeigt sich aber, dass die Berechnung der Musterfeature schneller als bei beiden Varianten erfolgt. Der Vollständigkeit halber sei erwähnt: Das Flächenmuster und das Füllmuster mit Flächen sind noch einmal deutlich schneller als das mit Geometriemuster gemusterte Feature.

Wenn man jetzt davon ausgeht, dass das eigentliche Produkt eine DXF-Datei sein soll, könnte man auf das Feature vollständig verzichten. Von der einfachen Scheibe wird eine Zeichnung erzeugt, die Skizze (mit Block) eingeblendet und mit SPEICHERN UNTER... als DXF erzeugt. Aus dem Modell heraus ist das seit SolidWorks-

Version 2008 zwar auch möglich, dort wird aber die Skizze nicht als Geometrie in das DXF übernommen. Außerdem muss das Teil zunächst in ein Blechteil gewandelt werden. Dies wäre somit nur für Teile mit konstanter Dicke möglich. Hingegen in eine Zeichnung eingefügt, kann man das Erstellen des Schnittfeatures entfallen lassen und nur die eingeblendete Skizze verwenden. Beim Exportieren in DXF oder DWG aus der SolidWorks-Zeichnung heraus werden die Linienelemente wie benötigt dargestellt. Das wäre mit Abstand die schnellste Variante, wenn man nur auf die Feature-Statistik schaut. Die Erstellung des Skizzenmusters und des Blocks benötigt auch sehr viel Zeit – im Wesentlichen Wartezeit, bis die Skizzenmuster erstellt und der Block aus der Geometrie erzeugt ist. Wenn das denn einmal passiert ist, kann man das Teil auch mehrfach verwenden, ohne dass es zu dramatischen Performanceeinbußen kommt. Hier wäre man auch mit einem Featuremuster, der Wandelung in ein Blechteil und mit SPEICHERN UNTER... als DXF oder DWG zeitlich günstiger dran. Natürlich lässt sich auch der Weg über die Zeichnung darstellen.

4.6 Aus Flächen erzeugtes Volumen

Ähnlich wie zuvor beschrieben, ist hier (Abb. 4-26) zum Vergleich die relevante Geometrie als Flächenmodell erzeugt. Das Feature OBERFLÄCHE-LINEAR AUSTRAGEN1 benötigt deutlich weniger Zeit zur Erstellung der ca. 1200 Oberflächenkörper als die Erzeugung der planaren Oberfläche (OBERFLÄCHE-EBENE1) auf Basis der Skizze1 (Verhältnis ca. 1:17). Die Oberflächen zu einer Oberfläche vereinigen und daraus ein Volumen erzeugen, ist unter Umständen gar nicht erforderlich. Wenn dies der Fall ist, sollte man abwägen, ob die planare Oberfläche (OBERFLÄCHE-EBENE1) überhaupt erzeugt werden muss. Generell als Ansatz zum Erstellen eines Volumenmodells nicht empfehlenswert, da der zeitliche Bedarf für die Berechnung sehr hoch ist.

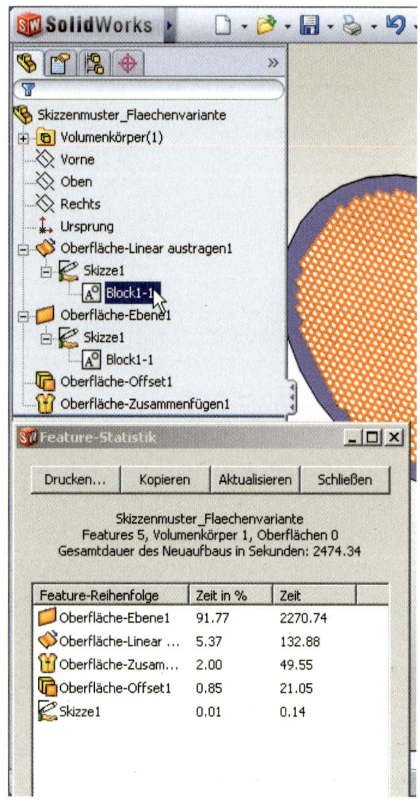

Abb. 4-26 Als Flächenmodell aufgebautes Lüftergitter

4.7 Arbeits- oder vereinfachte Konfigurationen

Die einfachste Art, Leistung von Einzelteilen zu steigern, ist die Vereinfachung. Die Vorstellung, dass man im Rechner tatsächlich nur ein Modell zur Verfügung hat, erleichtert unter Umständen die Möglichkeit, Details nicht darzustellen. Allein die Möglichkeit, jedes Detail darstellen zu können, verleitet häufig zu mehr als erforderlicher, detailreicher Darstellung. In seltenen Fällen (wie z.B. oben angeführt: ein Rapid-Prototyping-Modell) müssen alle Details erzeugt und berechnet werden. Damit man diese Darstellung, immer wenn sie benötigt wird, zur Verfügung hat, kann man mit Konfigurationen arbeiten. In der normalen (Standard-) Konfiguration werden die Features, die eine hohe Rechnerleistung erfordern, unterdrückt. Die vollständige Darstellung wird nur im seltenen Fall der Generierung der Prototyp-Daten benötigt (und berechnet).

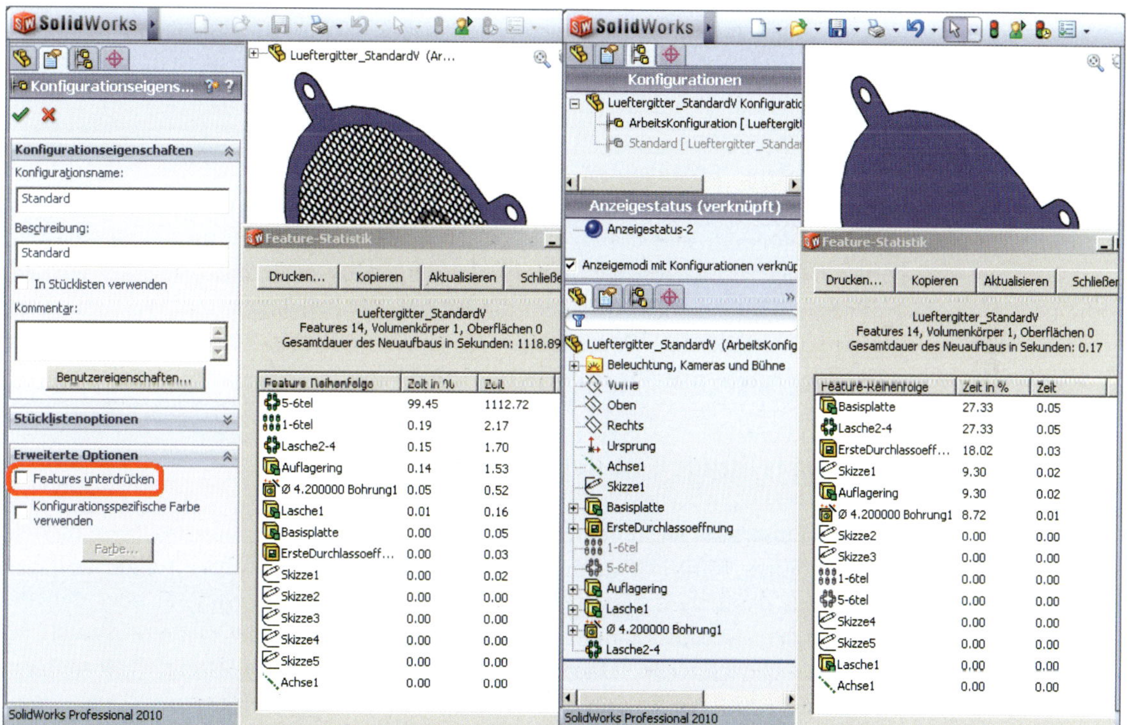

Abb. 4-27 Arbeitskonfiguration mit Unterdrückung der rechenintensivsten Features

In Abb. 4-27 ist ein Teil mit einer Arbeitskonfiguration dargestellt. In der linken Bildhälfte ist ein wesentliches Detail hervorgehoben: Die erweiterte Option FEATURES UNTERDRÜCKEN darf nicht gesetzt sein, damit alle Features in der Standardkonfiguration ohne Unterdrückung erstellt werden.

Konfigurationen sind eines der mächtigsten Werkzeuge in SolidWorks. Leider muss man beim Verwenden von Konfigurationen Einschränkungen in Kauf nehmen: FILLETXPERT und DRAFTXPERT stehen bei Verwendung von Konfigurationen nicht zur Verfügung.

4.8 Fehler in Modellen

Wie schon im Kapitel „Baugruppenleistung" gezeigt, führen Fehler zu einer verlängerten Berechnungszeit. Generell ist klar, dass ein Modell mit Fehlern niemals die Basis für eine Fertigungszeichnung sein sollte. Man kann z.B. nicht sicher sein, ob nach einem weiteren Modellneuaufbau die Geometrie immer noch die gleiche ist.

Anders aber als bei den Baugruppen, wo fehlerhafte Verknüpfungen zu einer Verlängerung der Berechnungszeiten führen, zeigen Features in Einzelteilen ein umgekehrtes Verhalten: Die Berechnungszeit wird im Allgemeinen kürzer. Solange die Skizzen und Featureoptionen nicht zu einem vollständigen Feature führen, wird das fehlerhafte Feature in aller Regel unterdrückt. Empirische Tests haben gezeigt, dass eine Verlängerung der Berechnungszeit einzelner fehlerhafter Features nur unwesentlich zur Verlängerung der Berechnungszeiten beiträgt. Wenn mehrere Features fehlerhaft sein sollten, dann wird die Berechnungszeit insgesamt verkürzt, da die fehlerhaften Features unterdrückt, d.h., nicht mehr mit berechnet werden. Im Prinzip lässt sich das mit jedem Modell in einer beliebigen SolidWorks-Version leicht nachvollziehen. Vorzugsweise ab der SolidWorks-Version 2003, da hier schon die Feature-Statistik verwendet werden kann.

4.9 Einstellungen in den Optionen

Ein paar Einstellungen in den Optionen können nur wenig Linderung beim Modellieren bringen. Natürlich gehen diese (meist moderaten) Geschwindigkeitssteigerungen mit deutlichen Einschränkungen in der Darstellungsqualität oder der unterstützenden Grafikfunktionen einher. Auch hier sind wieder mehrere Aspekte zu beachten: die grafische Darstellung (RealView, Volumen-/Draht, Transparenz, Bildqualität, Skizzen/Kanten glätten ...), die Dateigröße (Speicher-/Ladezeiten), Hilfsgrafiken (hervorheben von Features, Kanten, Flächen, verdeckten Kanten ...), usw. Teilweise wurden Systemeinstellungen schon im Kapitel „Baugruppenleistung" besprochen.

Folgende Einstellungen in den Optionen wirken auf die Gesamtleistung des Teils:

Mini-Grafiken in Windows-Explorer anzeigen

Bei gesetztem Haken werden unter Windows XP 16 x 16 Pixel große Vorschaubilder mit 16 Farben aus der Modellansicht erzeugt, die statt des SolidWorks-Symbols für den entsprechenden Dateityp dargestellt werden. Wenn man ein größeres Verzeichnis oder ein Verzeichnis auf einem Server auswählt, muss man unter Umständen länger warten, bis alle Grafiken geladen sind. Die Abwägung, ob und was man mit diesen Grafiken erkennen kann, liegt beim Anwender.

In der Skizze: Automatisches Lösen Aus

Das automatische Lösen einer Skizze bedeutet, dass alle Beziehungen und Bemaßungen als Gleichungssystem gelöst werden. Die Effekte dieser Berechnungen wurden auf den letzten Seiten ausführlich dargestellt. Um diese Berechnungsleistung einzusparen, kann man die Option Automatisches Lösen ausschalten. Dies wird von SolidWorks mit entsprechender Rückmeldung sogar selbsttätig gemacht. Natürlich werden dann auch Veränderungen nicht berechnet. Eine Maßänderung per Doppelklick in der Skizze ist zwar während der Bearbeitung der Skizze möglich, wird aber erst nach dem Verlassen der Skizze aktualisiert. Der Modellneuaufbau ist im Modifizieren-Dialog ausgegraut.

Abb. 4-28 Automatisches Lösen Aus – Modellneuaufbau Aus

In der Skizze: Kanten glätten Aus

Wer kennt diese Treppenbildung nicht? In Fachkreisen Aliasing genannt, zeigt es eine stufige Darstellung. Vielleicht schon häufiger unerwünscht auf ausgedruckten Zeichnungen gesehen, ist hier nur die Anzeige auf dem Bildschirm gemeint. In Abb. 4-29 sind die grauen Linien mit der Funktion Kanten glätten dargestellt (auch Anti-Aliasing genannt). Um die Treppendarstellung zu mindern, wird eine Linie durch drei bis vier Linien dargestellt. Durch eine Veränderung der Grauwerte entlang und auch quer zur Linie (quer zur Linie kann man die unterschiedlichen Graustufen erkennen) erkennt das Auge, auch bei einer gerasterten Darstellung auf einem Bildschirm, eine gerade Linie ohne Treppenstufen. Die rote Darstellung (entsteht durch das dynamische Hervorheben der Grafikansicht) entspricht der Darstellung, wenn die Funktion ausgeschaltet ist. Ein Test zu dieser Funktion ist leicht gemacht: Mit einem Makro wurden 1000 leicht schräg liegende Linien generiert.

Einmal wurde das Makro mit der Option KANTEN GLÄTTEN AUS, einmal mit der Option KANTEN GLÄTTEN EIN gestartet. Aus zehn Durchläufen wurde der Mittelwert gebildet. 39,99 Sekunden zu 39,86 Sekunden entsprechen einem Verhältnis von 1,003:1.

Ein Vergleich mit 1000 Kreisen führt natürlich zu einem größeren Unterschied, da nicht nur eine lineare Funktion berechnet werden muss. Auch hier wird der Mittelwert aus je zehn Durchläufen gebildet. 33,47 Sekunden zu 33,19 Sekunden entsprechen einem Verhältnis von 1,008:1.

Der Einfluss dieser Option ist folglich eher als gering einzuschätzen. Die grafische Darstellung sollte am besten so eingestellt sein, dass der Anwender die Darstellung am angenehmsten empfindet.

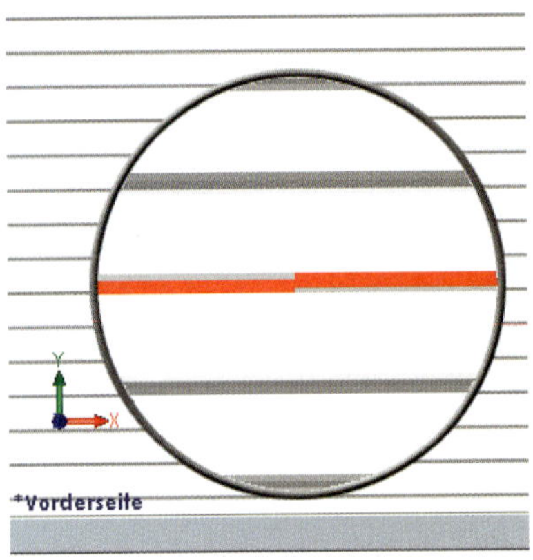

Abb. 4-29 Kanten glätten im Detail

Anzeige der Skizzenbeziehungen: Ausschalten spart Zeit

Ab einer bestimmten Anzahl von Skizzenelementen meldet SolidWorks (ab SolidWorks-Version 2005): DIE SKIZZE ENTHÄLT ZAHLREICHE BEZIEHUNGEN...

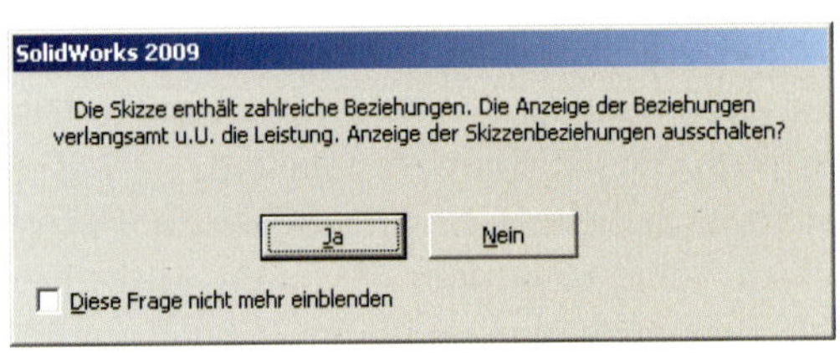

Abb. 4-30 Meldung bei vielen Skizzenbeziehungen

Dass dies tatsächlich die Leistung mindert, wurde bei den Untersuchungen der Skizzenbeziehungen festgestellt. Bei einem Durchlauf des Makros zur Ermittlung der Wartezeiten in der Skizze mit eingeschalteter Anzeige der Skizzenbeziehungen (400 Kreise und Beziehung konzentrisch entspricht 800 Symbolen) benötigt SolidWorks in der Version 2007 circa 171 Sekunden, ohne Anzeige der Skizzenbeziehungen dauert der Durchlauf des Makros circa 95 Sekunden (Verhältnis 1,8:1).

Dynamisches Hervorheben von Grafikansicht

Bei einer hohen Anzahl von Features und vielen komplexen Features kann das dynamische Hervorheben im Grafikbereich viel Leistung beanspruchen. Es beeinflusst die Leistung auch in großen, komplexen Baugruppen. Als Anwender muss man hier wieder zwischen Geschwindigkeit und Komfort abwägen.

Dokumenteigenschaft Bildqualität

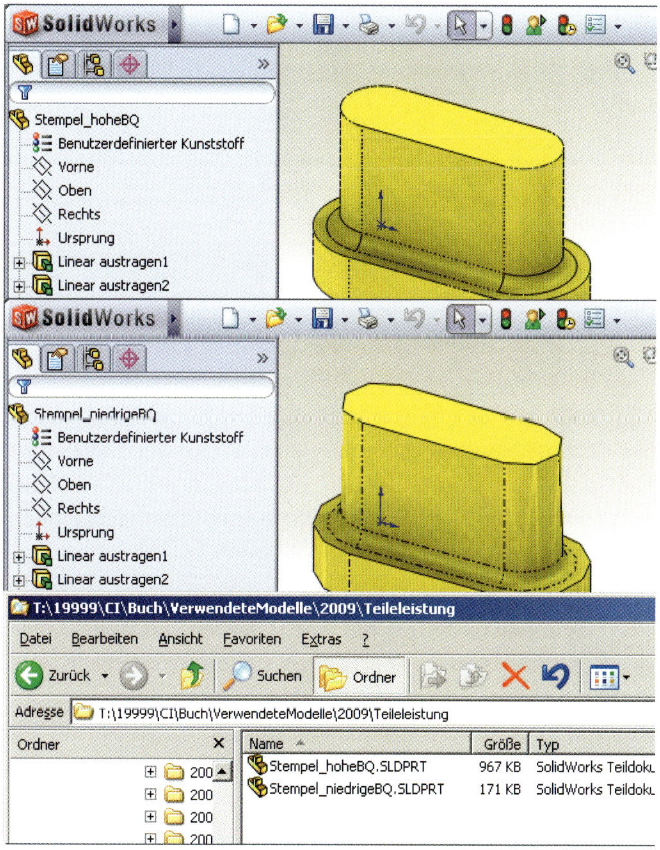

Abb. 4-31 Bildqualität: Dateigröße im Vergleich

Je nachdem, wie tolerant der Anwender in der Darstellung der Geometrie ist, umso weniger Leistung wird für die Darstellung der Geometrie benötigt. Wenn ein Kreis ein Kreis sein muss, dann ist die Entscheidung schon gefallen: Der Anwender hat Geduld und Zeit. Zusätzlich zur höheren Berechnungsleistung wächst die Datenmenge. In Abb. 4-31 oben (Stempel_hoheBQ) kann man deutlich erkennen, dass die Kanten für die Zylinderdarstellung wesentlich runder sind als die Kanten der Zylinderdarstellung in der Bildmitte (Stempel_niedrigeBQ). Die Darstellung in der Mitte gleicht mehr einem Polygon. Ganz unten kann man die Dateigröße im Ordner ablesen. Die Dateigrößen des Beispiels wurden dadurch erzeugt, dass die Datei einmal mit hoher Bildqualität und einmal mit niedriger Bildqualität gespeichert wurde. 967 kB zu 171 kB entspricht einem Verhältnis von circa 5,7 : 1.

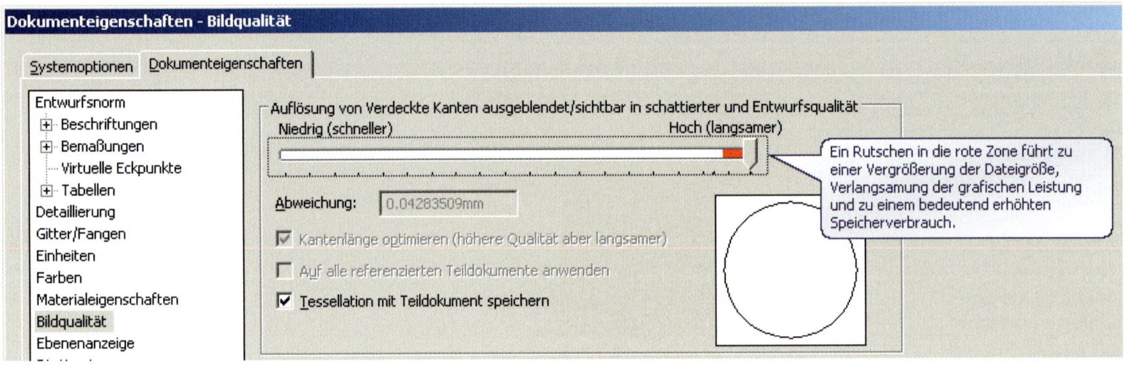

Abb. 4-32 Bildqualität: Warnhinweis (im Einzelteil)

Ab der SolidWorks-Version 2008 gibt es einen entsprechenden Warnhinweis (Abb. 4-32). Die Warnung ist in Einzelteil und Baugruppe gleich. Wenn der Haken AUF ALLE REFERENZIERTEN TEILDOKUMENTE ANWENDEN gesetzt ist, können die Auswirkungen beim Speichern einer Baugruppe zu Überraschungen führen. Im Fenster unter dem Schieberegler gibt es einen numerischen Wert: die Abweichung.

Abb. 4-32 zeigt an einem Beispiel, wie man sich diesen numerischen Wert am Modell vorstellen muss. Der Zylinder in der oberen Hälfte basiert auf einer Kreisskizze. Die Einstellung der Bildqualität ist in der unteren Bildhälfte zu sehen. Leider ist die Abweichung kein absoluter Wert, sondern wird relativ zur Körpergröße ermittelt und auf den Körper angewendet. Wenn man z.B. bei einem Rendering die kantige Darstellung eines Teils/Körpers umgehen will, sollte man den Bereich der Verrundung vom großen Gesamtkörper abtrennen/abspalten. Für die Darstellung in der Baugruppe gelten ähnliche Verhältnisse. Aus der Gesamtgröße der Baugruppe (je nach Detailtreue der Baugruppen) und der Schieberposition wird die Abweichung ermittelt. Problematisch wird es nur dann, wenn die Information in die

Teildokumente gespeichert wird. Dies ist dann der absolute Wert der Abweichung aus der Baugruppe und nicht die relative Position des Schiebers.

Auch etwas verwirrend ist die Tatsache, dass ein Einzelteil, mit hoher Bildqualität gespeichert, in der Baugruppe mit niedriger Bildqualität angezeigt werden kann – wenn es in den Optionen entsprechend eingestellt ist. Aus der Baugruppe heraus geöffnet zeigt das Einzelteil niedrige Qualität, auch wenn hohe Bildqualität (im Einzelteil) eingestellt ist. Aber dies funktioniert auch in der anderen Richtung: Zuerst das Einzelteil in hoher Bildqualität geöffnet, dann die Baugruppe mit niedriger Bildqualität, zeigt schließlich das Einzelteil in hoher Bildqualität in der Baugruppe.

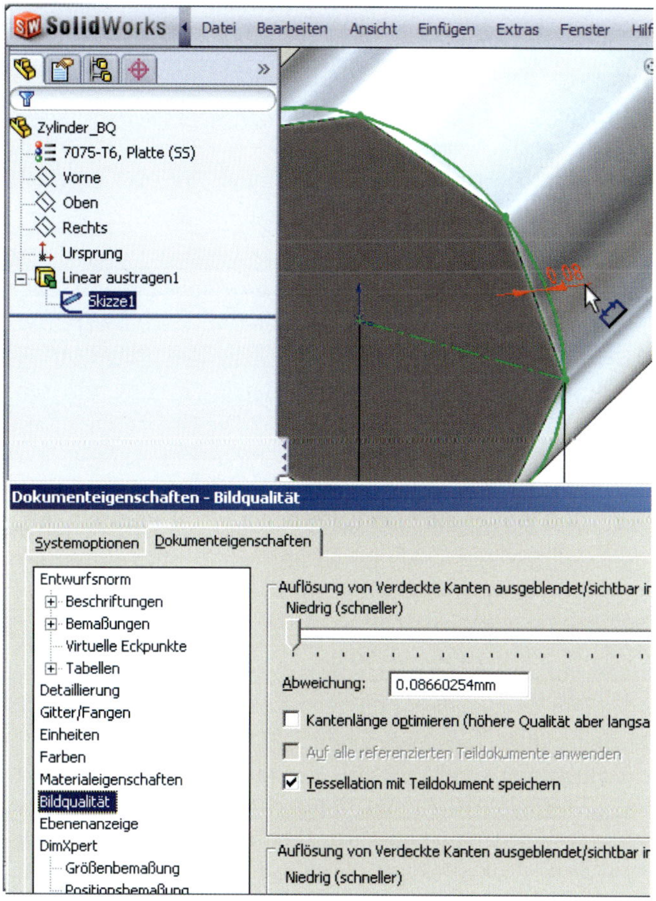

Abb. 4-33 Bildqualität: Darstellung der Abweichung

4.10 Zusammenfassung

Auf den letzten Seiten wurden an einfachen Skizzen und Features Untersuchungen angestellt, um die Leistungsfähigkeit einzelner Optionen im direkten Vergleich gegenüberzustellen. Man könnte behaupten, dass dieser Vergleich nur akademischen Wert hat, da die automatisch erzeugten Teile im realen Leben sicher nicht gebaut werden. Aber allein schon die Tatsache, dass man sich bei manchen der dargestellten Diagramme in seiner Erfahrung bestätigt fühlt, zeigt doch einen gewissen Zusammenhang mit der Praxis. In anderen Fällen ist sicherlich auch mehr Skepsis im Gefühl, denn es überrascht doch die ein oder andere extreme Kurve. Natürlich lässt sich das Ganze nicht direkt auf komplexere Features und komplexere Skizzen extrapolieren. Diesen Anspruch hat diese Darstellung nicht. Bei komplexeren Geometrien ist der Anwender in aller Regel sogar zu mehr Geduld bereit. Die Untersuchung hier soll die Anwender – wenn es mal wieder länger dauert – dazu anregen, doch mal die Feature-Statistik anzuschauen und für das normale Arbeiten vielleicht mal das ein oder andere Feature zu unterdrücken.

Die Ergebnisse der Untersuchungen zeigen interessanterweise auch Unterschiede zur direkt nächsthöheren SolidWorks-Version. Wodurch dies entsteht, lässt sich nur vermuten. Aber die ständige Weiterentwicklung der SolidWorks-Software (Optimierung der Lade- und Berechnungsvorgänge) geht mit Sicherheit einher mit einer Veränderung der Struktur in der SolidWorks-Teiledatei. Es steht die sehr schwierige Frage im Raum: Was passiert beim Konvertieren? Die Untersuchung der Standard-Features Aufsatz und Schnitt hat gezeigt, dass diese Unterschiede existieren. Funktionen, die in der einen Version schnell waren, sind in der nächsten wesentlich langsamer. Wenn die Geschwindigkeit bei Berechnungen eine Zunahme verzeichnet, ist diese in den meisten Fällen zur direkt nächsthöheren SolidWorks-Version nicht so dramatisch. Der geneigte Leser hat dies beim Lesen der vorherigen Seiten bestimmt schon selbst festgestellt.

Dass man beim Modellieren auf diese Unterschiede nur selten darauf Rücksicht nehmen kann, erklärt sich schon daraus, dass sich beim Konvertieren der Daten in eine andere Version nicht mal schnell (per Makro und Taskplaner) z.B. von DURCH ALLES auf BIS NÄCHSTE umstellen lässt. Auch ein erneutes Modellieren in der neueren Version kommt hier nicht infrage. Die Geschwindigkeitsverluste kann man bei Einzelfertigungsteilen bestimmt auch hinnehmen. Hier ist die eindeutig leichteste, für alle Anwender einfachste Option zu wählen. Die Leistung muss für solche Funktionen aus der leichten Änderbarkeit (alle Anwender arbeiten gleich) entstehen. Häufig verbaute Standardteile hingegen sollte man etwas genauer prüfen. Hier an Leistung zu verlieren, bedeutet bei jedem Einbau ein Verlust an Leistung.

Die Untersuchung hier soll zum einen vermitteln, dass man immer an das Thema Leistung denken sollte. Spätestens bei der zweiten oder dritten Baugruppe hat man das Gefühl, dass alles doch etwas schneller gehen könnte. Wenn man weiß, wie welche Funktion (re-)agiert, sind auch die Folgen einer Änderung besser abzuschätzen. Andererseits ist auch die ständige Aktualisierung des Wissens Aufwand. Wenn man sich einmal eine erfolgreiche Strategie erarbeitet hat, will man diese nicht ständig umdefinieren.

Manche Funktionen sind aber auch über die Versionen so eindeutig, dass man diese in seine Strategie einarbeiten sollte. Hervorzuheben an dieser Stelle sind die Musterfeatures und die Verwendung von Blöcken in Skizzen. Hier kann man mit entsprechender Strategie deutliche Vorteile in den Berechnungszeiten aller SolidWorks-Versionen erreichen. Dies zeigt sich (seit der SolidWorks-Version 2003) am einfachsten in der Feature-Statistik.

Die Leistungssteigerungen beim Modellieren ergeben sich in Zusammenhang mit der Modelliertechnik. Die Funktionalität Teilin-Teil bietet hier Möglichkeit, die Berechnungsleistung auf mehrere Einzelteile zu verteilen. Mit Konfigurationen lassen sich die Berechnungen auf die aktuell zu bearbeitende Geometrie reduzieren.

Die grafische Darstellung auf dem Bildschirm benötigt aber immer noch die gleiche Zeit. An dieser Stelle ist natürlich eine einfache grafische Darstellung schneller zu rechnen als komplexe Geometrie oder hohe Auflösung. Neben der Möglichkeit, die grafische Anzeigeleistung zu verringern (z.B. durch eine vereinfachte Konfiguration), lässt sich auch mit der Dokumentoption BILDQUALITÄT eine leichte Linderung der gefühlten Qual erreichen. Hier ist natürlich auch immer wieder die Frage, wie viel – oder besser wie wenige – Flächen ein Zylinder haben darf, damit man ihn noch als Zylinder erkennt? Das Auge konstruiert auch mit ...

Zwar lassen sich vereinfachte Konfigurationen automatisiert erstellen (eine Funktion der Zusatzanwendung Utilities seit der SolidWorks-Version 2006), das bessere Einsparungspotenzial ist, wie auch im realen Leben, die vorbeugende Arbeitsweise.

Strategien zur nachhaltigen Leistungssteigerung basieren im Wesentlichen darauf, dem Anwender die Fähigkeiten der Software SolidWorks vertraut zu machen und diese zu pflegen. Wie in allen anderen Bereichen des heutigen technischen Lebens ist auch hier eine ständige Weiterbildung gefragt.

5 Standards und Automatisierung

Wer ein Teil wieder verwendet, ein Feature mehrfach benötigt, Varianten von Geometrien, Konfigurationen in Wiederholbaugruppen oder Folgen von Befehlen vielfach anwendet, kann sich den Nutzen von Bibliotheken und Programmierungen (Makros) vorstellen. Die Wiederverwendung einmal erstellter Geometrie steigert in vielen Fällen enorm die Produktivität. Das kann man schon beim zweiten Projekt mit SolidWorks feststellen. Die schon erstellten Teile, die vom ersten Projekt mit in das zweite übernommen werden können, lassen Zeit für detailgetreue Abbildung anderer Modelle. Natürlich muss man gerade bei diesen wieder verwendbaren Bauteilen sehr genau definieren, welche Informationen hinterlegt sein müssen, wie detailliert die Darstellung zu machen ist. Wenn man diese Darstellungsqualität nicht auf ein Minimum beschränkt, kann die gesteigerte Produktivität sehr schnell mit einem Verlust an Gesamtleistung einhergehen. Die Wiederholkomponenten und -Baugruppen beanspruchen mit Detailqualität (= Berechnungsleistung) die Rechnerkapazität derart, dass die Gesamtleistung leidet.

5.1 Konstruktionsbibliothek

Der Tab Konstruktionsbibliothek im Taskfensterbereich beinhaltet mehrere Positionen, SolidWorks Content, Toolbox, 3D Content Central und die Design Library, gekennzeichnet durch die Büchersymbole. Unter den Büchersymbolen befinden sich weitere Unterordner zur Ablage benutzerdefinierter Geometrie, die häufig gebraucht wird. Der Ablageort der mitgelieferten Standardbibliothek befindet sich, abhängig von mehreren Randbedingungen (SolidWorks-Version, Betriebssystem ...), im Verzeichnis, das in den Optionen (EXTRAS -> OPTIONEN -> SYSTEMOPTIONEN -> DATEIPOSITIONEN -> ORDNER ANZEIGEN FÜR -> KONSTRUKTIONSBIBLIOTHEK) definiert ist. In diesem Verzeichnis befinden sich mehrere Unterordner mit verschiedenen Dateitypen, die für unterschiedliche Bereiche genutzt werden. Beispielhaft für die SolidWorks-Version 2010:

- Beschriftungen (Annotations): verschiedenste Favoriten und Blöcke
- Features: benutzerdefinierte Bohrungen, Lochmuster, Durchbrüche, O-Ring und Sicherungsring Nuten, Blechstanzwerkzeuge ...
- Blechformwerkzeuge (Forming Tools): Durchzüge, Lüftungsschlitze ...
- Teile (Parts): Schrauben, Scheiben, Muttern ...
- Bewegungselemente (Motion): Einstellungen von Motoren, Federn, Kräften, ... ähnlich Favoriten

- Baugruppen (Assemblies)
- Rohr-, Schlauch- und elektrische Leitungen mit Zubehörteilen und Baugruppen (Routing)
- Intelligente Komponenten (Smart Components)

Die Darstellung als Tab im Taskfensterbereich (seit der SolidWorks-Version 2005, vorher ein separates Fenster namens Feature-Palette) ermöglicht einen leichten Zugriff.

Unter 3D Content Central werden die Inhalte der von SolidWorks zur Verfügung gestellten Webseite **www.3dcontentcentral.com** angezeigt. SolidWorks Content stellt Daten zum Download zur Verfügung, die nach dem Entpacken als Bibliothek verwendet werden können. Die Toolbox befindet sich seit der SolidWorks-Version 2008 auch in diesem Taskfensterbereich.

5.1.1 Bibliotheksfeatures

Die einfachste Art, wiederholt verwendete Geometrie zu erstellen, ist durch selbst definierte Bibliotheksfeatures. Die Bibliotheksfeatures werden in aller Regel per Drag and Drop dem aktuellen Einzelteil hinzugefügt. Generell ist die Definition dieser Bibliotheksfeatures aus zuvor erzeugten Features in SolidWorks-Einzelteilen möglich. In Abb. 5-1 oben sieht man die einfachste Variante: das Markieren eines Features im FeatureManager™ und Ziehen mit der <LMT> in den Taskfensterbereich, wo die Konstruktionsbibliothek angezeigt wird.

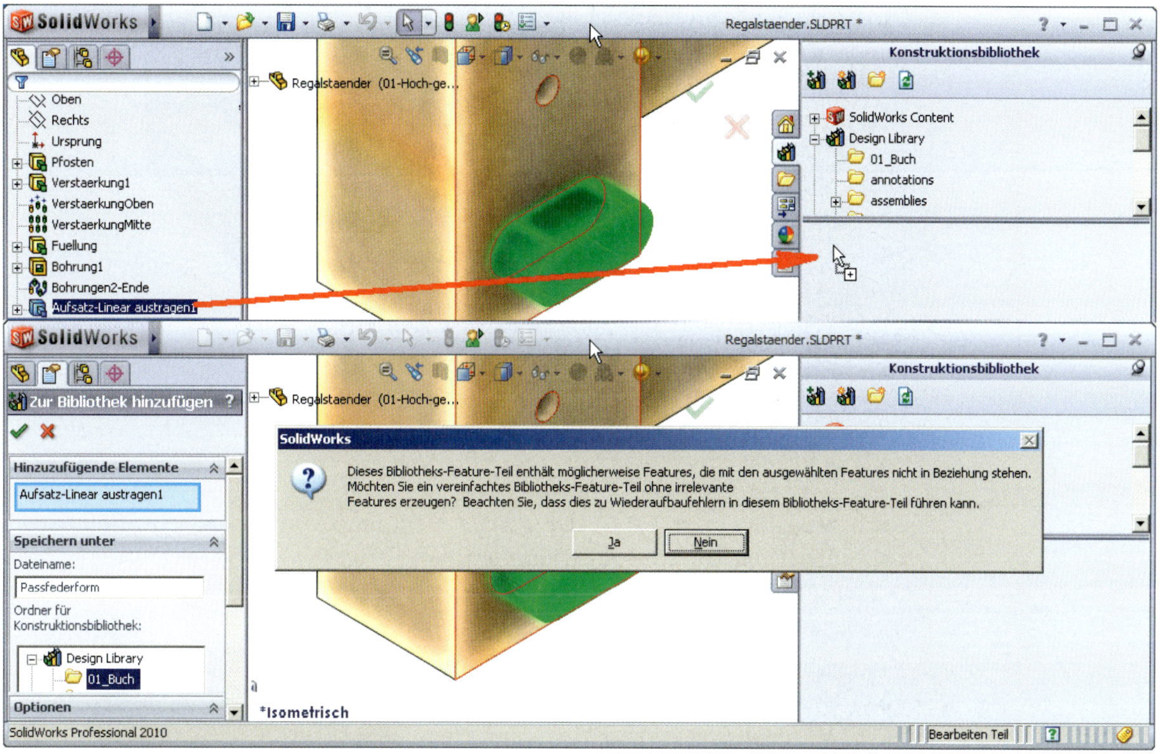

Abb. 5-1 Einfügen eines Features in die Bibliothek

Bei Bestätigen des Befehls (eigentlicher Speichervorgang) erscheint häufig der Hinweis: *Möchten Sie ein vereinfachtes Bibliotheks-Feature-Teil ohne irrelevante Features erzeugen?* Durch das Anklicken der Schaltfläche NEIN wird das Modell vollständig als Bibliotheksfeature gespeichert (*.sldlfp). Das Anklicken der Schaltfläche JA erzeugt ein Bibliotheksfeature, das nur das Feature und die Eltern des Features enthält. Generell sei hier der Hinweis gegeben: Am besten ist es, einen eindeutigen Namen für das Bibliotheksfeature zu vergeben, da eine Namensgleichheit zwischen Bibliotheksfeature und dem Teil, in welches das Bibliotheksfeature eingefügt werden soll, zu einer Fehlermeldung führt und nicht eingefügt wird.

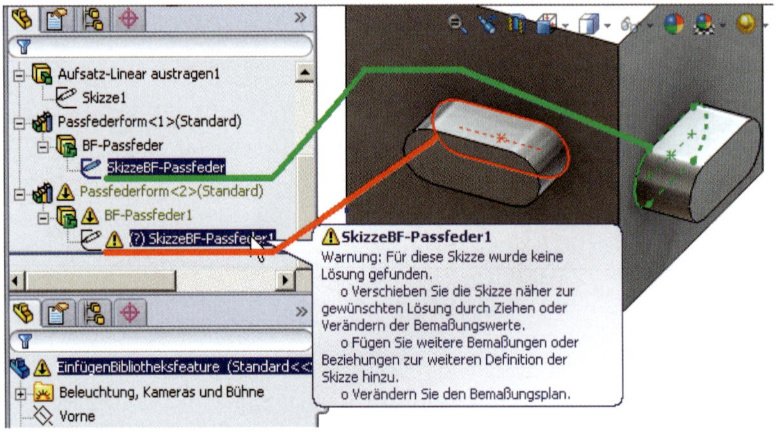

Abb. 5-2 Fehlermeldung beim Einfügen eines Bibliotheksfeatures

Auch das Einfügen in ein Modell scheint nicht immer wie erwartet zu funktionieren – die Geometrie wird nicht oder nur mit Fehlermeldung erzeugt (wie in Abb. 5-2 zu sehen).

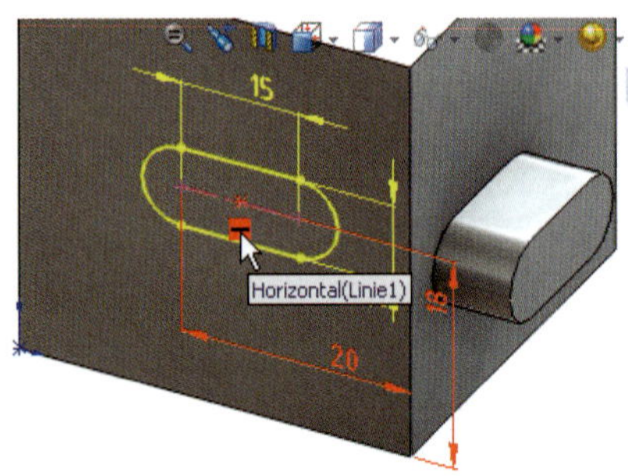

Abb. 5-3 Bearbeiten SkizzeBF-Passfeder1

Was war passiert? Wenn man die SkizzeBF-Passfeder1 bearbeitet, sieht man, dass für *diese Skizze keine Lösung gefunden werden kann.* Mit dem SketchXpert kann man eine Lösung finden, aber an dieser Stelle ist das Ganze recht einfach: Die Beziehung HORIZONTAL(LINIE1) sorgt dafür, dass die Skizze nicht gelöst werden kann. Mit dem Löschen dieser Beziehung ist die Skizze VOLL DEFINIERT und fehlerfrei. Interessanterweise dreht sich die Geometrie dabei um 90 Grad. Das Feature wird fehlerfrei aufgebaut.

Der Ursprung des Fehlers und die Auswirkung bei der Behebung des Fehlers lassen sich ganz leicht erklären: Die Mittellinie des Skizzenelement Langloch wurde in horizontaler Ausrichtung skizziert. Die Bemaßungen wurden zwischen Körperkante und Mittelpunkt bzw. Körperkante und Mittellinie angelegt.

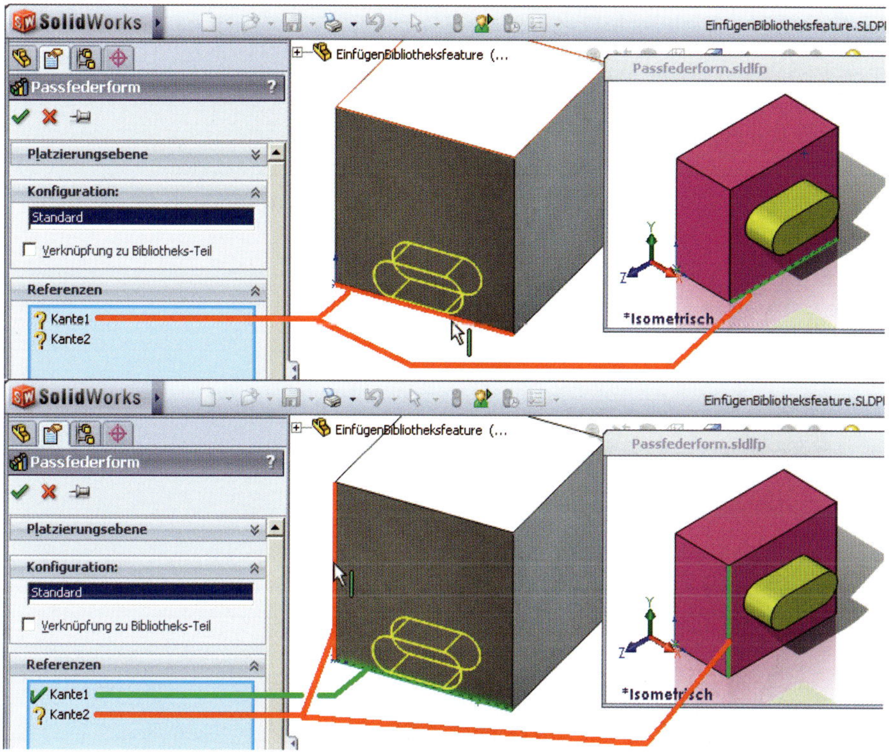

Abb. 5-4 Einfügedialog für ein Bibliotheksfeature

Beim ersten Einfügen des Bibliotheksfeatures in das Teil wurde zunächst eine horizontale Ausrichtung gewünscht. Dementsprechend wurde die Auswahl der Kanten, wie in der Voransicht gezeigt, im Teil gewählt (siehe Abb. 5-4). Beim zweiten Einfügen wurde mit Absicht die Reihenfolge geändert, damit eine vertikale Ausrichtung erreicht werden kann. Durch die horizontale Beziehung der Mittellinie (des Langlochelementes) wird die vertikale Ausrichtung durch die Kantenwahl ignoriert. Es wird aber die Fehlermeldung angezeigt.

Dieses einfache Beispiel dient zur Demonstration, dass die Beziehung HORIZONTAL(LINIE1) an dieser Stelle nachteilig ist. Wenn ein Bibliotheksfeature flexibel eingesetzt werden soll, dann muss bei der Erstellung auf dieses Detail geachtet werden. Um die Bedienung (Verwendung) der Bibliotheksfeatures möglichst einfach zu gestalten, sollten diese auch nur wenige Referenzen zur Basisgeometrie haben. Im Beispiel sind es zwei Kanten (in der Liste Referenzen Kante1 und Kante2) und die Platzierungsebene.

Im folgenden, etwas komplexeren Beispiel wurde dies berücksichtig.

Bibliotheksfeature mit mehreren Features

Die gewünschte Geometrie für das Bibliotheksfeature soll das Material für die in Abb. 5-5 dargestellte Exzenterverbindung entfernen. Die fertige Baugruppe wird aus einem Konzeptteil entwickelt. Das Konzeptteil ist die Basis für die einzelnen Teile in der Baugruppe (Teil-in-Teil-Methode). In dieses Konzeptteil wird das Bibliotheksfeature eingefügt. Die Geometrieinformation wird dadurch in die betroffenen Teile der Baugruppe übertragen.

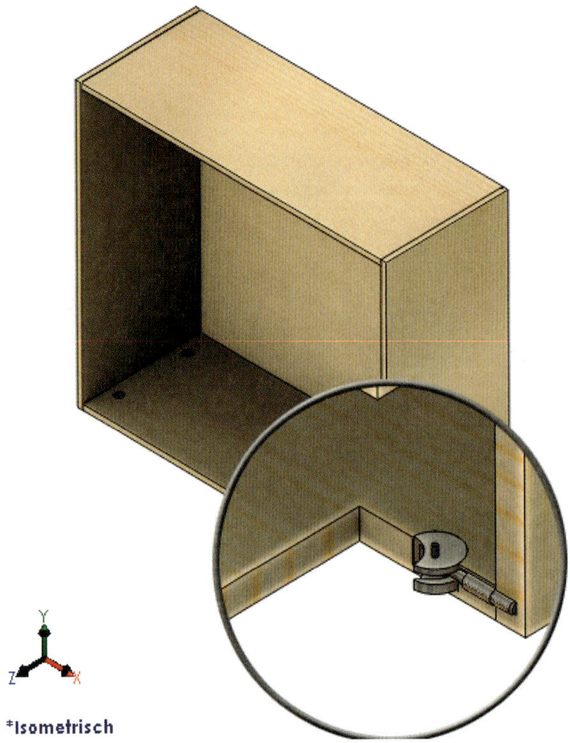

Abb. 5-5 Exzenterverbindung im Schrankkorpus in der fertigen Baugruppe

Die gewünschte Geometrie im Beispiel (Bohrungen für Exzenterverbindung) sind die Bohrungen zum Verspannen von zwei Holzteilen eines Schrankelementes. Das Bibliotheksfeature wird als normales Teil gestartet. Es wird zunächst ein Volumenkörper benötigt, auf den die Schnittfeatures angewendet werden können. Dieser sollte im Verhältnis zum späteren Bibliotheksfeature eine passende Größe haben, da die grafische Darstellung in der Konstruktionsbibliothek vom (automatisch erzeugten) Vorschaubild der SolidWorks-Datei erzeugt wird. Nach dem Erstellen der ersten Geometrie wird das Dokument gespeichert. Für den Speichervorgang muss auf den Dateityp Lib Feat Part (*.sldlfp) umgestellt werden. Dann erzeugt man Schritt für Schritt die Features, als würde man ein normales Teil erzeugen.

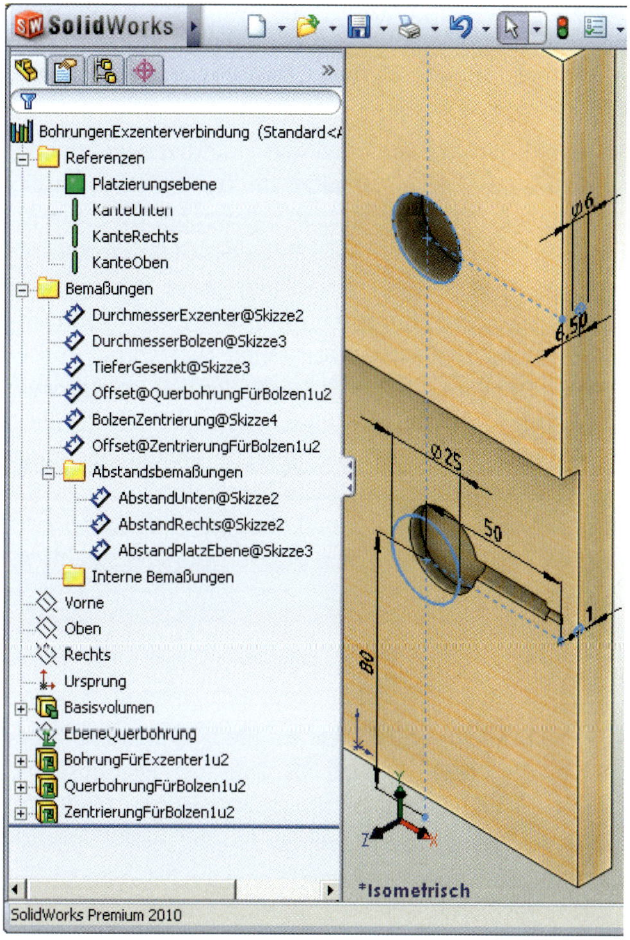

Abb. 5-6 FeatureManager™ eines Biblioteksfeatures im Detail

Das Symbol oben im FeatureManager™ (siehe Abb. 5-6) ändert sich vom allgemein bekannten T-Stück (als Sinnbild für ein Einzelteil) zu stilisierten Büchern, und man findet die Ordner REFERENZEN und BEMAßUNGEN, wobei der Ordner BEMAßUNGEN noch die Unterordner ABSTANDSBEMAßUNGEN und INTERNE BEMAßUNGEN enthält. Im Ordner REFERENZEN ist oben die PLATZIERUNGSEBENE gelistet. Das ist die Fläche (oder Ebene), auf der das Bibliotheksfeature platziert wird, da dieses Bibliotheksfeature auf einem skizzenbasierten Feature aufbaut. Die Skizze wiederum benötigt eine Fläche (oder Ebene). DIE KANTEUNTEN-, KANTERECHTS- UND KANTEOBEN-REFERENZEN entstehen durch Beziehungen und Bemaßungen in den Skizzen. Die im Ordner Bemaßungen gelisteten Skizzen- und Featurebemaßungen erscheinen an dieser Stelle erst dadurch, dass (Skizzen oder) Features zur Bibliothek hinzugefügt werden (wird im Verlauf noch mal detaillierter dargestellt). Weiter unten erkennt man ein grünes „L“ an den Features. Dieses „L“ findet man nur an den Features, die zur Bibliothek hinzugefügt wurden.

Das Basisvolumen wird, wie zuvor schon erwähnt, benötigt, um Material entfernen zu können. Dieses Basisvolumen wird aber später nicht im Teil benötigt, da das Bibliotheksfeature auf den vorhandenen Volumenkörper angewendet wird. Der erste Schritt zum ersten Bibliothekselement ist das Auswählen der Skizzierebene für das Feature. Dies wird später auch als PLATZIERUNGSEBENE bezeichnet. Die skizzierte Geometrie ist recht einfach: zwei Kreise, die durch fünf Konstruktionslinien, mehrere Beziehungen und drei Bemaßungen VOLL DEFINIERT sind. Hier wurde konsequent darauf geachtet, dass keine Beziehung horizontal oder vertikal erzeugt wurde. Damit kann die Ausrichtung des Bibliotheksfeatures leicht dadurch geändert werden, dass man eine andere als die in der Vorschau gezeigte Kantenreihenfolge verwendet (vgl. Abb. 5-4, Einfügedialog für ein Bibliotheksfeature). Die in der Abb. 5-6 eingeblendete Skizze für die großen Exzenterbohrungen zeigt auch zwei horizontal verlaufende Linien, die bis zur Körperkante gehen. Dort sind sie mit einer Beziehung DECKUNGSGLEICH an die Kante gebunden. Das sorgt für den Eintrag KANTERECHTS im Ordner REFERENZEN.

Analog werden die Referenzen KANTEOBEN und KANTEUNTEN erzeugt. Noch bevor das Feature der Bohrung hinzugefügt wird, erzeugt man die Ebene für die Bohrungen des Querbolzens. Auf dieser Ebene wird die Skizze für die Querbohrung angelegt. Darin befindet sich, neben zwei Kreisen, auch die Tiefe des Features BOHRUNGFÜREXZENTER1U2 in Form einer bemaßten Konstruktionslinie (TieferGesenkt@Skizze3). Zwei weitere Konstruktionslinien werden mit der Beziehung ANSTECKEN an die Endpunkte der Konstruktionslinien angefügt (aus der Skizze2 mit Beziehung DECKUNGSGLEICH zur Körperkante, REFERENZ: KANTERECHTS).

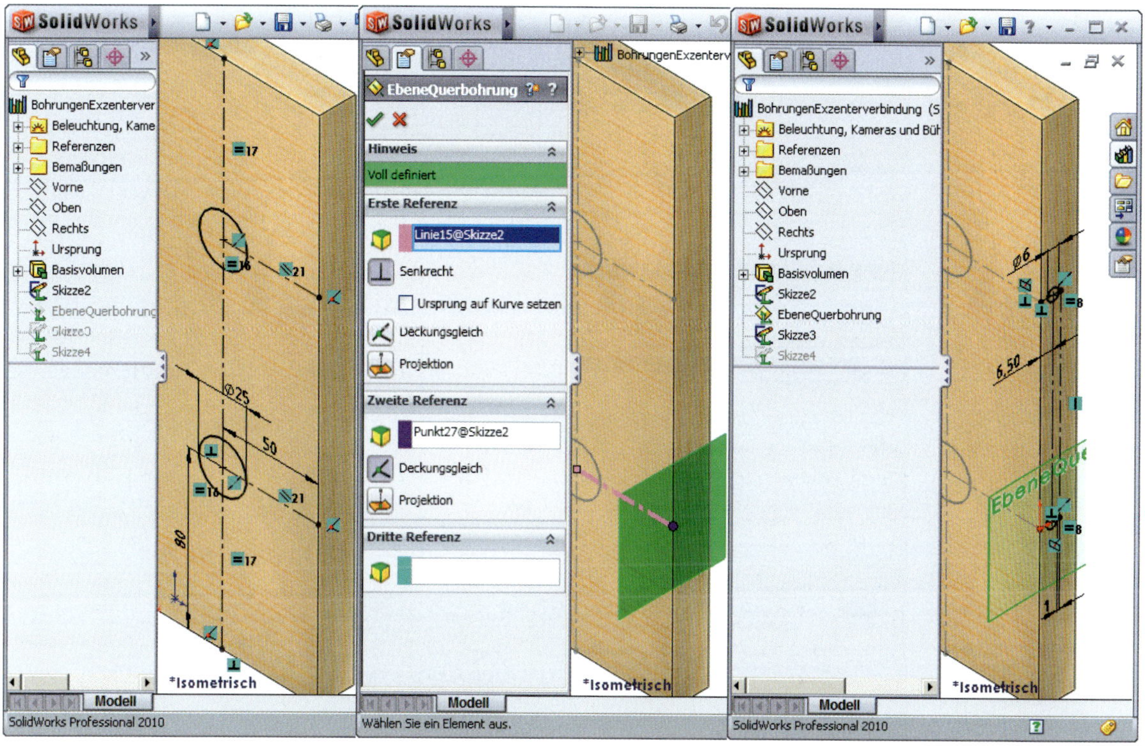

Abb. 5.7 Beziehungen in den Skizzen und Definition der Ebene

Diese Maßnahmen, Beziehungen in der Skizze nur zwischen Skizzenelementen oder zur Positionsdefinition, Definition der Ebene über Skizzenelemente, die später zum Bibliotheksfeature gehören, und Skizzierebenen, die unabhängig vom Basisvolumen (bzw. -feature) sind, sorgen dafür, dass das Bibliotheksfeature auch in anderer Einbaulage, durch Ändern der Reihenfolge der Referenzelemente, verwendet werden kann.

Generell empfehlenswert: Verwenden des Befehls BEZIEHUNGEN ANZEIGEN/LÖSCHEN...

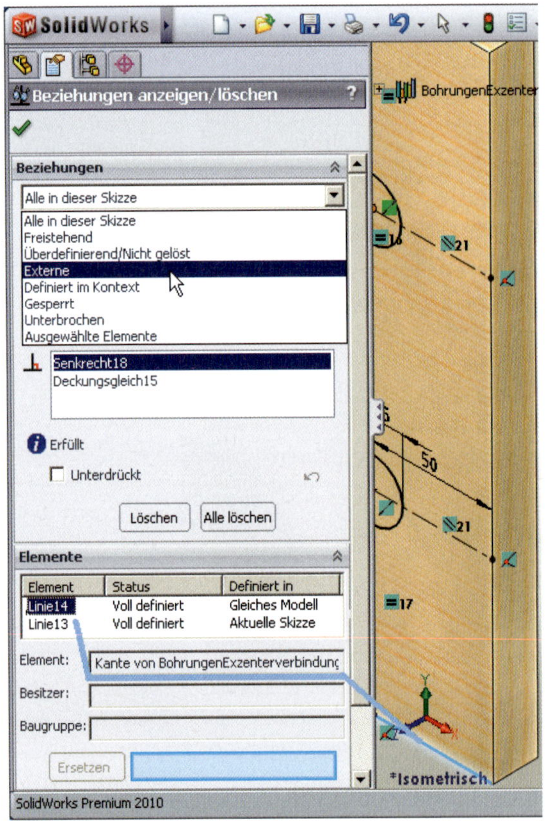

Abb. 5-8 Beziehungen anzeigen/löschen

Wie in Abb. 5-8 zu sehen, kann man verschiedenste Filteroptionen einstellen. Für den aktuellen Anwendungsfall wird die Auswahl auf EXTERNE, Beziehungen von skizzeninternen Elementen zu externen Elementen, eingeschränkt. Die ausgewählte Beziehung SENKRECHT18 wird durch zwei Elemente definiert: LINIE14 (leicht irreführend, da es sich um eine Kante handelt) und LINIE13, eine Konstruktionslinie. Wenn man dieses Element in der Liste der Elemente anwählt, wird der externe Ursprung angezeigt. Durch Wahl eines anderen Elementes (durch Anklicken einer passenden Körpergeometrie oder einer Skizzenlinie) wird dieses im Feld neben der Schaltfläche ERSETZEN angezeigt. Man könnte die Referenz dieser Skizzenbeziehung ändern.

Ebenso wichtig: Man sollte die Definition der Feature auch unabhängig von Geometrien erzeugen, die später nicht zum Bibliotheksfeature gehören.

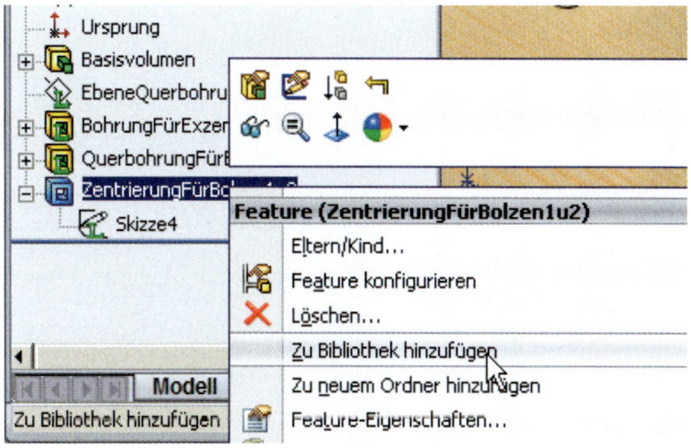

Abb. 5-9 Zu Bibliothek hinzufügen

Im Beispiel wird der Schnitt BOHRUNGFÜREXZENTER1U2 von der Skizzierebene gestartet und geht bis zum Eckpunkt in Skizze3 (an die mit TieferGesenkt@Skizze3 bemaßte Konstruktionslinie). Die Schnitte QUERBOHRUNGFÜRBOLZEN1U2 sowie ZENTRIERUNGFÜRBOLZEN1U2 starten mit einem OFFSET von der Skizzierebene und werden ebenfalls BIS ECKPUNKT ausgetragen, hier der Mittelpunkt des Kreises aus Skizze3 – für die Exzenterbohrung.

> Die Möglichkeit, nur von der Skizzierebene aus ein Feature auszuführen, wurde mit der SolidWorks-Version 2005 um einige Optionen erweitert. Es stehen die Möglichkeiten von SKIZZIEREBENE, OBERFLÄCHE/FLÄCHE/EBENE, ECKPUNKT und OFFSET (mit Umkehrung der Richtung) zur Verfügung. Seit der SolidWorks-Version 2010 ist der Zugriff auf den Parameter Offset möglich.

Dass in diesem Bibliotheksfeature hier überhaupt mit einem Offset gearbeitet wird, ist dem Teile- und Baugruppenaufbau geschuldet (siehe Abb. 5-10). Der Offset sorgt dafür, dass die Außenseiten des Schrankkorpus durchgehende Oberflächen (ohne Bohrungen) aufweisen.

Wie schon zuvor erwähnt, muss SolidWorks unterscheiden können, welches Feature vom Bibliothekselement beim Verwenden im späteren Teil übertragen werden. Dazu wird der Befehl ZU BIBLIOTHEK HINZUFÜGEN aus dem Kontextmenü verwendet. Am Feature erscheint das schon beschriebene grüne „L“.

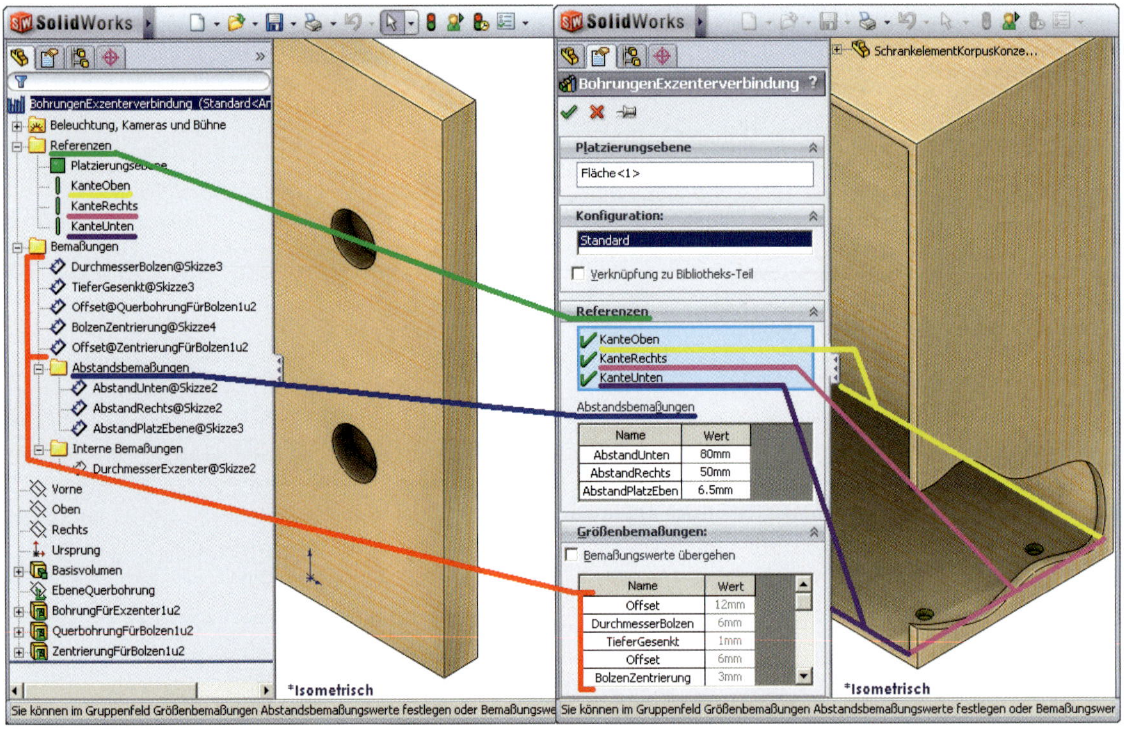

Abb. 5-10 Bemaßungen und Referenzen im FeatureManager™: Bibliotheksfeature – links, einfügen in Teil – rechts

Wenn das Feature *zur Bibliothek* hinzugefügt wurde und Flächen, Kanten oder Punkte mit Bezug außerhalb der Bibliothekselemente benötigt werden, findet man diese im Ordner REFERENZEN (Fläche, Kante oder Punkt). Als Beispiel für eine solche Kante: eine Bemaßung eines Skizzenelementes zur Körperkante des Basisvolumens (siehe Abb. 5-10, linke Hälfte). Die Bemaßung selbst erscheint als Parameter im Ordner BEMAßUNGEN. Die Bemaßungen können zusätzlich in die Unterordner ABSTANDSBEMAßUNGEN und INTERNE BEMAßUNGEN per Drag and Drop verschoben werden. Eine solche Bemaßung zur Körperkante würde natürlich in den Ordner ABSTANDSBEMAßUNGEN verschoben werden, wie z.B. das Maß AbstandUnten@Skizze2. Der Ordner INTERNE BEMAßUNGEN beherbergt Parameter, die im PropertyManager beim Einfügen des Bibliotheksfeatures in ein vorhandenes Teil nicht angezeigt werden (siehe Abb. 5-10, rechte Hälfte). Dies könnte man für Parameter benutzen, die zum Beispiel in der Fertigung als Standard hinterlegt sind: ein Fräserradius, Schnittstempel, usw.

Die Abstandsbemaßungen sind im PropertyManager des Zielteils separat aufgeführt und haben keinen Einfluss auf die Geometrie des Bibliotheksfeatures. Wenn keine Abstandsbemaßung und keine weitere Referenz zur (Positionierung der Skizze) Geometrie definiert wurden, zeigt der FeatureManager™ während des Einfügens die Schaltfläche SKIZZE BEARBEITEN (vgl. Abb. 5-11).

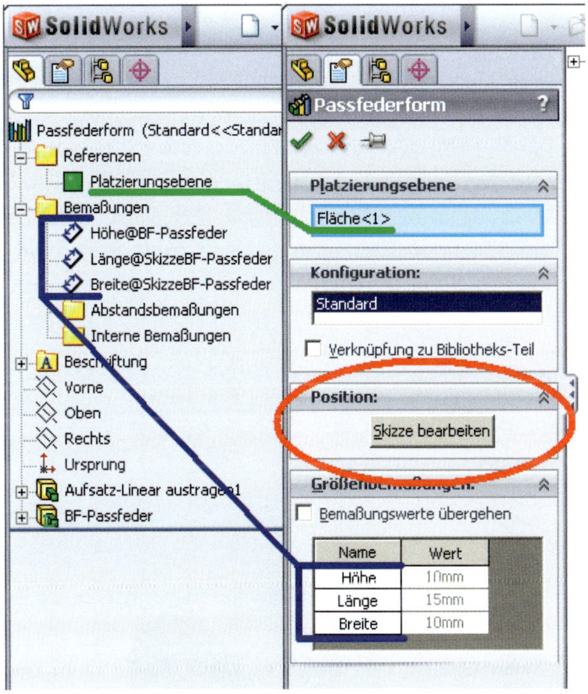

Abb. 5-11 Bibliotheksfeature: nur Platzierungsebene als Referenz (links); einfügen mit SKIZZE BEARBEITEN (rechts)

Die Positionierung der Skizze ist im Dialog ähnlich dem Bearbeiten einer Blechlaschenskizze. Hier ist der Befehl SKIZZE MODIFIZIEREN... (EXTRAS -> SKIZZIEREN -> MODIFIZIEREN...) verfügbar, mit dem die Ausrichtung der Skizze gedreht und/oder gespiegelt werden kann. Die Bemaßungen mit Einfluss auf die Geometrie werden im Bereich GRÖßENBEMAßUNGEN angezeigt. Die Option BEMAßUNGSWERTE ÜBERGEHEN dient dazu, die voreingestellten Werte im Bibliotheksfeature verändern zu können. Dies ist bei Bibliotheksfeatures mit Konfigurationen auch möglich. In allen Fällen wird eine benutzerdefinierte Konfiguration angelegt. Wenn eine benutzerdefinierte Konfiguration benötigt/erstellt wird, erfolgt die Anzeige im Bereich KONFIGURATION. In diesem Bereich ist auch die Option VERKNÜPFUNG ZU BIBLIOTHEKSTEIL zu finden. Ist diese Option gesetzt, wird das Bibliotheksfeature im FeatureManager™ als externe Referenz behandelt. Natürlich ist diese Option nicht möglich, wenn der Haken BEMAßUNGSWERTE ÜBERGEHEN gesetzt ist, da es sich in diesem Moment um eine benutzerdefinierte Konfiguration handelt. Zur besseren Nachverfolgung sind auch diese SolidWorks-Daten zur Verfügung gestellt.

Bibliotheksfeatures mit rotierenden Schnitten

Im Unterschied zu den linear ausgetragenen Schnitten oder Aufsätzen, auf die ein Bibliotheksfeature angewendet wird, bieten die rotierenden Teile nicht überall die Voraussetzung für ein skizzenbasiertes Feature: Es fehlt an der passenden Stelle die Planfläche. Seit der SolidWorks-Version 2005 ist ein Einfügen des Bibliotheksfeatures auch ohne Ziehen per Drag and Drop auf den Grafikkörper möglich, man zieht mit dieser Drag and Drop-Methode in den Grafikbereich. Der Auswahldialog im PropertyManager lässt auch eine Ebene als Platzierungsebene zu. In vielen Fällen ist aber eine planare Stirnfläche – wie im folgenden Beispiel – zur Platzierung vorhanden.

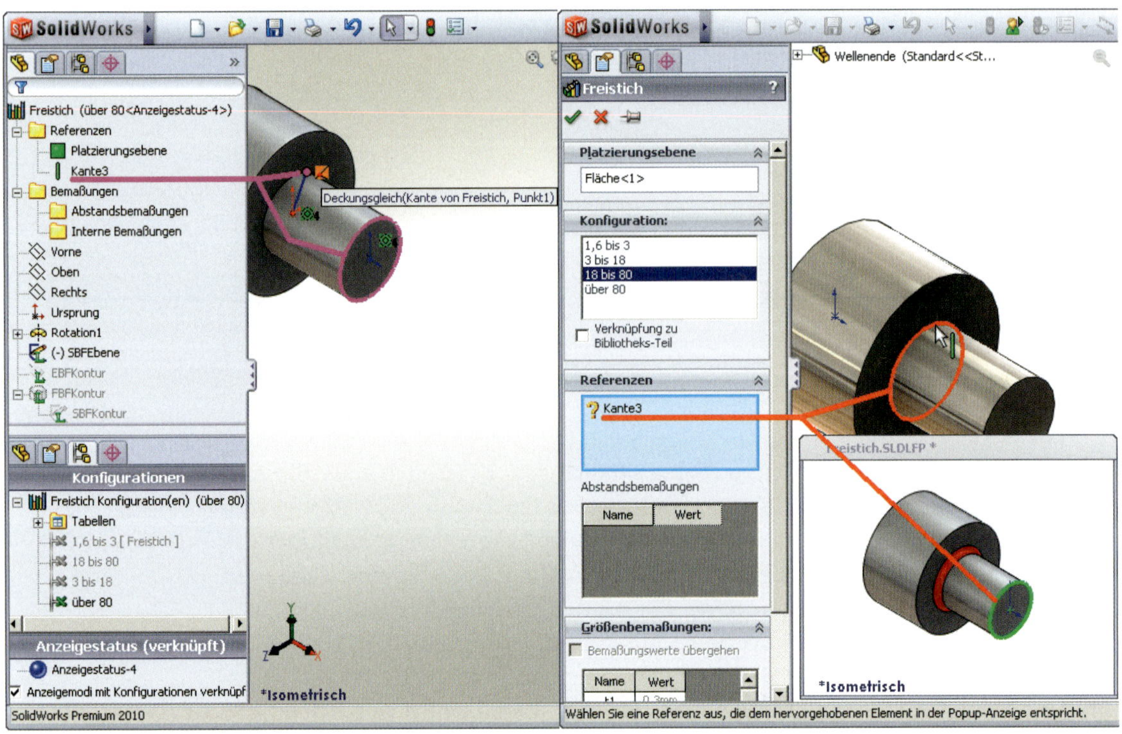

Abb. 5-12 Wellenfreistich als Bibliotheksfeature

Der Freistich wurde als Feature mit mehreren Konfigurationen erstellt. Die Konfigurationen werden von einer Excel-basierten Konstruktionstabelle gesteuert (siehe Abb. 5-12 linke Seite unten). Als Platzierungsebene wurde die Anlauffläche gewählt. Nach der Auswahl der Platzierungsebene muss die Konfiguration gewählt werden. Zur Referenz für den Durchmesser wird in der Grafikvorschau die vordere Kante des kleineren Zylinders angezeigt. Die hintere Kante des Zylinders hätte man zum Erstellen des Bibliotheksfeatures zwar auch wählen können, diese Kante wird aber dann im Grafikvorschaufenster nicht angezeigt (vgl. Abb. 5-12 rechte Seite unten – die hintere Kante wird durch den nachfolgenden rotierenden Schnitt entfernt, die vordere Kante bleibt sichtbar – wie dargestellt). Für das Einfügen des Bibliotheksfeatures in das Teil hat dies keinen Einfluss.

Vorstellbar wäre auch eine Welle mit einem konischen Ansatz, die ebenfalls einen Freistich erhalten soll. Dann lässt sich auch die Kante in der (Freistich-)Ecke wählen (vgl. Abb. 5-12 rechte Seite Mitte), und die Geometrie wird wie gewünscht eingefügt. Die Geometrie selbst wird durch die Definition im Bibliotheksfeature festgelegt. Ein zylindrisches Wellenende ist vorgesehen, die Einstichtiefe für ein konisches Wellenende kann angepasst werden. Dies könnte man durch nachträgliches Bearbeiten der Skizze SBFKontur erreichen. Unter Umständen macht das Auflösen des Bibliotheksfeatures Sinn.

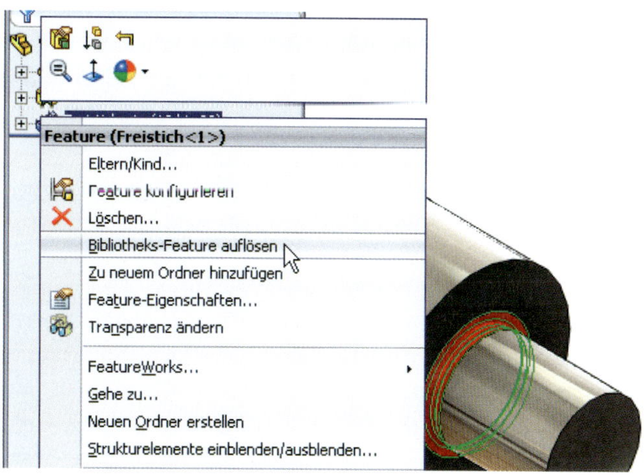

Abb. 5-13 Bibliotheksfeature auflösen

Dann werden die einzelnen Features des Bibliotheksfeatures wie ganz normale Teilefeatures behandelt/verwendet. Noch zu bemerken wäre, dass die Benennung der Bibliotheksfeatures automatisch, in der Regel durch Anhängen einer numerischen Kombination, erfolgt. Damit ist die Eindeutigkeit gewährleistet.

5.1.2 Blechfeatures

Zwei Arten von Blechfeatures werden von SolidWorks mitgeliefert: die Durchbrüche/Ausschnitte und die Formfeatures. Da diese Bibliothekselemente keine großen Besonderheiten im Vergleich zu den zuvor schon behandelten Bibliotheksfeatures aufweisen, werden diese hier nicht detailliert behandelt.

Durchbrüche

In der Funktion unterscheiden sich Durchbrüche nicht zu normalen Features. Sie beinhalten in aller Regel ein Feature mit einer Schnittstempelform und müssen beim Einfügen in das Zielteil positioniert werden (vgl. Abb. 5-11). Im Unterordner der Konstruktionsbibliothek \features\Sheetmetal werden seit der SolidWorks-Version 2005 mehrere Formen bei der Installation mitgeliefert. Diese lassen sich leicht für eigene Zwecke abändern. Auch das Hinterlegen einer Konstruktionstabelle ist möglich.

Formfeatures

Eine kleine Besonderheit stellen die Formfeatures im Zusammenhang mit der Blechmodellierung dar.

Die Geometrie ist im Blechteil, auch in der Abwicklung, ohne Fehleranzeige modelliert, wird aber nicht abgewickelt. Das Formwerkzeug müsste separat unterdrückt werden, damit der Blechzuschnitt (z.B. beim Exportieren als *.dxf) keine unerwünschte Kontur aufweist.

> Seit der SolidWorks-Version 2010 kann man die Bibliotheksfeatures im SPEICHERN UNTER...-Dateityp *.dxf oder *.dwg-Dialog aus den exportierten Informationen per Haken im PropertyManager entfernen.

Die Formwerkzeug-Dateien können in zwei verschiedenen Formaten abgelegt werden: als *.sldlfp (SolidWorks Library Feature Part) oder als *.sldprt (SolidWorks Part). Um auch die Dateien mit der Endung eines SolidWorks-Einzelteils als Formwerkzeug verwenden zu können, muss der Ordner (mit <RMT> auf den Ordner in der Konstruktionsbibliothek) als Formwerkzeugordner gekennzeichnet werden (siehe Abb. 5-14). Falls dies nicht erfolgt (ist), wird beim Einfügen per Drag and Drop die Meldung *Versuchen Sie, ein abgeleitetes Teil zu erstellen?* angezeigt.

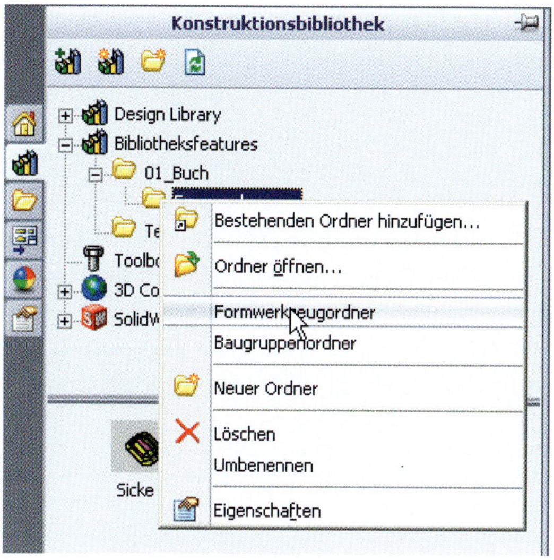

Abb. 5-14 Ordner kennzeichnen

5.1.3 Komponentenbibliothek

In der Konstruktionsbibliothek lassen sich auch Komponenten (Einzelteile und Baugruppen) zur Wiederverwendung ablegen. Je nach verwendetem PDM-System lassen sich hier auch Daten redundant ablegen. Wenn diese Teile und Baugruppen in neu erzeugte Baugruppen eingefügt, anschließend in das PDM-System eingecheckt werden, sind viele PDM-Systeme dazu in der Lage, die Referenzen zu den im PDM-System abgelegten Daten herzustellen. Die Ordner in der Konstruktionsbibliothek können, wie die Formwerkzeugordner (vgl. Abb. 5-14), als Baugruppenordner definiert werden. In diesem Fall werden nur noch die Baugruppendateien im Taskfensterbereich angezeigt.

5.1.4 Zusammenfassung

Die Konstruktionsbibliothek gibt die Möglichkeit, auch komplexere Geometrien, die wiederholt benötigt werden, als Bibliothekselement abzulegen. Um die Bibliothekselemente flexibel einsetzen zu können, sollten die beschriebenen Randbedingungen eingehalten werden: möglichst wenige Referenzen zur Teilegeometrie sowie auf globale Beziehungen (horizontal, vertikal) verzichten. Die Möglichkeit, Konstruktionstabellen zu hinterlegen, erweitert die Anwendung und reduziert die Anzahl der zu erzeugenden Dateien. Maße, die firmenintern oder modellspezifisch nicht verändert werden dürfen, können vor dem Zugriff von außen leicht – wenn auch nur oberflächlich – verborgen werden.

Die so erzeugten Konstruktionselemente können seit der SolidWorks-Version 2005 aus dem Taskfensterbereich (auch aus dem Windows™ Explorer) per Drag and Drop in den Grafikbereich eines Einzelteils gezogen werden. Bis zur SolidWorks-Version 2004 war die Platzierung eines Bibliotheksfeatures auf einem Teil ohne Planfläche nicht möglich, da die Platzierung – wie bei einem skizzenbasierten Feature üblich – nur auf einer Planfläche möglich war. Auch musste das Einfügen im Grafikbereich erfolgen, eine Ebene im Grafikbereich oder FeatureManager™ konnte nicht (vor-)gewählt werden. Für die Erstellung eines solchen Bibliotheksfeatures wird – wie beschrieben – auf der planaren (Stirn-)Fläche eines rotierenden Teils eine Hilfsskizze angelegt, die eine Linie enthält. Diese Linie dient (zusammen mit der Platzierungsfläche) der Konstruktion einer Hilfsebene, auf der die Skizze mit dem zu rotierenden Querschnitt platziert werden kann.

Ab der SolidWorks-Version 2005 kann man das Bibliotheksfeature direkt in das Grafikfenster ziehen, ohne es auf einer Fläche platzieren zu müssen. Im PropertyManager ist als Erstes das Auswahlfeld PLATZIERUNGSEBENE aktiv. Jetzt kann man auch eine Ebene im FeatureManager™ auswählen. Leider ist aber auch eine Komplikation hinzugekommen, über die schon berichtet wurde: Die horizontalen und vertikalen Skizzenbeziehungen schränken die Funktionalität ein. Der frühere Einfügedialog (bis SolidWorks-Version 2004) bot direkt die Möglichkeit, die Skizze zu positionieren (z.B. mit dem Befehl SKIZZE MODIFIZIEREN...) und/oder die Bemaßungen neu anzufügen oder neu zu erstellen. Die Skizzenbeziehungen horizontal und vertikal können ohne Einschränkung im Bibliotheksfeature verwendet werden (bis einschließlich SolidWorks-Version 2004). Das ist zwar ab SolidWorks-Version 2005 auch noch möglich, aber nicht mehr innerhalb des Einfügedialogs, sondern nur in der Nachbearbeitung. Einzig Bibliotheksfeatures ohne weitere Referenz (außer der Platzierungsebene) bieten beim Einfügen die Schaltfläche SKIZZE BEARBEITEN im PropertyManager an. Damit lässt sich die Geometrie ausrichten und positionieren.

Über die Bibliotheksfeatures hinaus lassen sich Teile, Baugruppen, Blöcke, Beschriftungen, Favoriten für Bemaßungen, Form- und Lagetoleranzen, Schweißnahtsymbole, Oberflächenzeichen und vieles mehr ablegen. Im folgenden Abschnitt werden z.B. intelligente Komponenten näher untersucht, die ebenfalls in die Konstruktionsbibliothek einsortiert werden. Die Struktur der Bibliotheken und allgemeine Ideen für die Ablage von gemeinsam genutzten Daten finden gegen Ende des Kapitels Platz.

5.2 Intelligenz in Komponenten und Baugruppen

Neben Norm- und Kaufteilen fester Größe gibt es auch Halbzeuge und Konstruktionsprofile mit Verbindungstechnik. Diese mit vertretbarem Aufwand in 3D-Modellen abzubilden, ist gut mit entsprechenden Bibliotheken darstellbar. Auch vorkonfigurierte Baugruppen könnte man in Bibliotheken ablegen, die durch eine Excel-Tabelle oder eine programmierte Oberfläche in der gewünschten Ausprägung gestaltet werden können. Dass die Komponenten und Baugruppen möglichst stabil und performant aufgebaut sein sollten, versteht sich von selbst. Diese Komponenten werden in allen weiteren Baugruppen eingesetzt! Nach dem Erstellen sollten diese Komponenten ausgiebigen Tests unterzogen werden.

5.2.1 Intelligenz in Vorlagenteilen

Linearführungen zur Positionierung von Komponenten werden auch in CAD-Modellen häufig verwendet. Die CAD-Daten lassen sich in aller Regel auf den Webseiten der Hersteller konfigurieren und in verschiedensten Formaten (teilweise auch native SolidWorks-Daten) herunterladen und in Baugruppen verbauen.

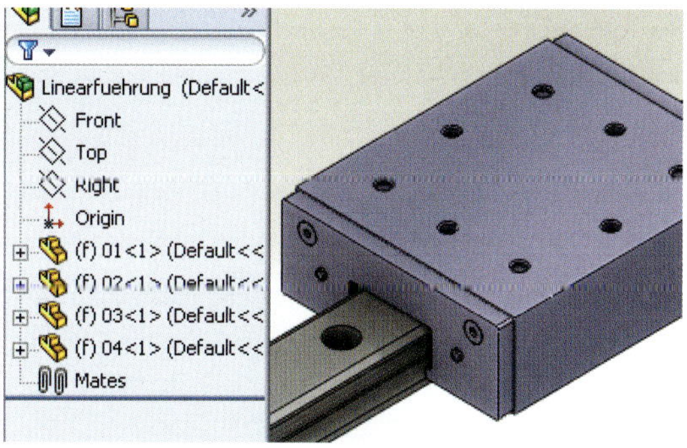

Abb. 5-15 Linearführung von der Herstellerwebseite als SolidWorks-Modell

Die CAD-Modelle der Laufwagen solcher Linearführungen können immer wieder verwendet werden. Die Schienen müssen in den meisten Fällen in der Länge angepasst werden. Diese lassen sich beim Hersteller in entsprechenden Grenzen und Randbedingungen konfigurieren und bestellen. Natürlich kann man auch hier die CAD-Modelle vom Hersteller beziehen und einfügen. Eine andere Variante ist im Folgenden durch ein Vorlagenteil gelöst. Im Vorlagenteil sind die Randbedingungen durch die Gestaltung der Skizzen und durch das Verwenden von Gleichungen abgebildet. Die Bedienung ist dadurch denkbar einfach: Man beginnt mit einem neuen Teil (DATEI -> NEU...) und wählt die richtige Profilvorlagendatei:

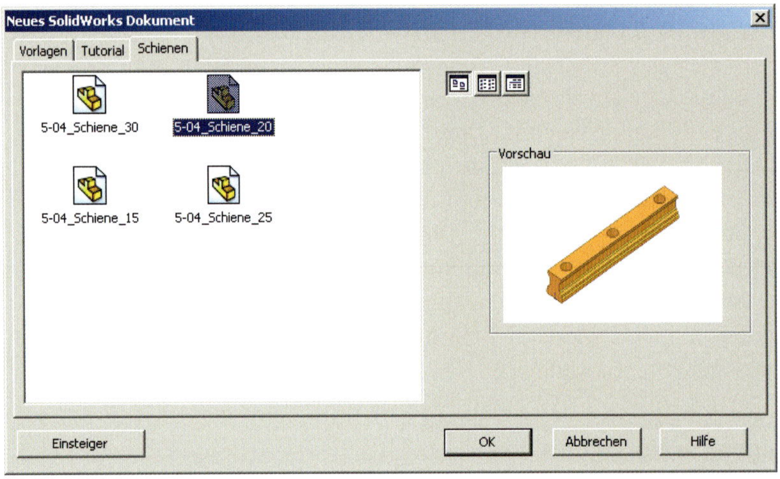

Abb. 5-16 Verschiedene Schienen als Vorlage

Diese Vorlagendatei erstellt man aus einem normalen Einzelteil und speichert dieses mit der Dateiendung *.prtdot ab. Die Randbedingungen für die Beispielschiene sind in diesem Fall:

- Randabstand der Stirnsenkung minimal 10 mm
- Abstand zwischen den Stirnsenkungen 60 mm
- Bohrungen immer mittig im Teil angeordnet

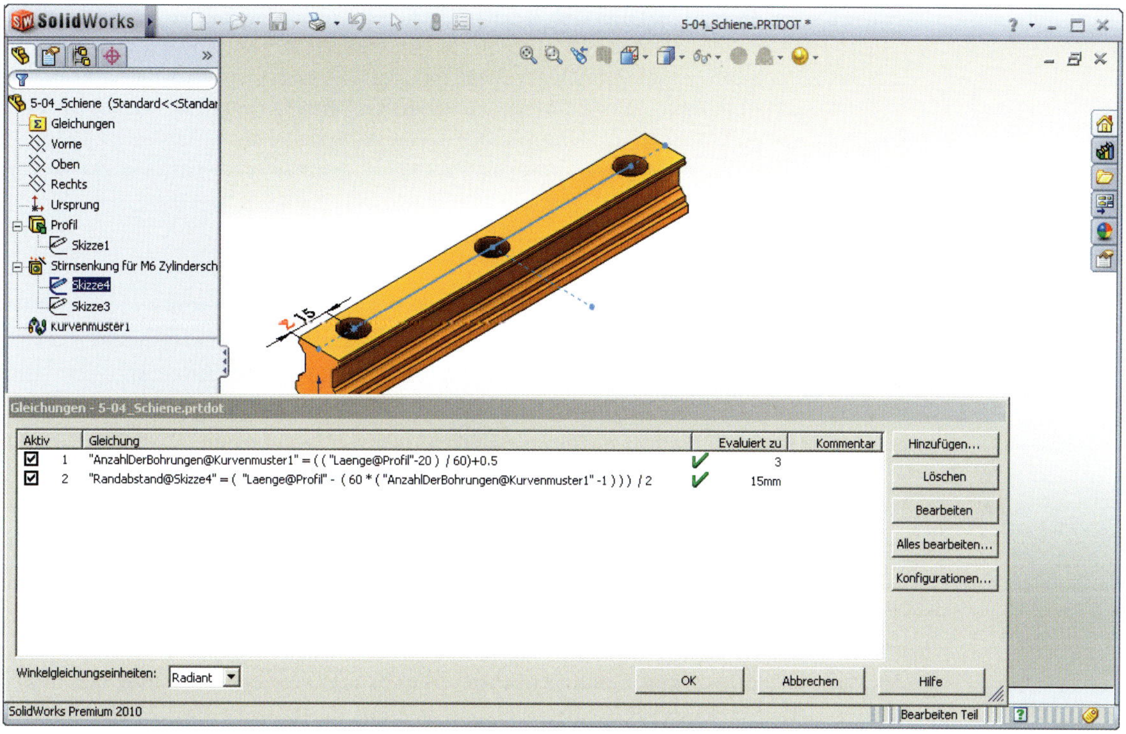

Abb. 5-17 Die Schienenvorlage im Detail. Oben: FeatureManager und Modell, unten: Gleichungseditor

Die Skizze1 (siehe Abb. 5-17) des Features PROFIL wurde aus einer Herstellerdatei generiert. Dazu eine Skizze auf der Stirnfläche in der Herstellerdatei starten, die Fläche auswählen und mit ELEMENTE ÜBERNEHMEN die Kontur der Stirnfläche in die aktuelle Skizze übertragen. Am einfachsten ist es, wenn man gleich die Beziehungen zur Teilegeometrie löscht und alle Skizzenelemente fixiert. Diese Skizze kann man z.B. über die Zwischenablage (<Strg+c>, <Strg+v>) in das neue Teil – z.B. auf die Ebene vorne – einfügen. Der Befehl AUFSATZ/BASIS -> LINEAR AUSGETRAGEN... führt zum ersten Feature. Im Beispiel ist das Feature umbenannt zu *Profil*. Das nächste Feature ist die Bohrungsassistent Bohrung für die Stirnsenkung einer Zylinderschraube M6 mit Innensechskant. Bei Versionen vor SolidWorks 2010 ist es empfehlenswert, vor dem Start des Bohrungsassistenten die Platzierungsfläche vorzuwählen. Dies führt zu einer 2D-Skizze.

Ohne Vorwahl einer Planfläche startet der Bohrungsassistent eine 3D-Skizze. In SolidWorks 2010 wurde dieses Verhalten so geändert, dass man auch den Bohrungsassistenten vorher starten kann und mit Platzierung der ersten Bohrung (setzen des ersten Punktes) auf eine Planfläche diese als Skizzierebene gewählt hat. Die Wahl einer nicht planen Fläche führt zu einer 3D-Skizze. Wer eine Planfläche anwählen will, trotzdem aber mit einer 3D-Skizze arbeiten möchte, kann die Schaltfläche „3D-Skizze" im Menü POSITIONEN anklicken und startet dann in einer 3D-Skizze.

Nach dem Auswählen der Bohrungsgeometrie wird, nach dem Wechsel in das Menü POSTITIONEN, auf der oberen Fläche ein Punkt gesetzt (ist meist schon gesetzt durch die Vorauswahl). Es werden drei verbundene kolineare Linien skizziert. Die mittlere bleibt normale Geometrie, die außen liegenden werden in Konstruktionsgeometrie umgewandelt und mit der Beziehung GLEICH versehen. Dadurch werden die Bohrungen immer symmetrisch angeordnet sein. Der Anfangspunkt der ersten Linie kann mit der Beziehung deckungsgleich zum Ursprung gesetzt werden, der Endpunkt der letzten Linie deckungsgleich mit der hinteren Kante. An eine der Konstruktionslinien wird eine Bemaßung (umbenannt zu Randabstand) angefügt. Der Punkt wird deckungsgleich auf einen gemeinsamen Endpunkt einer Konstruktionslinie und der Linie gesetzt. Das letzte Feature ist das kurvengesteuerte Muster. Als Musterrichtung kann man entweder die Positionsskizze (Skizze4) des Bohrungsassistenten verwenden oder *nur* die Linie aus der Skizze4. Die Anzahl ist zunächst noch ohne Bedeutung, sie wird später durch eine Gleichung definiert. Als Abstand wird GLEICHER ABSTAND gewählt, die Musterinstanzen sollen sich gleichmäßig auf der Linie verteilen. Im Beispiel sind Namen für die Bemaßungen vergeben, das erleichtert die Orientierung im Gleichungseditor. Der Doppelklick auf das Feature PROFIL zeigt die Maße an, die Featurebemaßung (blau) ist zu Laenge@Profil umbenannt. Der Doppelklick auf das Kurvenmuster1 lässt die Benennung Lochabstand@Kurvenmuster1 und AnzahlDerBohrungen@Kurvenmuster1 zu. Im Bild sind die beiden Gleichungen schon zu erkennen:

1. "AnzahlDerBohrungen@Kurvenmuster1"=
   int((("Laenge@Profil"-20)/60)+0.5)
2. "Randabstand@Skizze4"=
   ("Laenge@Profil"-(60*("AnzahlDerBohrungen@Kurvenmuster1"-1)))/2

Die **60** sind die 60 mm Abstand zwischen den Stirnsenkungen. Die 20, die von der Laenge@Profil subtrahiert werden, sind der minimale Randabstand der ersten (auch der letzten) Stirnsenkung zum Anfang (Ende) des Bauteils – eine Herstellervorgabe. Mit 420 mm als Vorgabe lässt sich die Anzahl der Bohrungen mit int (((420 – 20)/60)+0,5) = int ((400/60)+0,5) = int (6,66667+0,5) = int (7,16667) = 7, der Randabstand mit (420-(60*(7-1)))/2 = (420-(60*6))/2 = (420-360)/2 = 60/2 = 30 berechnen. Der Test mit der Datei ist leicht gemacht.

5.2.2 Verknüpfungsreferenzen

Verknüpfungsreferenzen dienen zur automatischen Verknüpfung von Komponenten aus einer Bibliothek heraus. Das Hinzufügen von Verknüpfungsreferenzen ist mit EINFÜGEN->REFERENZGEOMETRIE->VERKNÜPFUNGSREFERENZ... leicht möglich. Wenn man als primäres Referenzelement eine Kante wählt, die z.B. an die Planfläche und die Zylinderfläche eines Schraubenkopfes grenzt, werden hier – wie auch beim intelligenten Verknüpfen – zwei Verknüpfungen erzeugt: Deckungsgleich und Konzentrisch. Natürlich mit der Voraussetzung, dass es in der Baugruppe eine Komponente gibt, die eine Kante mit ähnlicher Geometrie besitzt. Wenn diese beiden Verknüpfungen als ausreichend betrachtet werden (ein Freiheitsgrad hat die Komponente noch – die Schraube kann sich in der Bohrung noch drehen), ist dies die vollständige Vorgehensweise. Eine Ergänzung ist mit Vergabe des Referenznamens möglich, dies dient aber nur der namentlichen Unterscheidung und hat keine Funktion.

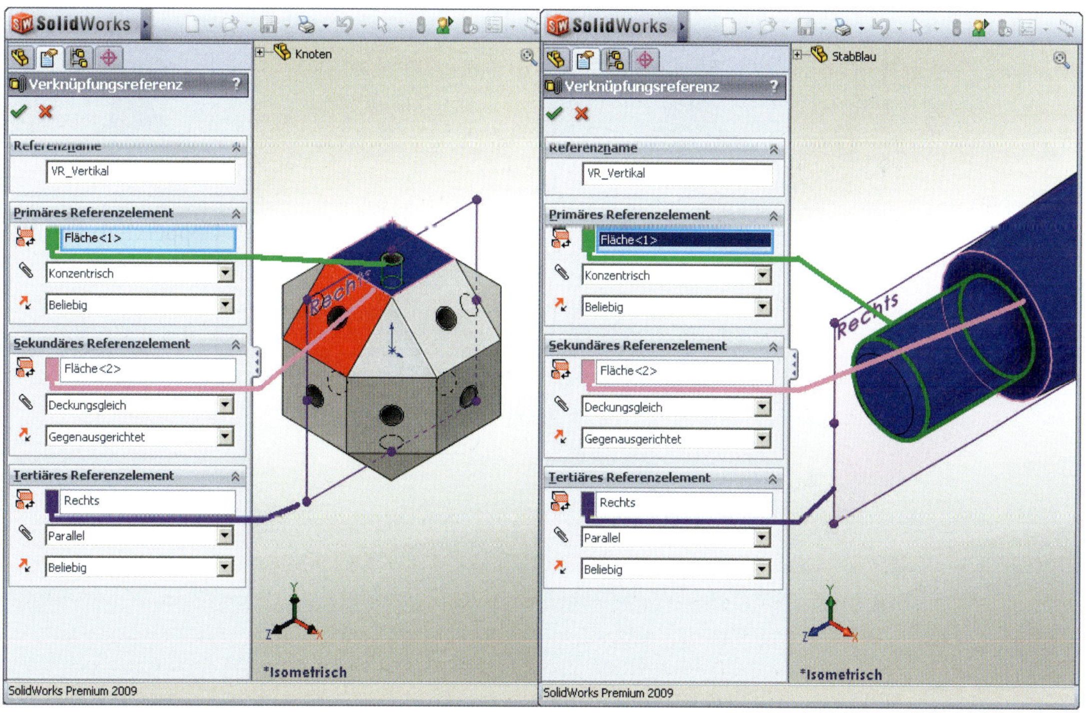

Abb. 5-18 Anfügen einer Verknüpfungsreferenz durch Auswahl der Referenzelemente

Es können auch mehrere Verknüpfungsreferenzen in einem Teil angefügt werden. Damit diese auch für verschiedene Positionen zum Anfügen der Verknüpfungen verwendet werden, müssen sich primäre, sekundäre oder tertiäre Referenzelemente unterscheiden. Die Teile mit der passenden Position haben die gleiche Reihenfolge der Referenzelemente wie die Komponente, mit der sie verknüpft werden sollen. In Abb. 5-18 ist für die Verknüpfungsreferenz VR_Vertikal als primäres Referenzelement in beiden Teilen eine zylindrische Fläche gewählt. Die Verknüpfung, die der Baugruppe hinzugefügt werden soll, ist in beiden Teilen KONZENTRISCH, die Ausrichtung ist auf BELIEBIG eingestellt. Beim sekundären Referenzelement wird ähnlich verfahren. Da es sich aber um eine Planfläche handelt, wird die Verknüpfungsart DECKUNGSGLEICH gewählt, die Ausrichtung GEGENAUSGERICHTET. Um die Komponente in der Baugruppe vollständig zu definieren, wurde als tertiäres Referenzelement die Ebene RECHTS mit beliebiger, paralleler Ausrichtung gewählt.

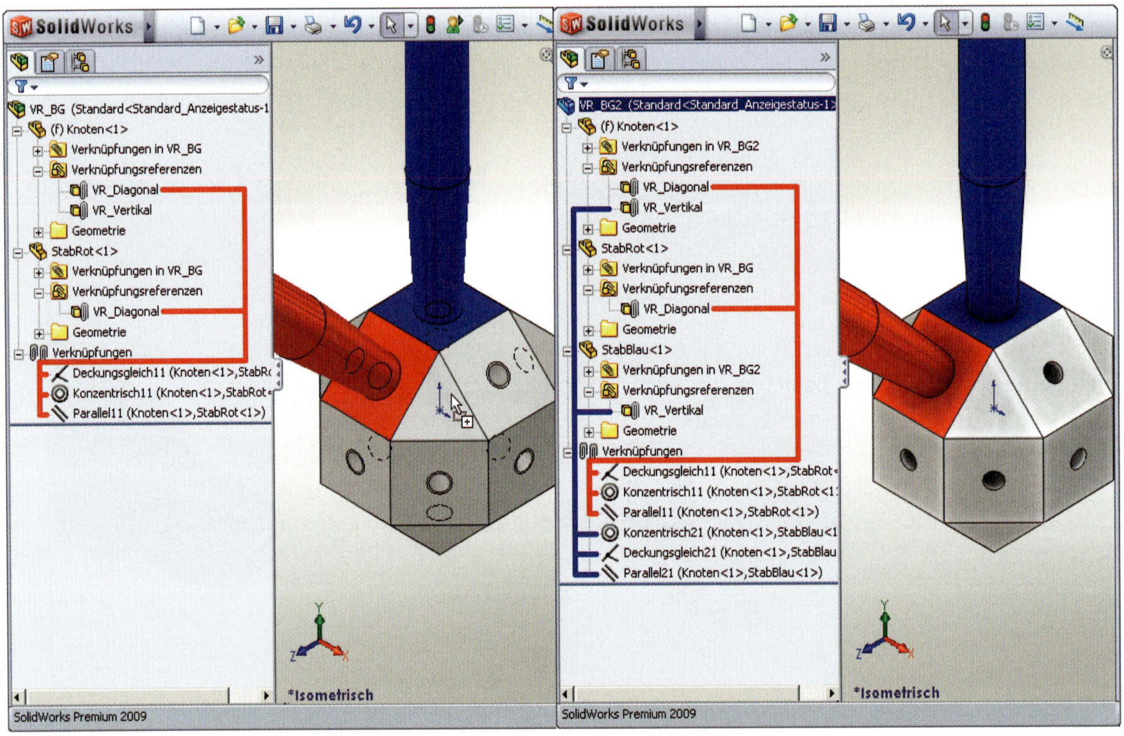

Abb. 5-19 Links: Einfügen der Komponente per Drag and Drop; rechts: hinzugefügte Verknüpfungen

Abb. 5-19 zeigt in der linken Bildhälfte das Einfügen einer Komponente per Drag and Drop. Die Komponente kann aus einem anderen SolidWorks-Grafikfenster, aus dem Taskfensterbereich, einem Windows Explorer-Fenster oder einem Internet Explorer-Fenster eingefügt werden. Wenn man im Grafikbereich in die Nähe des Volumenkörpers kommt, wird die Vorschau angezeigt. Die Ausrichtung kann – je nach Verknüpfungsreferenzen – mit der <**Tab**>-Taste geändert werden (Ausgerichtet – Gegenausgerichtet). Anhand der Verknüpfungsreihenfolge kann man erkennen, dass die Verknüpfungen, die durch die Verknüpfungsreferenz VR_Diagonal erzeugt werden, in der Reihenfolge DECKUNGSGLEICH, KONZENTRISCH und PARALLEL angelegt werden. Die Verknüpfungsreferenz VR_Vertikal zeigt eine andere Reihenfolge: erst KONZENTRISCH, dann DECKUNGSGLEICH und PARALLEL. Wie schon zuvor erwähnt: Die Namensgebung ist vollkommen unwichtig für die Funktion. Die Reihenfolge der Referenzelemente (primär, sekundär und tertiär) ist entscheidend.

Das gewählte Beispiel ist für diese Art der Verknüpfungsreferenzen nur als Demonstrationsobjekt geeignet. Sinnvoller wäre es, den roten und den blauen Stab mit nur einer Verknüpfungsreferenz – die Innenkante am Absatz, ähnlich der Verknüpfungsreferenz einer Schraube – zu versehen, wodurch alle Bohrungen im Knoten zum Verknüpfen geeignet wären (dazu muss man, wie z.B. mit den Schrauben aus der Toolbox, mit dem Modell am Mauszeiger im grafischen Bereich in der Nähe einer ähnlichen Geometrie sein, damit die Verknüpfungen hinzugefügt werden). So wie jetzt die Verknüpfungsreferenzen angelegt sind, gibt es nur eine Möglichkeit, die Komponenten zusammenzufügen. Die Dateien sind in der SolidWorks-Version 2009 erstellt und werden zur Verfügung gestellt.

5.2.3 Intelligente Komponenten mit externen Referenzen

Mit der SolidWorks-Version 2006 wurden intelligente Komponenten eingeführt. Intelligente Komponenten basieren auf dem Konzept, dass ein Wiederhol- oder Normteil die (Interferenz-)Geometrie des Gegenstücks als In-Kontext-Feature von diesem entfernt. Im folgenden Beispiel wird eine Passfeder auf eine Welle in der Baugruppe eingefügt. Die Passfeder selbst ist als intelligente Komponente ausgeführt, welche die Nut für die Passfeder als Geometrie mitbringt und als Schnitt in die Welle einfügt.

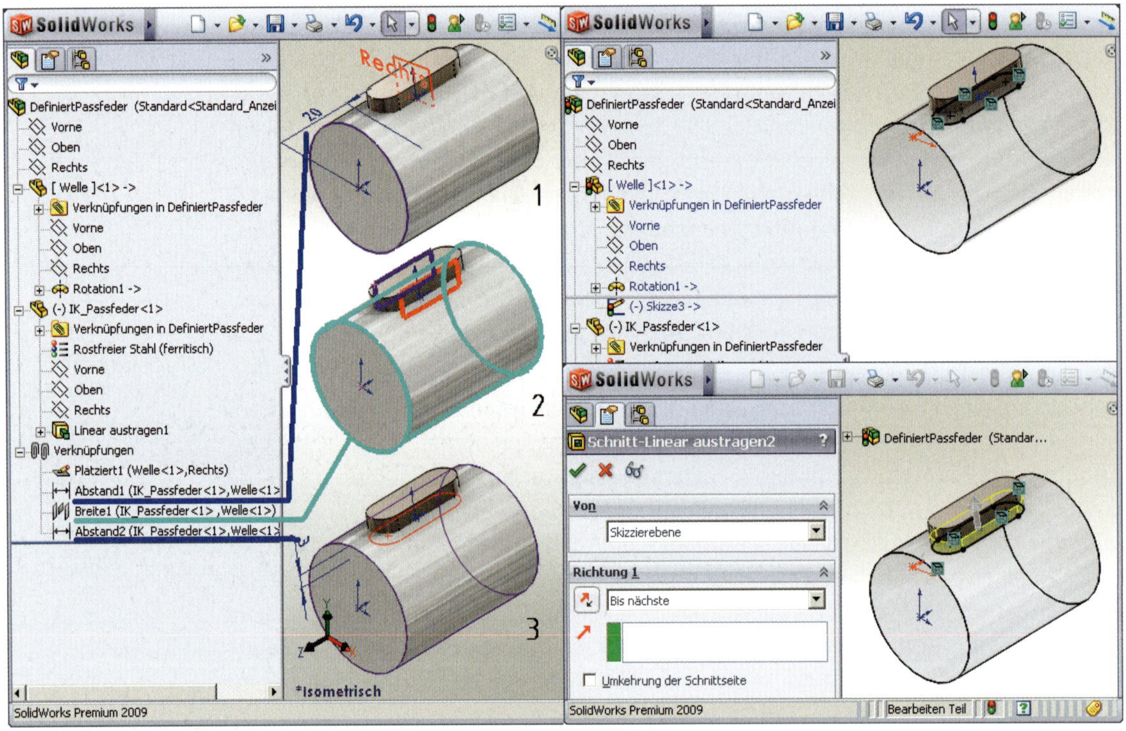

Abb. 5-20 Links: Positionierung der Passfeder; rechts: hinzugefügtes In-Kontext-Feature

Zur Definition der intelligenten Komponente startet man eine definierende Baugruppe. Man definiert die Geometrie, die später im Teil vorhanden ist und von der später im Teil die Geometrie entfernt wird. Im Beispiel wird eine interne Komponente verwendet (erst ab SolidWorks-Version 2009 verfügbar, sonst sollte man ein ganz normales Teil erzeugen und in die Baugruppe einfügen). Die einfache Geometrie eines rotierenden Körpers reicht für diesen Zweck aus. In Abb. 5-20 ist Passfeder, die zukünftige intelligente Komponente, eingefügt und mit drei Verknüpfungen positioniert:

- Abstand der Ebene RECHTS zur Stirnfläche des Zylinders
- Mittige Ausrichtung zur Zylinderfläche mit Verknüpfung Breite
- Abstand der *unteren* Fläche der Passfeder zur Zylinderfläche

Diese Art der Verknüpfung hat noch einen Freiheitsgrad (die Passfeder kann noch um die Zylinderachse rotieren), was die Erstellung der intelligenten Komponente nicht weiter beeinflusst. In der rechten Bildhälfte ist dargestellt, wie ein linear ausgetragener Schnitt als In-Kontext-Feature in den zylindrischen Körper der internen Komponente Welle eingebracht wird. Das Teil Welle wird in Bearbeitung genommen und auf der *unteren* Fläche der Passfeder eine Skizze gestartet. Die Kontur der Passfeder wird als Skizzenelement übernommen. Das hinzugefügte Feature SCHNITT-LINEAR AUSTRAGEN2 wird mit der Endbedingung BIS NÄCHSTE ausgetragen. Als Nächstes wird die intelligente Komponente definiert.

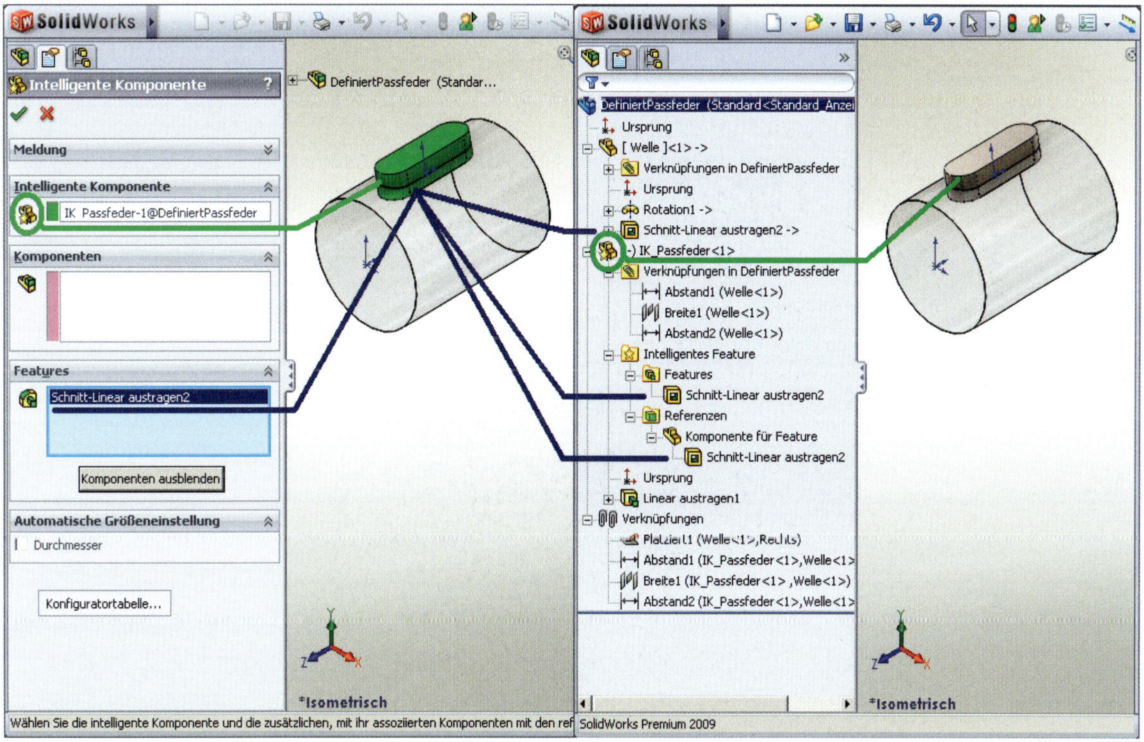

Abb. 5-21 Links: Definition der intelligenten Komponente; rechts: Darstellung im FeatureManager™

Im gewählten Beispiel wird die Definition der intelligenten Komponente in der minimalen Version ausgeführt: Auswahl der intelligenten Komponente IK_Passfeder und Auswahl des Features Schnitt-Linear austragen2. In der rechten Bildhälfte von Abb. 5-21 sind die wesentlichen Elemente der intelligenten Komponente etwas hervorgehoben. Es wird automatisch ein neuer Ordner eingefügt, in dem die intelligenten Features und deren Referenzen aufgelistet sind.

Um das Feature einer intelligenten Komponente auf ein anderes Teil wirken zu lassen, muss die intelligente Komponente in eine Baugruppe verbaut werden.

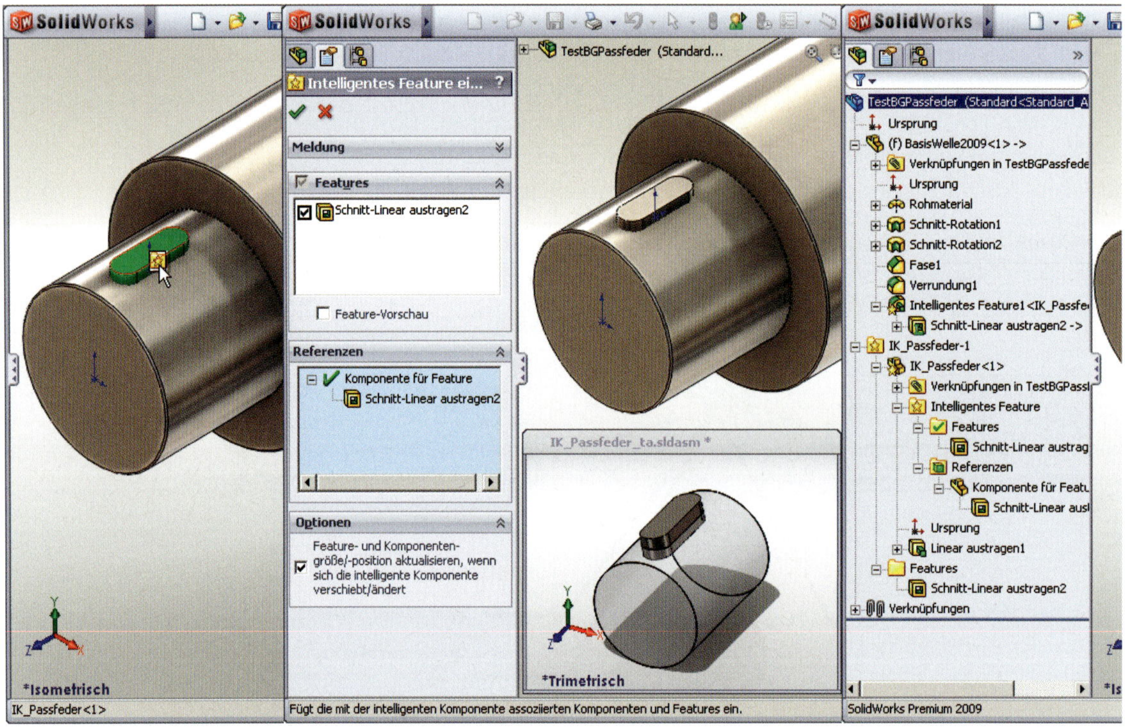

Abb. 5-22 Links: Anklicken des Symbols zum Start des Befehls; Mitte: Auswahl der Komponente; rechts: Darstellung im FeatureManager™

Wenn man nach dem Verbauen im FeatureManager™ auf die Komponente klickt, erscheint im Grafikbereich das gelbe Symbol mit dem Stern (siehe Abb. 5-22, links). Dort geklickt, wird das Dialogfeld zum Einfügen des intelligenten Features angezeigt. Das Vorschaufenster (IK_Passfeder_ta.sldasm) wird nur angezeigt, wenn mehrere verschiedene Komponenten in der Baugruppe verbaut sind. Es wird die Geometrie aus der definierenden Baugruppe angezeigt, wobei es sich aber nicht um die ursprüngliche, definierende Baugruppe handelt. Es scheint eine temporäre Datei zu sein, die von SolidWorks automatisch erstellt wird. Nach Auswahl der Komponente wird das Feature als In-Kontext-Feature hinzugefügt. In der rechten Bildhälfte ist die Darstellung im FeatureManager™ zu sehen, es wird ein Ordner mit Stern – Hinweis auf die intelligente Komponente – angelegt, der die Referenzen und Komponenten des intelligenten Features beinhaltet.

5.2.4 Intelligente Komponenten mit externen Referenzen und Anbauteil

Im gewählten Beispiel ist der Steckverbinder die intelligente Komponente. Da immer an ein Blech verschraubt wird, sind die Schrauben in der definierenden Baugruppe gleich mit eingebaut. Beim Anwenden der intelligenten Komponente kann man die Anbauteile gleich in die aktuelle Baugruppe mitliefern. Um beim späteren Einfügen in eine Baugruppe mit wenigen Mausklicks auszukommen, wird bei der Erstellung der intelligenten Komponente und bei den Verknüpfungen der Anbauteile darauf geachtet, auf möglichst wenig Elemente zu referenzieren (Kanten, Flächen, Punkte ...), die nicht zur intelligenten Komponente oder den Anbauteilen gehören.

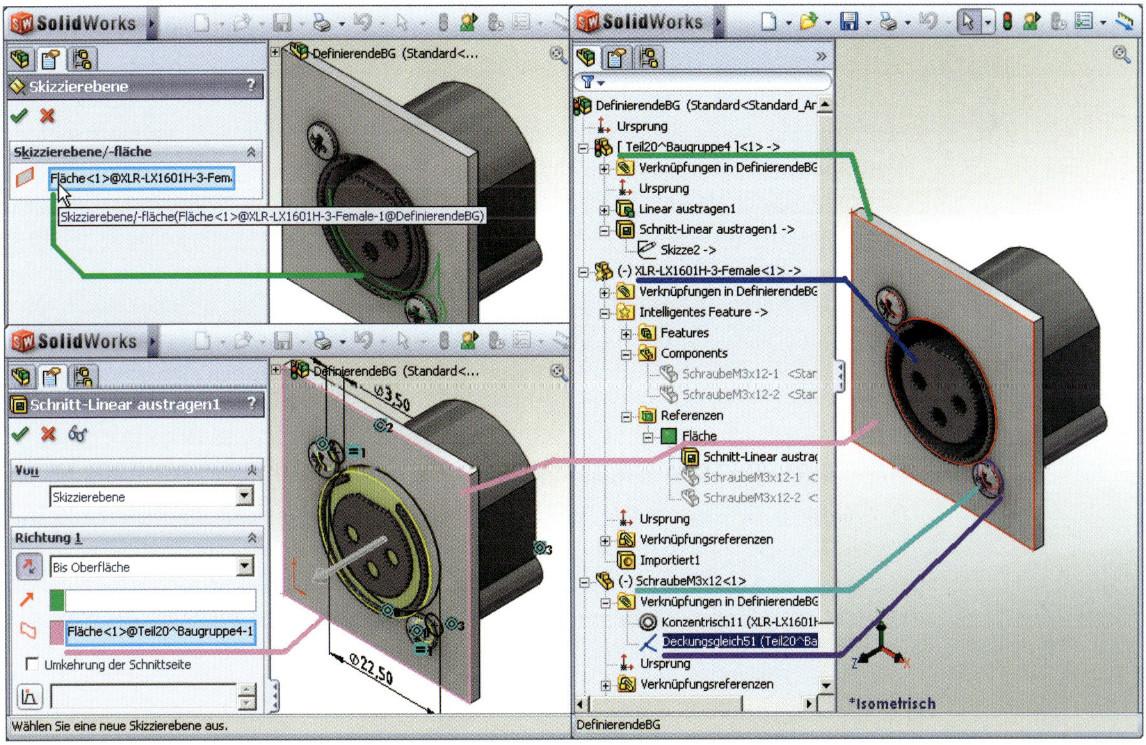

Abb. 5-23 Links oben: Skizzierebene des In-Kontext-Features; links unten: Endbedingung des In-Kontext-Features; rechts: FeatureManager™ im Detail

Wie im Beispiel zuvor, wird auch hier eine Baugruppe gestartet. In der rechten Bildhälfte von Abb. 5-23 kann man die erste Komponente in der Baugruppe im FeatureManager™ mit [Teil20^Baugruppe4] erkennen – eine interne Komponente. Dies zeigt, dass die Komponente angelegt wurde, als die Baugruppe noch nicht gespeichert war. Auch wurde kein spezieller Name vergeben, daher Teil20. Das Teil20 soll später durch die Komponente ersetzt werden, auf die das intelligente Feature angewendet wird. Die Geometrie kann einfach gehalten werden: Ein Rechteck wird skizziert, und ein linear ausgetragenes Feature erzeugt den Volumenkörper.

Im nächsten Schritt wird der Steckverbinder wie eine normale Komponente in die Baugruppe eingefügt. Verknüpfungen sind nicht zwingend notwendig, wenn die Komponente die gewünschte Ausrichtung hat, wäre auch ein Fixieren der Komponente ausreichend. Der nächste Schritt in Richtung des intelligenten Features ist, ähnlich wie im Beispiel zuvor, das In-Kontext-Feature. Teil20 wird in Bearbeitung genommen. Um die Anzahl der referenzierten Elemente gering zu halten (weniger Mausklicks beim Einfügen der intelligenten Komponente), wird die Planfläche des Steckverbinders als Skizzierebene gewählt. Die Geometrie ist schnell skizziert, die Beziehungen werden zum Steckverbinder erstellt. Das hinzugefügte Feature (Schnitt-Linear austragen1) wird mit der Endbedingung BIS OBERFLÄCHE ausgetragen. Diese Referenz könnte man sich auch sparen, es wäre auch DURCH ALLES oder BIS NÄCHSTE möglich. Die Referenz kann man nicht als zusätzlich erforderliche bezeichnen, sie wird für die Platzierung der Anbauteile (Schrauben) im weiteren Verlauf benötigt. Dieser Mausklick, beim Einfügen des Features der intelligenten Komponente, ist auch erforderlich, wenn die Endbedingung des Features Schnitt-Linear austragen1 DURCH ALLES oder BIS NÄCHSTE wäre.

Im nächsten Schritt werden die Anbauteile in die Baugruppe eingefügt und mit Verknüpfungen platziert. Die Verknüpfung KONZENTRISCH der Schrauben wird direkt zum Steckverbinder erzeugt. Die Planfläche wird, wie zuvor schon angedeutet, DECKUNGSGLEICH zur Fläche der internen Komponente (spätere Fläche der Komponente, auf die das intelligente Feature angewendet wird) verknüpft.

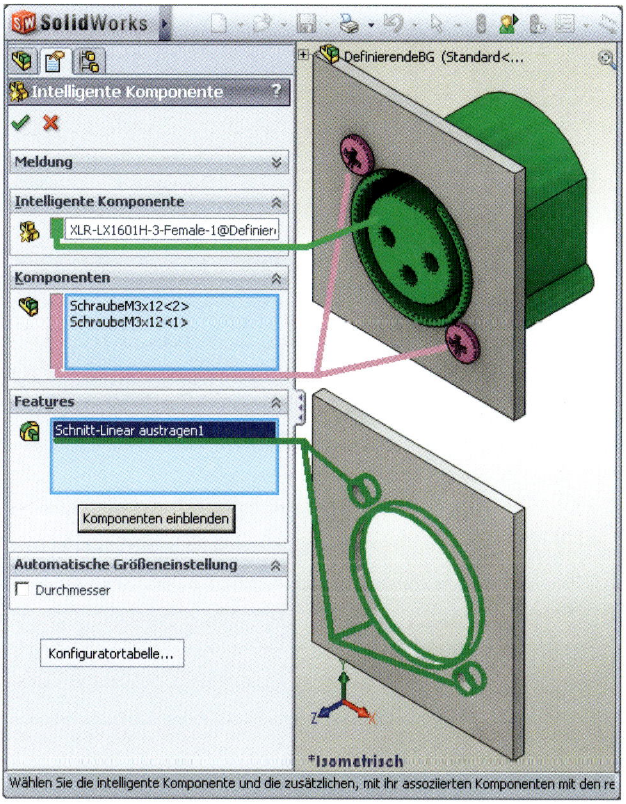

Abb. 5-24 Definieren der intelligenten Komponente

Jetzt, nachdem alle Komponenten und Features definiert sind, wird das intelligente Feature zur Steckverbinderkomponente hinzugefügt (siehe Abb. 5-24). Zur besseren grafischen Darstellung der Auswahl sind zwei Bilder der Baugruppe im Grafikbereich dargestellt. Oben wird die intelligente Komponente mit den Anbauteilen gezeigt, die untere Darstellung blendet die zuvor gewählten Komponenten aus und gibt dadurch den Bereich des Schnittfeatures frei. Die Komponenten können – wie man leicht sieht – über die Schaltfläche wieder eingeblendet werden.

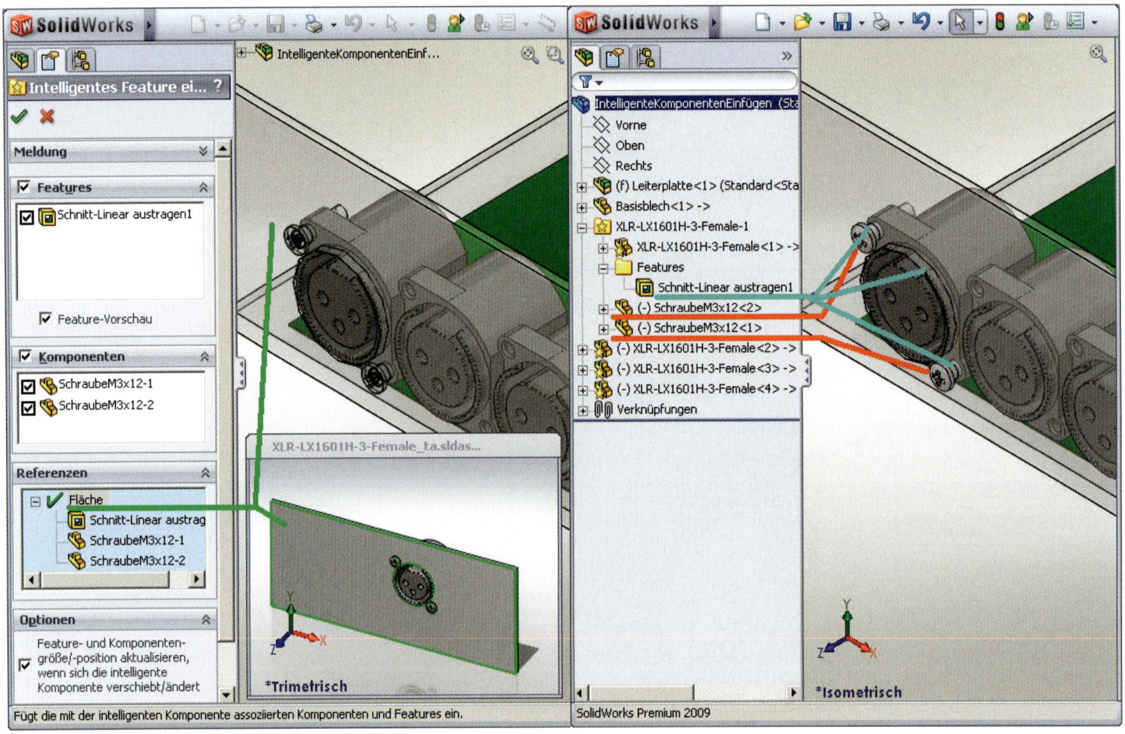

Abb. 5-25 Links: Einfügen der intelligenten Komponente; rechts: hinzugefügte Features und Komponenten

Nach dem Hinzufügen der Komponenten in der Baugruppe werden die intelligenten Features durch Aufrufen des Befehls <RMT> auf die Komponente im Grafikbereich oder FeatureManager™ bzw. durch Auswahl der Komponente und EINFÜGEN->INTELLIGENTE FEATURES EINFÜGEN... hinzugefügt. Wie man in Abb. 5-25 links in der FeatureManager™-Darstellung erkennen kann: Es gibt vielfältige Optionen, ob man die Komponenten oder das Feature überhaupt wirken lassen will. In der rechten Bildhälfte sind die Referenzen und Komponenten im Ordner der intelligenten Komponente noch einmal detailliert dargestellt.

Vielen Dank an Ingo Kintzel, Kintzel Akustik, für die Anregung, die zu diesem Beispiel führte.

5.2.5 Baugruppen automatisiert erstellen

Anders als zuvor dargestellt, wird in dieser Anwendung der intelligenten Komponenten kein Feature auf eine Komponente angewendet, es werden nur Komponenten in die Baugruppe eingefügt. Davon ausgehend, dass man aus immer gleichen Komponenten eine Baugruppe zusammenstellen will, wäre dies mit Unterbaugruppentechniken möglich. Die hier gezeigte Alternative vereinfacht den Aufbau, da in der intelligenten Komponente die Verknüpfungen zu den weiteren Komponenten hinterlegt sind. Ähnlich wie hier die als Beispiel gewählte Küche, lassen sich z.B. auch Regalsysteme und andere, auf wenigen Einzelteilen basierende Konstruktionen erstellen.

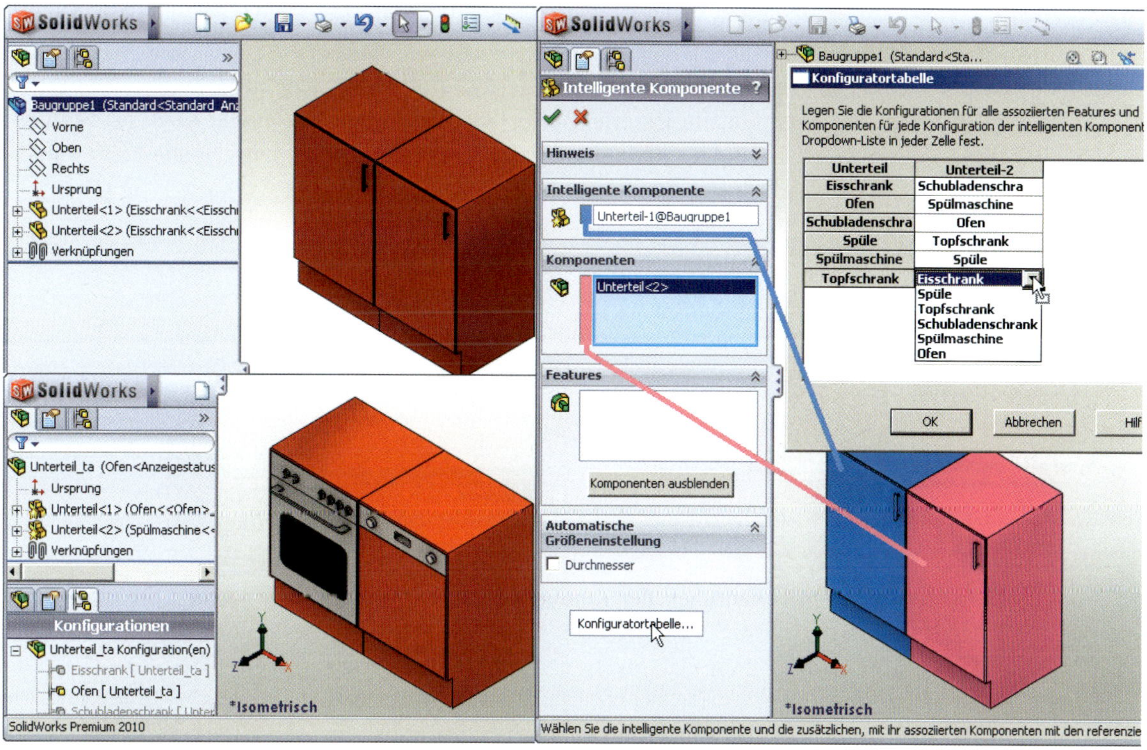

Abb. 5-26 Links oben: Startgeometrie vor dem Einfügen der intelligenten Komponente. Rechts: intelligente Komponente und Komponenten auswählen. Links unten: fertige temporäre Baugruppe

Die Idee hinter dieser Konstruktion liegt darin, dass alle Schränke dieser Küchenwand in Konfigurationen der Komponente Unterteil.sldprt definiert sind. Für die vollständige Küchenzeile müsste man noch die Hängeschrank-Komponente modellieren. Für die Darstellung dieser Modellieridee ist es jedoch vollkommen ausreichend, mit nur einer Komponente zu arbeiten. Die Erweiterung dürfte kein größeres Problem darstellen.

Die Komponente Unterteil.sldprt wird in eine (leere) Baugruppe eingefügt. Ein weiteres Unterteil wird mit dem ersten verknüpft. Diese Verknüpfungen werden später zu der Baugruppe hinzugefügt, in der die Küchenzeile erstellt werden soll. Der Befehl INTELLIGENTE KOMPONENTE ERSTELLEN... führt zur Darstellung wie in Abb. 5-26 rechts zu sehen. Wesentliche Einstellmöglichkeit ist in diesem Fall die Konfiguratortabelle. In dieser Tabelle kann man jetzt für jede Teilekonfiguration der ersten Komponente eine Teilekonfiguration der zweiten Komponente einstellen. Je nach Einstellung ergeben sich Kombinationen, die man später auch leicht wieder ändern kann.

Um jetzt eine Küchenzeile zu definieren, wird wieder eine neue Baugruppe gestartet. Die Komponente Unterteil.sldprt wird eingefügt. Mit einem Klick im FeatureManager™ auf die Komponente erscheint im Grafikbereich das Symbol zum Einfügen der intelligenten Features.

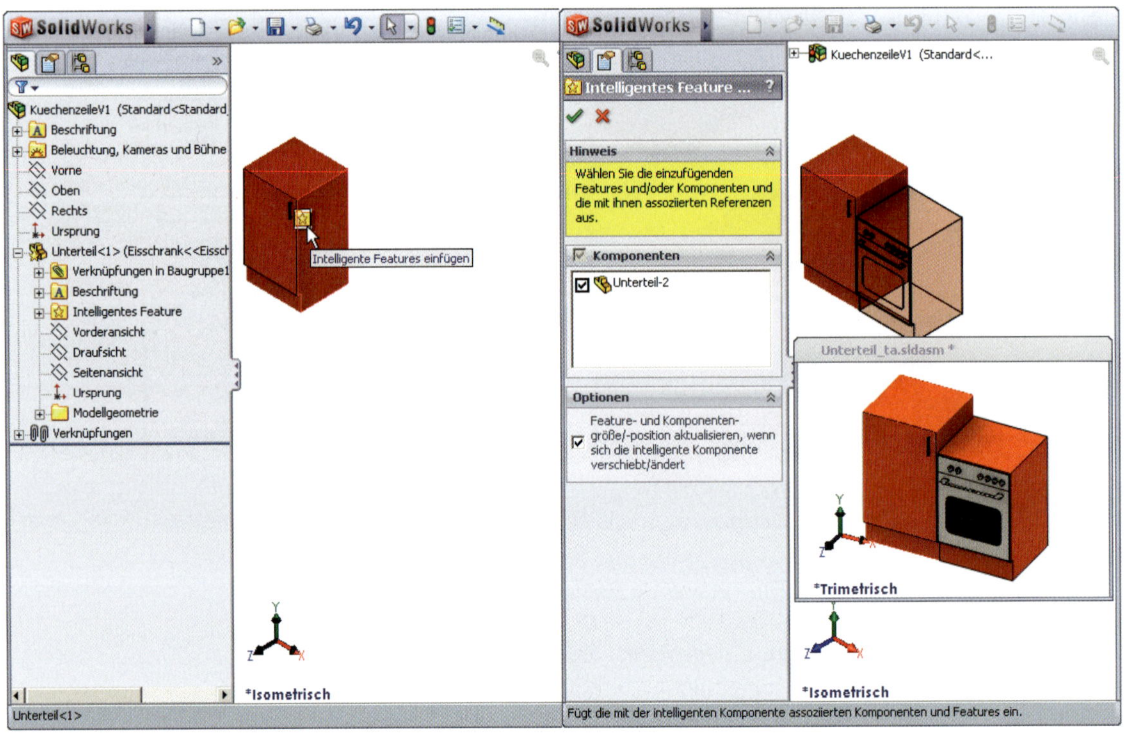

Abb. 5-27 Links: Befehlssymbol im Grafikbereich; rechts: Vorschaubild bei der Ausführung des Befehls

Durch die Festlegung ganz am Anfang – die Idee der Konstruktion basiert auf einem Teil mit Konfigurationen – ist nur eine Komponente in der Komponentenliste. Die Vorschau zeigt – je nach Konfiguration und den Einstellungen in der definierenden Baugruppe – die Komponente in der voreingestellten Konfiguration. Die nächste Aktion ist natürlich das Bestätigen des Befehls.

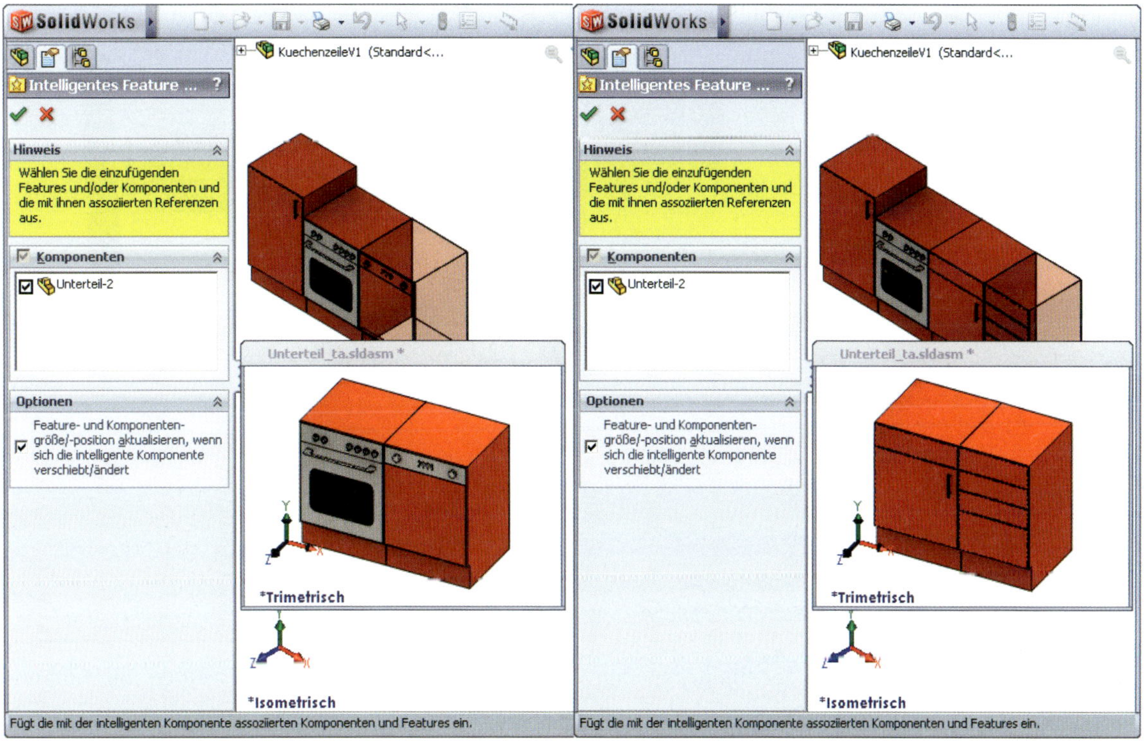

Abb. 5-28 Links: Vorschaubild nach Konfiguratortabelle; rechts: Vorschaubild nach geänderter Konfiguration

Abb. 5-28 soll verdeutlichen, dass die Konstruktion flexibel aufgebaut ist. In der linken Bildhälfte wird direkt neben der Konfiguration Ofen die Konfiguration Spülmaschine eingebaut. Durch Umstellen der Konfiguration von Spülmaschine zu Spüle wird – bei erneutem Anwenden des intelligenten Features – die Komponente in der Schubladenkonfiguration eingefügt.

Vielen Dank an Mike Insam, Blum AG, für die Anregung, die zu diesem Beispiel führte. Seine Aufgabenstellung, ein Messestand mit intelligenten Komponenten, ist im Bild dargestellt. In diesem Fall werden mehrere Komponenten gleichzeitig zur Baugruppe hinzugefügt. Deren intelligente Feature werden teilweise zur Entwicklung der Baugruppe in verschiedenen Richtungen verwendet. Beispielhaft: In einem Segment der Messebauwand ist der Fuß verantwortlich für die Entfaltung der Baugruppe Richtung X, ein Profil in der Mitte ist verantwortlich für die Entfaltung der Baugruppe Richtung +Y usw.

Abb. 5-29 Ein Messestand, erzeugt mit intelligenten Komponenten (mit freundlicher Genehmigung von Mike Insam)

Diese Art der Baugruppenentwicklung hat einen Nachteil: Es werden alle Komponenten und Verknüpfungen in einer Baugruppenebene erstellt. Man wird wahrscheinlich sehr schnell an Performancegrenzen stoßen (Anzahl der Verknüpfungen auf einer Baugruppenebene), wenn man keine Baugruppenstrukturen einführt.

5.3 Vorbereitung zu weiterführenden Arbeiten

Das CAD Programm SolidWorks kann selten alleine betrachtet werden. Zumeist muss man eine gesamte Prozesskette betrachten. Zusätzlich zur Modellgeometrie werden sehr vielfältige Informationen zur Modelldatei benötigt und generiert. Diese Daten können zum Teil mit SolidWorks-Funktionen erstellt werden.

5.3.1 Dateieigenschaften anzeigen und editieren

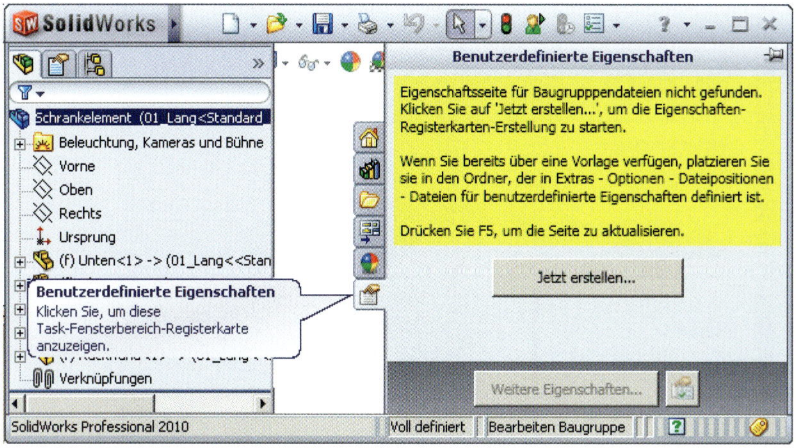

Abb. 5-30 Der Tab im Taskfensterbereich

Im SolidWorks-Fenster können seit der SolidWorks-Version 2009 im Taskfensterbereich die Dateieigenschaften angezeigt und editiert werden (eigener Tab). Um die Dateieigenschaften anzeigen zu lassen, muss zunächst definiert werden, welche Dateieigenschaften in diesem Tab angezeigt werden sollen. Dazu dient das Werkzeug zur Erstellung der Eigenschaften – Registerkarte, zu finden unter Start -> Programme -> SolidWorks 2009 -> SolidWorks 2009SPX.X -> SolidWorks Werkzeuge -> Erstellung der Eigenschaften-Registerkarte... oder durch Klicken auf die Schaltfläche Jetzt erstellen... Dateieigenschaften, die nicht hinterlegt sind oder zusätzlich (über die im Property Tab Builder definierten hinaus) definiert werden sollen, lassen sich über die Schaltfläche Weitere Eigenschaften... erstellen. Über die daneben befindliche Schaltfläche Eigenschaften kann bei Vorhandensein mehrerer Vorlagendateien die gewünschte ausgewählt werden.

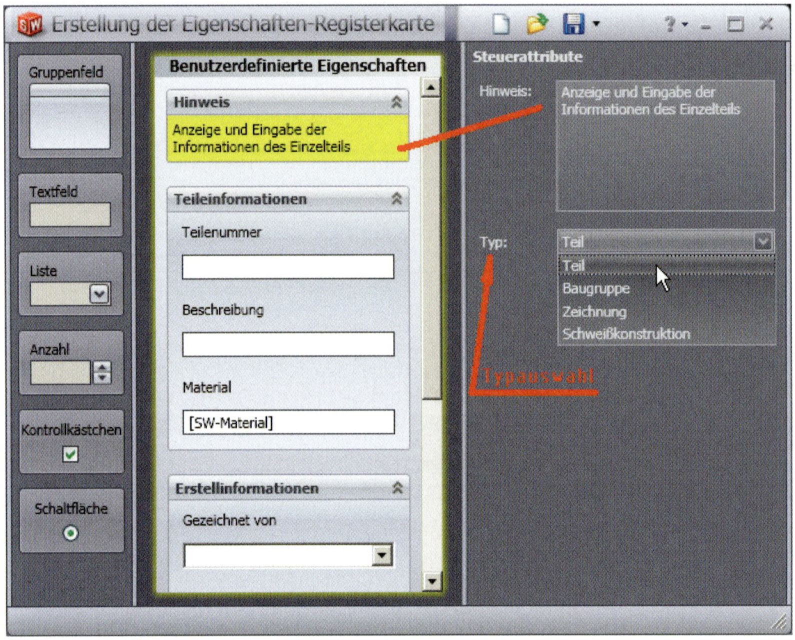

Abb. 5-31 Der Property Tab Builder – Erstellung der Eigenschaften-Registerkarte

Das jetzt gestartete Programm PROPERTY TAB BUILDER ist eine Benutzeroberfläche zur Definition der grafischen Oberfläche im Taskfensterbereich. Man kann die zu bearbeitenden Dateieigenschaften für Teile, Baugruppen und Zeichnungen (seit SolidWorks-Version 2010 auch Schweißkonstruktionen) separat erstellen. In der linken Spalte sind die einzelnen Objekte zu sehen, die per Drag and Drop in die grafische Oberfläche in der Mitte eingefügt werden können. Die rechte Spalte zeigt die jeweiligen Parameter an, die den verschiedenen Objekten zugewiesen werden (können). Ebenso werden hier die angezeigten Texte eingetragen. Hier wird auch (wenn kein Auswahlfeld aktiv ist) der Dateityp ausgewählt, für den die grafische Oberfläche eingerichtet wird. Dies ist auch die Vorgabe, wenn die eingerichtete Oberfläche gespeichert wird.

Nach dem Speichern der eingerichteten Oberfläche für ein Einzelteil (als *.prtprp) kann man den Typ auf Baugruppe umstellen. Ein leichtes Verändern der grafischen Oberfläche (in der Baugruppe wird bekanntlich kein Material vergeben) führt zur Baugruppenvariante (*.asmprp). Ein erneutes Modifizieren der Werte auf zeichnungsspezifische Erfordernisse und Änderung des Typs (siehe oben, zweites Bild) gibt die Möglichkeit, dies für Zeichnungen (*.drwprp) zu speichern. Analoges Vorgehen gilt für die Schweißkonstruktionen (*.wldprp ab SolidWorks-Version 2010).

Das Gruppenfeld

Zu Beginn ist ein Gruppenfeld angezeigt. Dies ist auch die Basis für alle weiteren Objekte. Die Objekte können nur auf ein Gruppenfeld eingefügt werden. Im Beispiel (siehe Abb. 5-32) ist das erste Gruppenfeld mit dem Titel *Teileinformationen* versehen. Das zweite Gruppenfeld trägt den Titel *Erstellinformationen*. Mehrere Gruppenfelder dienen nur der grafischen Abgrenzung, sind funktional gleichberechtigt.

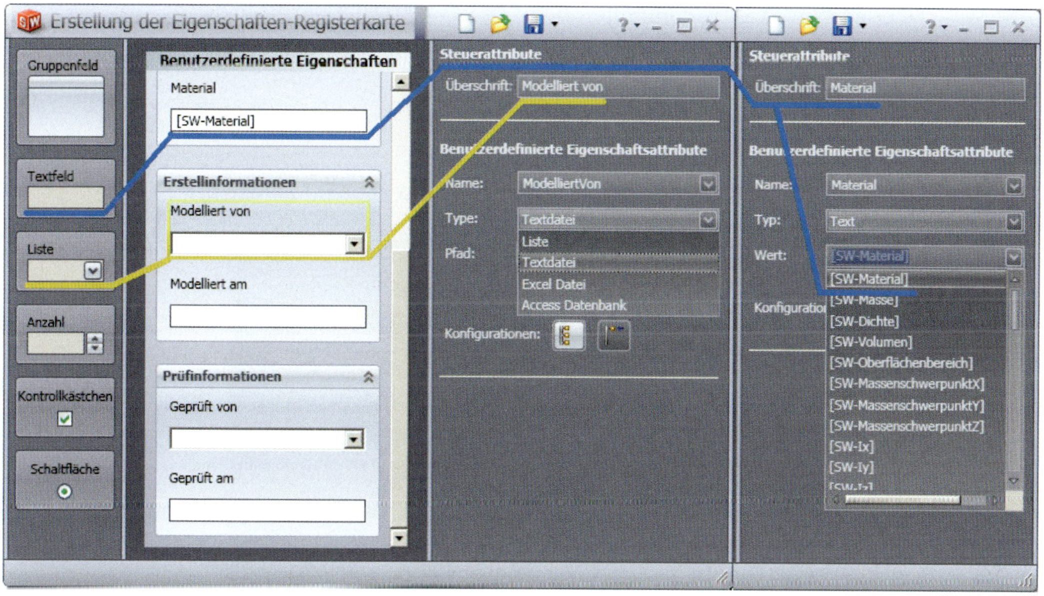

Abb. 5-32 Die Programmierung der Gruppenfelder. Mitte rechts: das Listenfeld, rechts: das Textfeld

Die wichtigsten Steuerungen – das Textfeld

Per Drag and Drop auf ein Gruppenfeld eingefügt, ändert man zunächst die Überschrift und gibt den Namen der Dateieigenschaft an. Die gewählte Dateieigenschaft (hier: Material) wird als benutzerdefinierte Eigenschaft angelegt. Als Beispiel für eine konfigurationsspezifische Dateieigenschaft wäre die Oberflächenbehandlung denkbar (hier nicht gezeigt). Die Auswahlliste des Wertes ermöglicht auch viele SolidWorks-spezifische Variablen, hier wird die Variable [SW-Material] gewählt, das im SolidWorks-Einzelteil definierte Material (aus der Materialdatenbank) wird verwendet. Wenn das Feld leer bleibt, wird im SolidWorks ein freier Text im Taskfensterbereich eingegeben.

Die wichtigsten Steuerungen – das Listenfeld

Das Listenfeld wird genauso eingefügt wie ein Textfeld, aber es gibt mehrere Möglichkeiten, eine Auswahlliste anzulegen:

- Selbst eine Liste in dieser Oberfläche definieren oder
- eine Textdatei,
- eine Excel-Datei oder
- eine Access-Datenbank mit einer Liste von Werten auswählen

Eine wichtige Option mit Haken versehen bedeutet: Benutzerdefinierte Werte zulassen.

Nummern, Kontrollkästchen und Schaltflächen

Ähnlich lassen sich auch Nummern (z.B. für Versionen) anlegen.

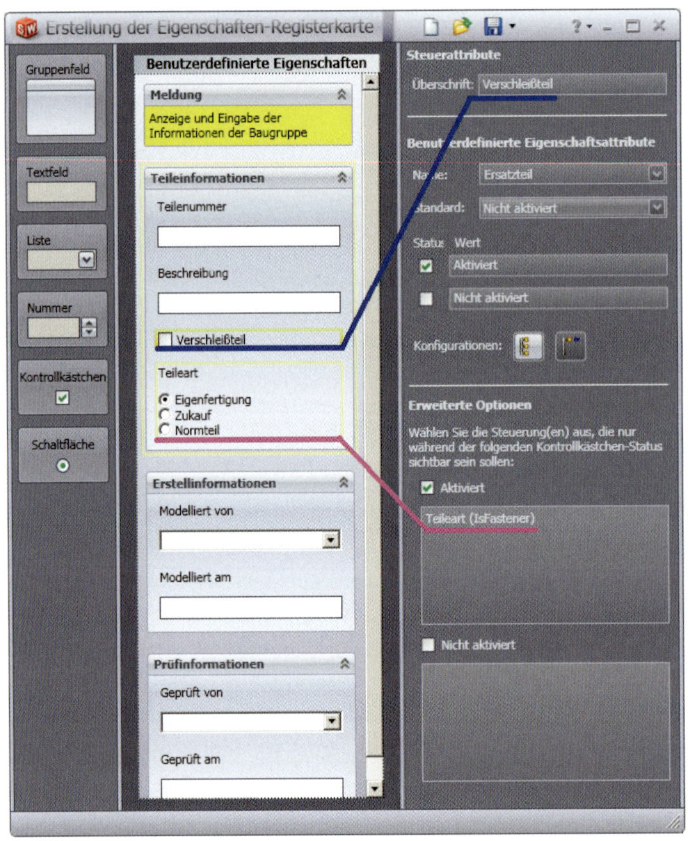

Abb. 5-33 Die Programmierung der Gruppenfelder, Kontrollkästchen und Schaltflächen

Mit den Kontrollkästchen gibt es, wie mit den Schaltflächen, die Möglichkeit, auch Felder/Funktionen zur Eingabe zu aktivieren bzw. deaktivieren. In den erweiterten Optionen wird definiert, welche Eingabemöglichkeiten später im SolidWorks-Taskfensterbereich bei Aktivierung bzw. Deaktivierung eingeblendet werden.

Speichern der Vorlage und Bedeutung des Datenablageortes

Das Speichern der Registerkarte muss im Ordner für die benutzerdefinierten Dateieigenschaften erfolgen, damit SolidWorks diese auch für die Registerkarte im Taskfensterbereich richtig zuordnen kann. Diese Optionseinstellung findet man im SolidWorks unter EXTRAS -> OPTIONEN -> SPALTE SYSTEMOPTIONEN -> DATEIPOSITIONEN -> ORDNER ANZEIGEN FÜR: DATEIEN MIT BENUTZERDEFINIERTEN EIGENSCHAFTEN.

Anzeige im SolidWorks-Taskfensterbereich

Im SolidWorks werden die Eigenschaften im Taskfensterbereich angezeigt. Nicht vorhandene Dateieigenschaften werden hinzugefügt. Vorhandene Dateieigenschaften werden ausgelesen und können bearbeitet werden.

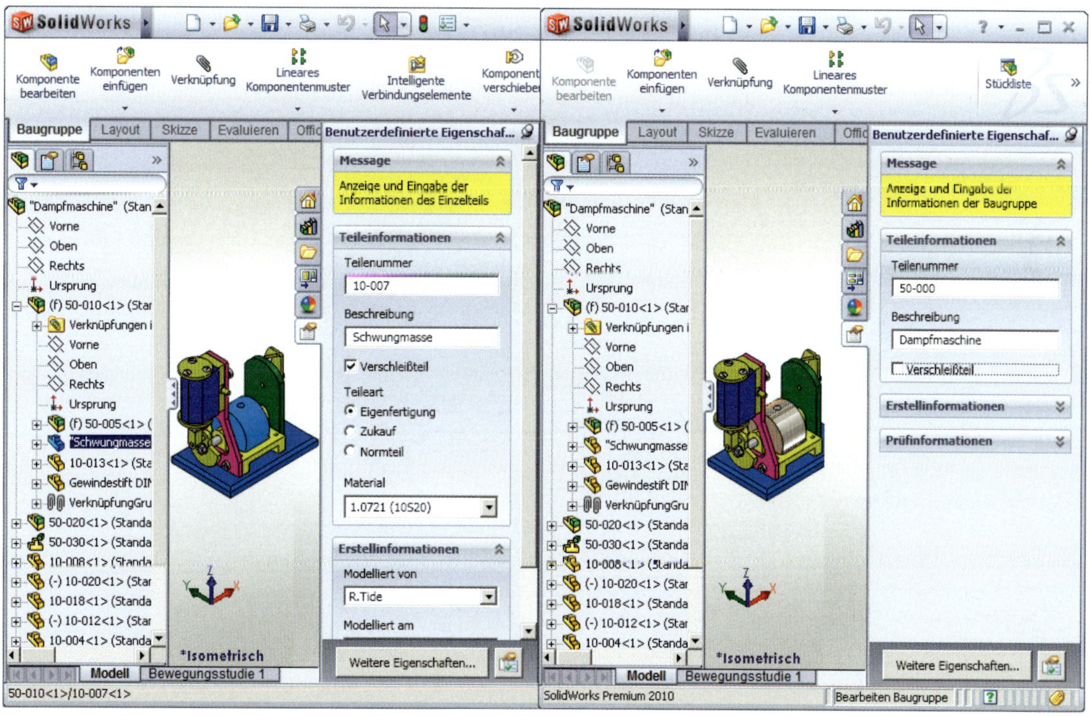

Abb. 5-34 Zugriff auf die benutzerdefinierten Eigenschaften im Taskfensterbereich. Kontrollkästchen und Schaltflächen. Links: Einzelteil in der Baugruppe angewählt. Rechts: Baugruppeneigenschaften

In Baugruppen werden durch Auswählen einer Komponente deren Eigenschaften angezeigt. Dies ist eine elegante Möglichkeit, Metadaten anzusehen – auch für Firmen, die mit PDM-System arbeiten und die Metadaten nicht über diese Maske eingeben. Man muss nicht in das PDM-System wechseln, um die eine oder andere Dateieigenschaft ansehen zu wollen.

5.3.2 Titelblock

Seit der SolidWorks-Version 2009 gibt es mit einer neuen Funktion die Möglichkeit, die Dateieigenschaften, die aus dem Modell automatisch in die Zeichnung eingetragen werden, in der Zeichnung zu bearbeiten. Dazu muss (am besten) die Zeichnungsvorlage einen sogenannten Titelblock enthalten. Um den Titelblock zu definieren, muss zunächst das Blattformat bearbeitet werden, mittels <RMT> (rechte Maustaste) aus dem Kontextmenü BLATTFORMAT BEARBEITEN wählen. Erneut mit <RMT> und aus dem Kontextmenü der Zeichnung wählen: TITELBLOCK DEFINIEREN (Befehlsstart).

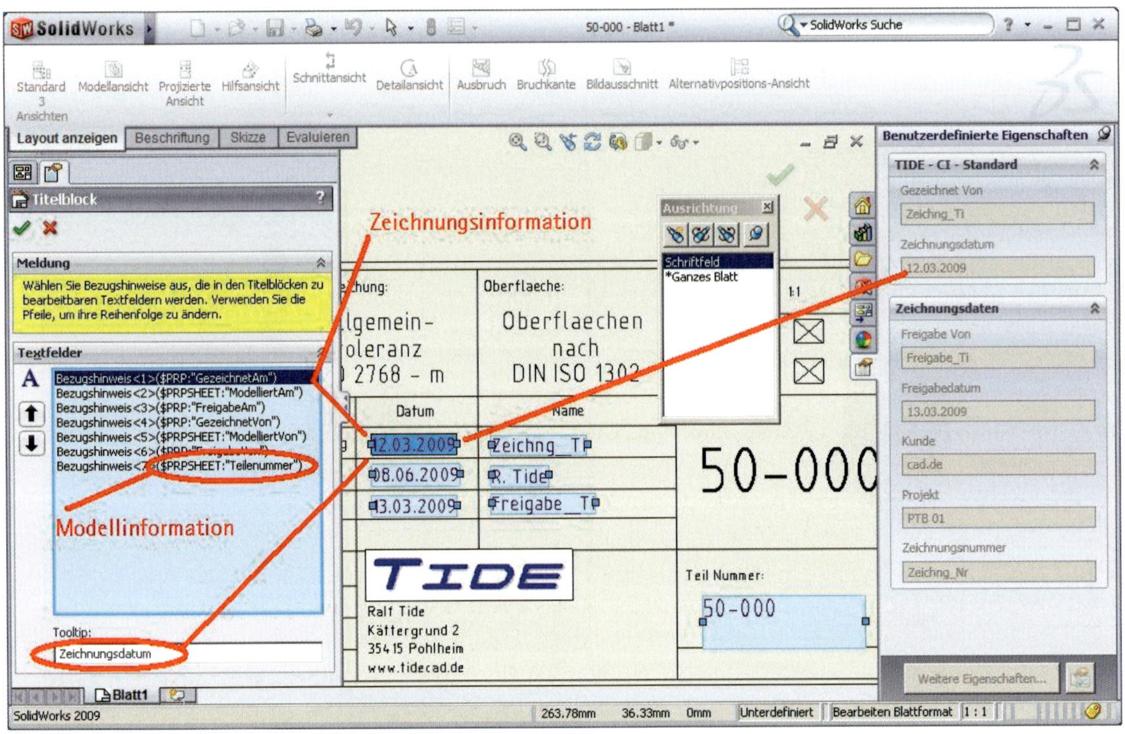

Abb. 5-35 Definition des Titelblocks

Die schon erstellten Verknüpfungen zu Dateieigenschaften im Blattformat müssen jetzt nur noch per Mausklick zur Titelblock-Definition hinzugefügt werden. Die ausgewählten Textfelder können zusätzlich mit einem Tooltip versehen werden, der auch dann verfügbar ist, wenn die Eingabe im Bereich des Titelblocks nicht aktiv ist. Die fertig bearbeitete Zeichnung sollte als Vorlage gespeichert werden, ebenso das Blattformat. Die Bearbeitung der (Meta-)Daten ist denkbar einfach. Ein <RMT>-Klick im Bereich des Titelblocks, und auswählen aus dem Kontextmenü: TITELBLOCK-DATEN EINGEBEN (alternativ: Doppelklick <LMT> – linke Maustaste im Bereich des Titelblocks). Die zu bearbeitenden Eigenschaften werden farblich hervorgehoben. Wesentlich Funktion hierbei: Die Daten werden auch in der Quelle (Dateieigenschaften des Modells oder der Zeichnung – aktuelles Dokument) geändert.

Seit der SolidWorks-Version 2010 steht diese Möglichkeit der Eingabe auch schon im Einzelteil und in der Baugruppe zur Verfügung. Diese Art der Darstellung lässt sich als Vorlage speichern (*.sldtbt).

Diese Erweiterung der Möglichkeiten ist logisch und konsequent, wenn man jemals plant, die Zeichnung als Dokument abzuschaffen. Damit steht eine Darstellung, ähnlich dem Schriftkopf einer Zeichnung, zur Verfügung.

5.4 Zusammenfassung

Wenn man die hier vorgestellten Möglichkeiten der Automatisierung für sich/für seine Firma anpasst, ist schon ein großer Teil der Arbeit für eine Standardisierung getan. Die Möglichkeit, wiederholte Geometrie in Bibliotheken abzulegen und immer wieder zu verwenden, ist eine immer wieder gern zitierte Steigerung der Produktivität. Der ganz große Nachteil ist, das man sich mit den Themen der Umsetzung nicht nur gut mit dem Funktionen auskennen muss – auch viele Kenntnisse rund um SolidWorks sind gefragt, damit die Generierung und Verwendung einer Feature- oder Komponentenbibliothek effektiv umgesetzt werden kann. Viel Kreativität und Abstraktionsfähigkeiten sind manchmal erforderlich, um eine realitätsnahe Abbildung im SolidWorks-Modell darzustellen.

Der Ablageort der Bibliotheken sollte für alle Anwender zugänglich sein. Ein Netzwerklaufwerk ist meist die einfachste Lösung. Problematisch hierbei ist bei einer größeren Anzahl der Anwender: Änderungen mancher Bibliothekselemente können nur dann vorgenommen werden, wenn niemand die Datei in Verwendung hat. Alternativ könnte man alle Daten lokal ablegen. Vor dem Start von SolidWorks könnte man eine kleine Kopierroutine starten, die einen Abgleich zwischen den lokalen Bibliothekselementen und den Bibliothekselementen auf dem Netzwerklaufwerk durchführt. Aktuellere Daten werden vom Netzwerklaufwerk auf das lokale Laufwerk kopiert. Anschließend wird SolidWorks gestartet.

Natürlich sind auch hier die Fähigkeiten der Anwender entsprechend zu erweitern und die erstellten Bibliothekselemente gut dokumentiert an die Anwender zu verteilen. Die Anwender haben auch die Aufgabe, eine Rückmeldung über die Verwendbarkeit der Bibliothekselemente an den/die Ersteller zu geben. Nur so kann die Bibliothek auf aktuellem, funktionierendem Stand gehalten werden, was dazu beiträgt, dass die Bibliothekselemente auch häufig verwendet werden. Durch Verwendung dieser Standards könnte man sich auch einen automatisierten Austausch von Komponenten oder Features programmieren – falls dies erforderlich sein sollte –, da die Namensgebung der Bibliothekselemente nach einem Schema angelegt wird.

Die Dateieigenschaften zu bearbeiten und in Baugruppen und Zeichnungen zu verwenden, hat langfristig den Vorteil, dass man schon Metadaten auch ohne ein PDM-System erzeugt hat. Diese angefügten Daten erleichtern das automatische Einfügen in eine Datenbank dramatisch. Es gilt – selbst für Einzelanwender – immer die Regel: Daten sollten dann angefügt werden, wenn sie zur Verfügung stehen. Je früher, desdo besser.

6 Wussten Sie schon, ...

Die folgenden Seiten sind als Nachschlagewerk gedacht. Zum einen werden eingebaute Funktionen an einer Stelle gebündelt gezeigt, zum anderen werden Lösungsansätze für spezielle Probleme an entsprechenden Fallbeispielen erläutert.

Verwendeter Befehl

6.1 Wie einfach man Langlöcher erstellen kann

Es gibt seit SolidWorks2009 ein paar neue Skizzierwerkzeuge: gerade und gebogene Langlöcher.

Folgende Methode kann für ältere SolidWorks-Versionen (vor SolidWorks 2009) und komplexere Langlöcher angewendet werden: Man wählt einen Linienzug aus und startet den Befehl (EXTRAS->SKIZZIEREN->)OFFSET ELEMENTE.

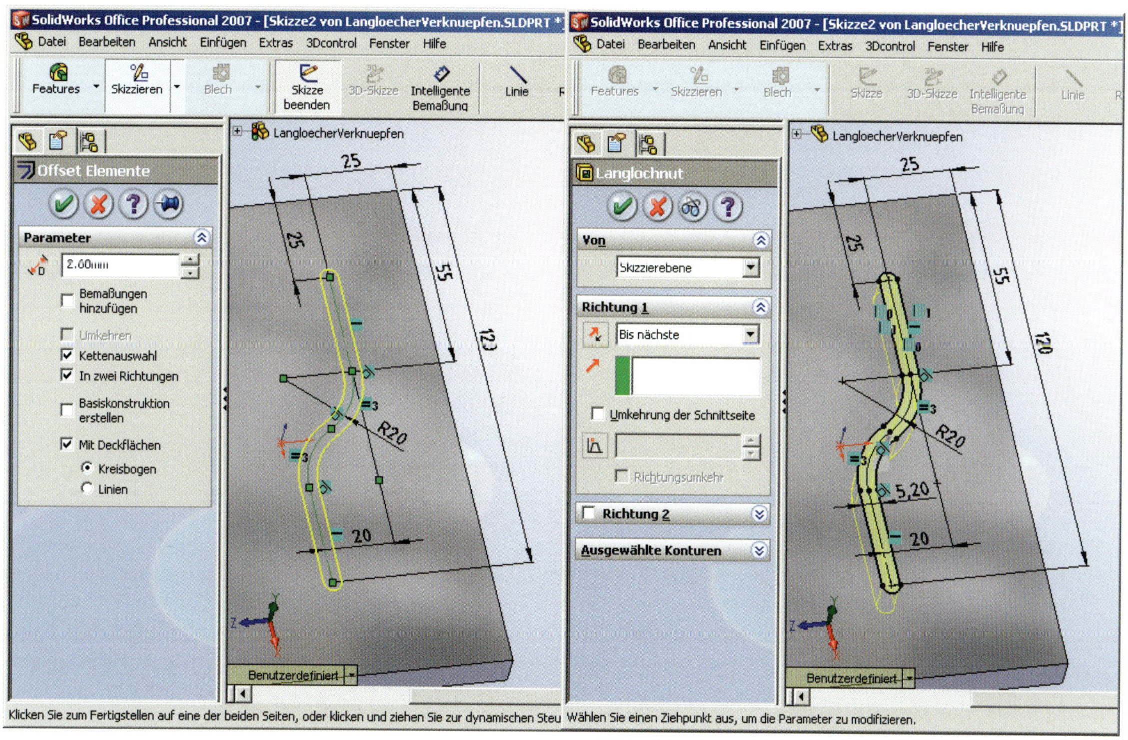

Abb. 6-1 Langloch erstellen; Datei (Version 2007): 5-01_LangloecherVerknuepfen.sldprt

Verwendeter Befehl

In der Parameterbox trägt man den gewünschten Wert ein. Der Haken IN ZWEI RICHTUNGEN muss gesetzt werden, erst dann wird die Option MIT DECKFLÄCHEN aktiv; auch diesen Haken setzen und für diesen Fall die Option KREISBÖGEN. Wenn man den Haken BEMAßUNGEN HINZUFÜGEN entfernt, kann man die Nutbreite durch hinzufügen eines Maßes definieren (Maß 5,2 in der rechten Bildhälfte unten angezogen). Alternativ (den Haken BEMAßUNGEN HINZUFÜGEN gesetzt lassen) werden automatisch zwei Maße gesetzt: ein steuerndes und ein gesteuertes jeweils mit dem Wert des Offsets (2,6 = halbe Nutbreite). Der Haken BASISKONSTRUKTION ERSTELLEN bewirkt eine Umwandlung des anfangs gewählten Linienzuges in Konstruktionsgeometrie.

6.2 Wie man am einfachsten zu einem Langloch verknüpft

Wie schon zuvor erwähnt, gibt es das Skizzierwerkzeug Langloch seit der SolidWorks-Version 2009. Wenn man dies für ein Feature verwendet, werden an den Endpunkten und am Mittelpunkt der Mittellinie temporäre Achsen erzeugt. Diese können für statische Verknüpfungen in Baugruppen verwendet werden.

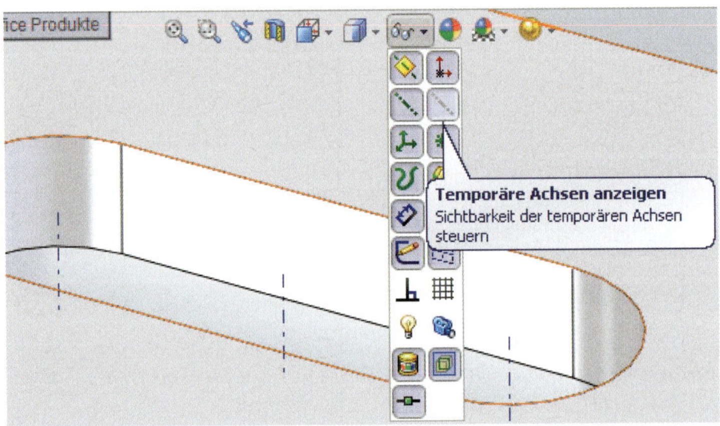

Abb. 6-2 Anzeige der temporären Achsen

In Versionen vor SolidWorks 2009 ist man auf den Workaround angewiesen, in der Einzelteilskizze (des Langlochs) entsprechend Punkte einzufügen, die in der Baugruppe zum Verknüpfen verwendet werden (können). Um Bauteile in der Nut beweglich zu halten, kann man bei einfacher Geometrie die Mittellinie zum Verknüpfen verwenden. Das bewegliche Bauteil muss einen Punkt an der entsprechenden Stelle für die Verknüpfung besitzen. Diese einfache Bewegung wird mit zusätzlicher Limit-Verknüpfung für den Bereich der Nut eingeschränkt. Statt mit

Limit-Verknüpfungen kann man auch den Punkt direkt zu einem Spline (von Bogenmittelpunkt zu Bogenmittelpunkt) verknüpfen.

Verwendeter Befehl

Bei einer zusammengesetzten Bahn (Linienzug) gibt es die Möglichkeit, die Bahn in einen angepassten Spline umzuwandeln. Auf diesen Spline muss man in der Baugruppe die deckungsgleiche Verknüpfung eines Punktes setzen.

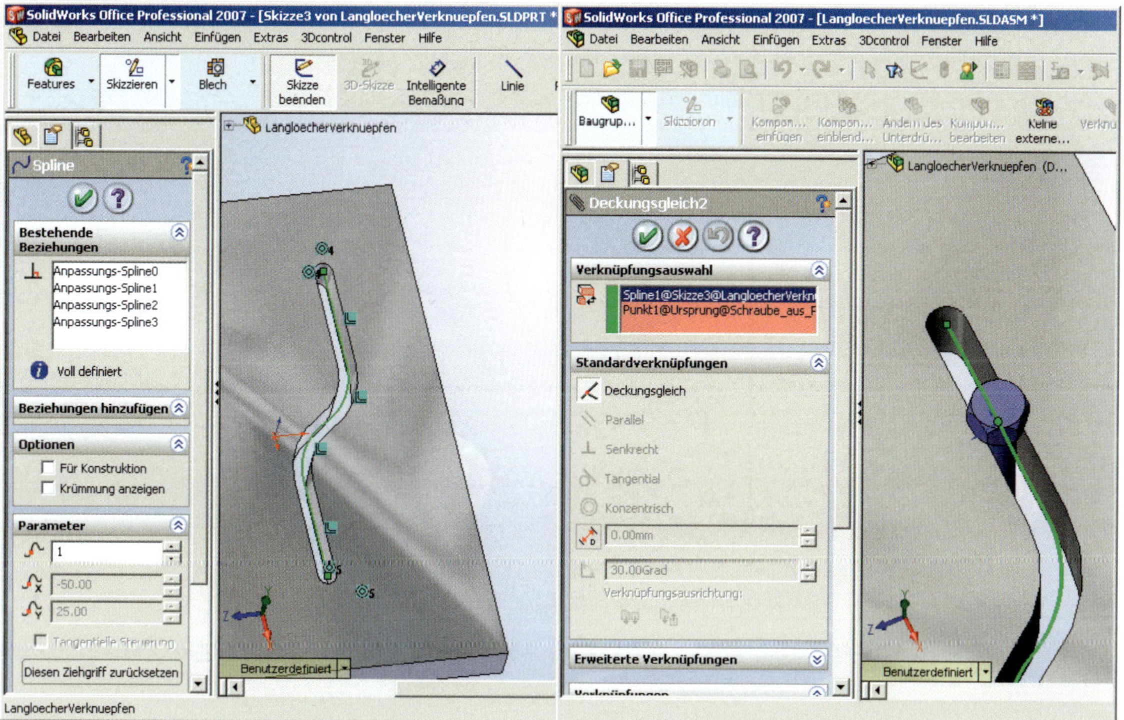

Abb. 6-3 Zu einem Spline im Langloch verknüpfen. Links das Erstellen eines Splines mit dem Werkzeug Spline anpassen*, rechts Verknüpfung Punkt auf Spline* Deckungsgleich*; Datei (Version 2007): 5-02_LangloecherVerknuepfen.sldasm*

6.3 Wie man die Ausrichtung bei Normal – auf vorwählt

Verwendeter Befehl

Mit gedrückter <Strg>-Taste wählt man eine zweite Fläche aus, dann nutzt man den Befehl Normal auf...

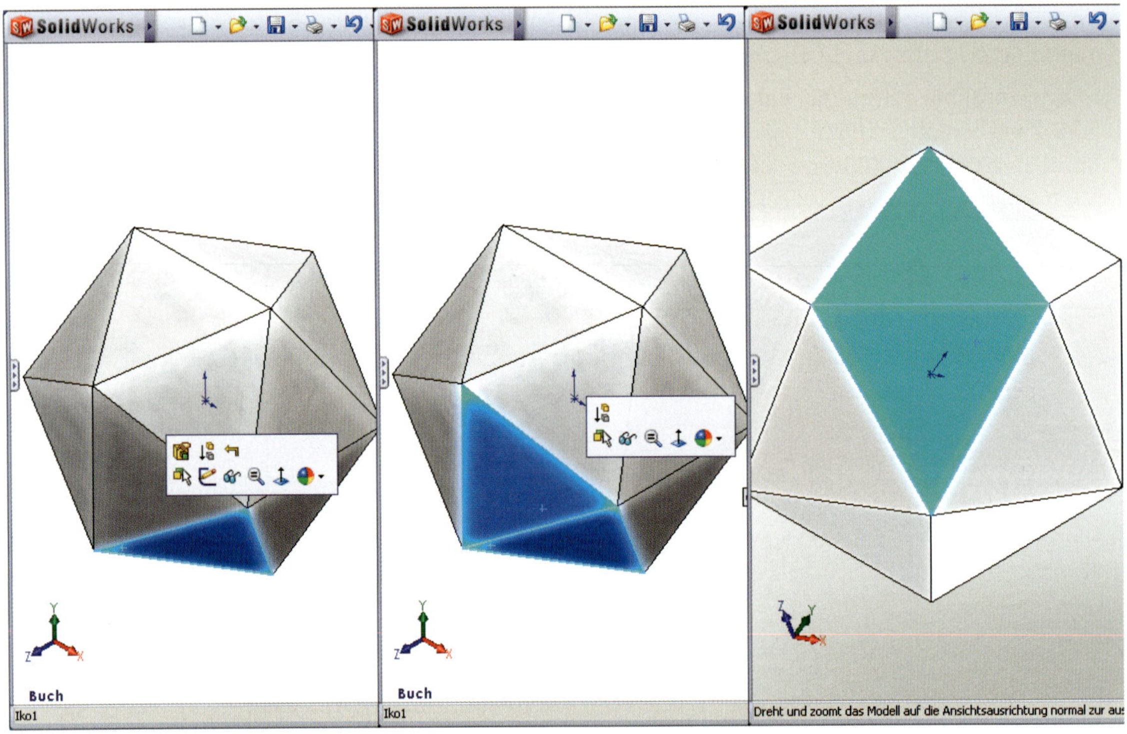

Abb. 6-4 Erste Fläche anwählen, links; mit gerückter ***<Strg>****-Taste die zweite Fläche, Mitte; Befehl ausgeführt, rechts*

Mit dem Menü AUSRICHTEN kann man jetzt eine benutzerdefinierte Ansicht erzeugen, erreichbar mit der <Leertaste>.

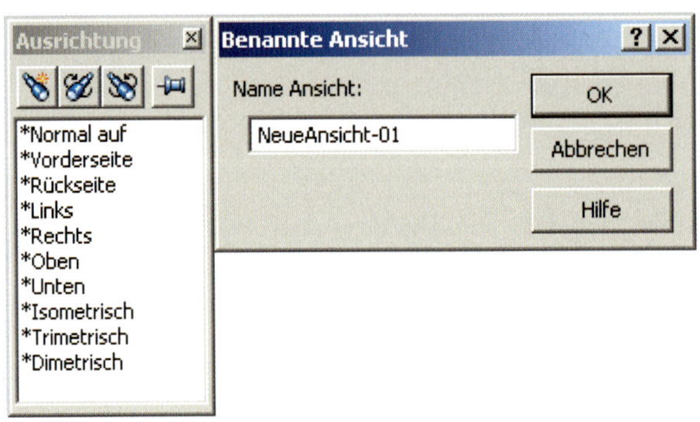

Abb. 6-5 Neue benannte Ansicht anlegen

Die neu angelegte Ansicht kann auch in Zeichnungen des Modells verwendet werden. Mittlerweile kann man auch über die Pfeile der Triade in Verbindung mit den Tasten <Alt> und <Shift> die Ausrichtung des Modells im Ansichtsfenster steuern. Eine weitere Möglichkeit, z.B. eine isometrische Ansicht von der Rückseite des Modells anzulegen, kann man folgendermaßen erreichen:

1. mit der <Leertaste> das Fenster AUSRICHTUNG aufrufen und mit der Anstecknadel sichtbar festpinnen
2. Die *Rückseite mit <LMT> doppelklicken – das Modell richtet sich danach aus.
3. Die *Vorderseite mit <LMT> anklicken – das ist nur die Auswahl für die neue Vorderseite.
4. Im Fenster AUSRICHTUNG auf das Fernrohr in der Mitte klicken. Es gibt eine Meldung:

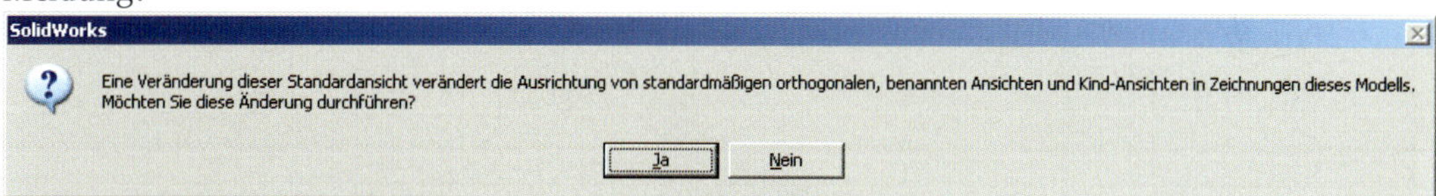

Abb. 6-6 Standardausrichtung ändern

Um eine Veränderung herbeizuführen muss man mit JA bestätigen. Wenn man von diesem Modell schon eine Zeichnung (mit Bemaßungen) erstellt hat und diese jetzt öffnet, wird so einiges durcheinandergeraten, da sich die Ansichten des Modells und die Kind-Ansichten (z.B. projizierte Ansichten) entsprechend drehen.

5. *Isometrisch mit <LMT> doppelklicken – das Modell richtet sich danach aus.
6. Eine neue Ansicht anlegen und z.B. mit ISO-hinten benennen.
7. Im Fenster AUSRICHTUNG auf das Fernrohr rechts klicken. Es erscheint eine Meldung:

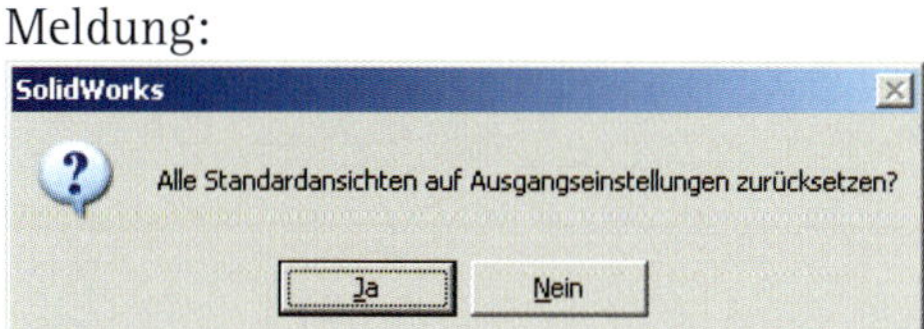

Abb. 6-7 Standardausrichtung zurücksetzen

Wenn man mit JA bestätigt, wird die ganze Verdrehung wieder rückgängig gemacht, d.h., wenn man jetzt erst die Zeichnung öffnet, bleibt alles so, wie es war.

Damit sind die Standardansichten wieder zurückgedreht, man hat aber trotzdem immer noch die ISO-hinten als isometrische Ansicht von hinten zur Verfügung. Anders als bei den Ansichten mit * wird diese benutzerdefinierte Ansicht nicht fensterfüllend gezoomt. Wenn man diese benutzerdefinierte Ansicht in einer Zeichnung verwendet, wird aber das ganze Modell angezeigt.

6.4 Wofür man die Umkehrung der Schnittseite verwendet

Manchmal ist ein Linienzug schon vorhanden, man benötigt aber genau den umgekehrten Fall.

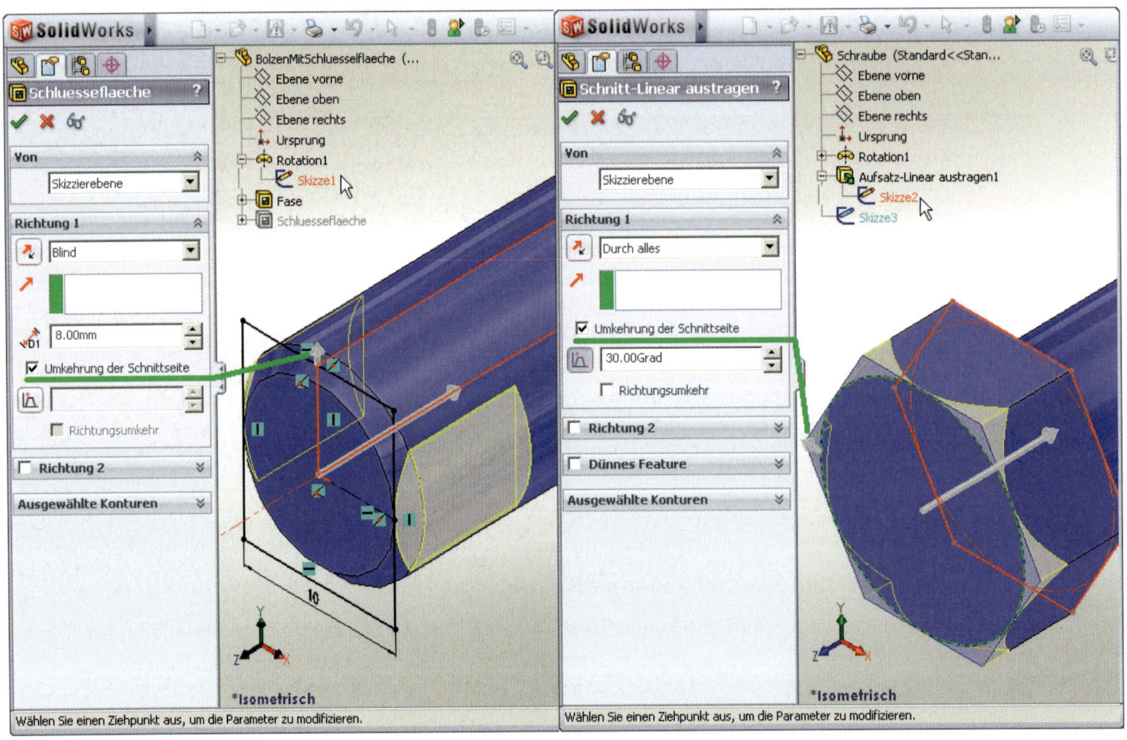

Abb. 6-8 Umkehrung der Schnittseite

Verwendeter Befehl

Im Beispiel links wird die Schlüsselweite durch das Maß (10 mm) bestimmt, die vertikale Richtung ist durch eine Beziehung zur Skizze der Rotation (Eckpunkt aus Skizze1) definiert. Die Anwendung des Schnitt-Linear-austragen-Features würde das Rechteck aus dem Volumenkörper ausschneiden, die Umkehrung der Schnittseite führt zur Darstellung der Schlüsselfläche.

Das Beispiel rechts ist auch eine Möglichkeit, die Fase an den Schraubenkopf zu bringen.

6.5 Wofür man das Austragen mit einem Vektor verwenden kann ...

Seit der Version 2004 kann für das lineare Austragen (Aufsatz oder Schnitt) ein Vektor angegeben werden. Beispiele für die Anwendung:

Verwendeter Befehl

Konturparallele Rippen

Wenn ein Teil mit Formschrägen erstellt oder die Grundform nicht senkrecht zur Austragungsrichtung ist, aber noch weitere konturparallele Features angebracht werden müssen.

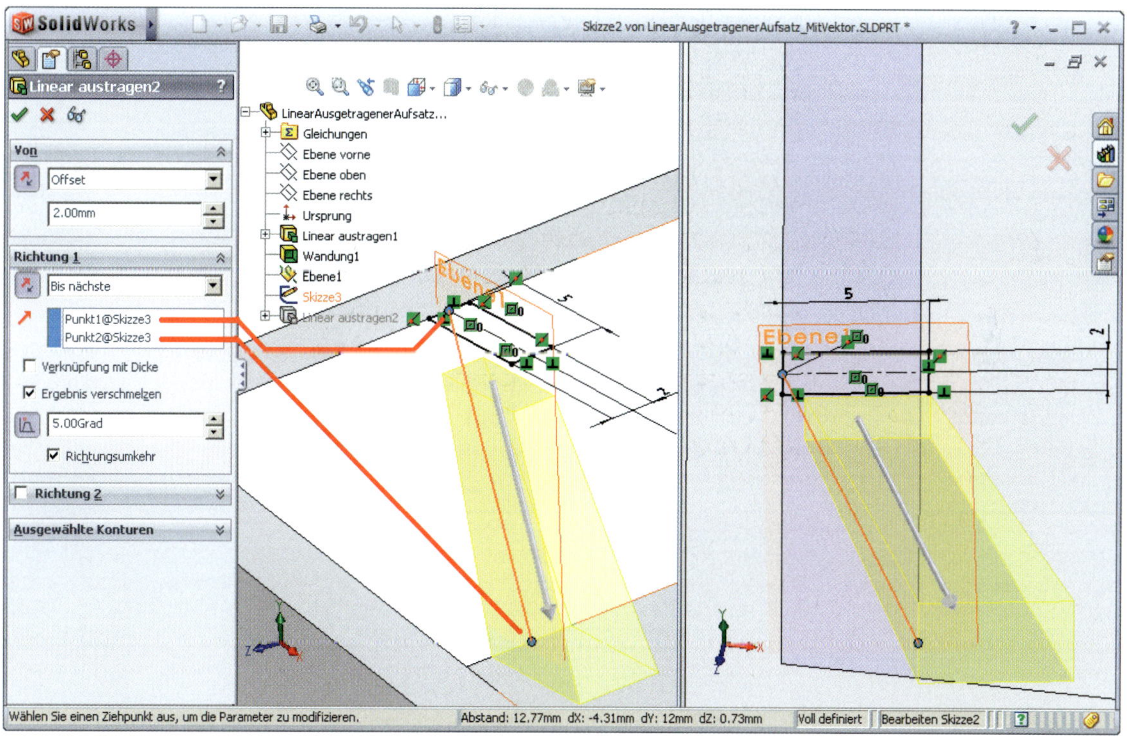

Abb. 6-9 Linear ausgetragener Aufsatz mit Vektor (durch zwei gewählte Punkte)

Abb. 6-9 zeigt die Erstellung einer Rippe mit einem linear ausgetragenen Aufsatz, der mit einem Offset von der Skizzierebene startet. Als Vektor hätte man auch die Linie aus Skizze3 direkt verwenden können. Eine Linie ist aber nicht zwingend erforderlich, man kann, wie im Beispiel gezeigt, auch zwei Punkte vorgeben.

Blechteil Freischnitte

Verwendeter Befehl

Manchmal muss ein ausgewandetes Volumenteil vor der Umwandlung zum Blechteil von Hand frei geschnitten werden. Bei der Umwandlung zum Blechteil kommt es unter bestimmten Voraussetzungen zum Fehlschlagen der Biegungen. Erst der Freischnitt von Hand ermöglicht dann die Abwicklung sowie das anschließende Abbiegen. Die Erstellung des Schnittes durch einfaches lineares Austragen einer Skizze zeigt noch Flächen, die entfernt werden müssen. Falls dies nicht gemacht wird, kann auch dies zu einem Fehlschlagen der Abwicklung bzw. des Abbiegens erfolgen.

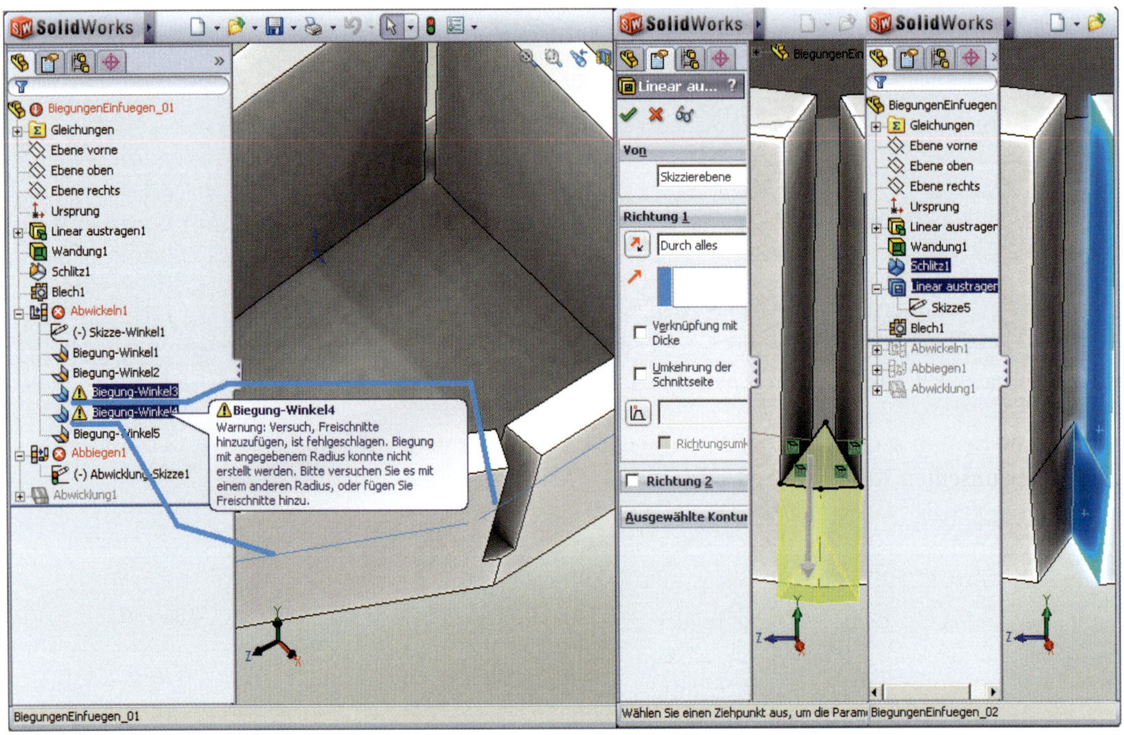

Abb. 6-10 Fehlschlagen der Biegungen, linearer Freischnitt, entstehende Flächen

Die entstandenen Flächen lassen sich z.B. mit dem Befehl FLÄCHE LÖSCHEN entfernen, was aber gar nicht erforderlich ist, wenn man mit einem Vektor für die Schnitt-Austragung arbeitet.

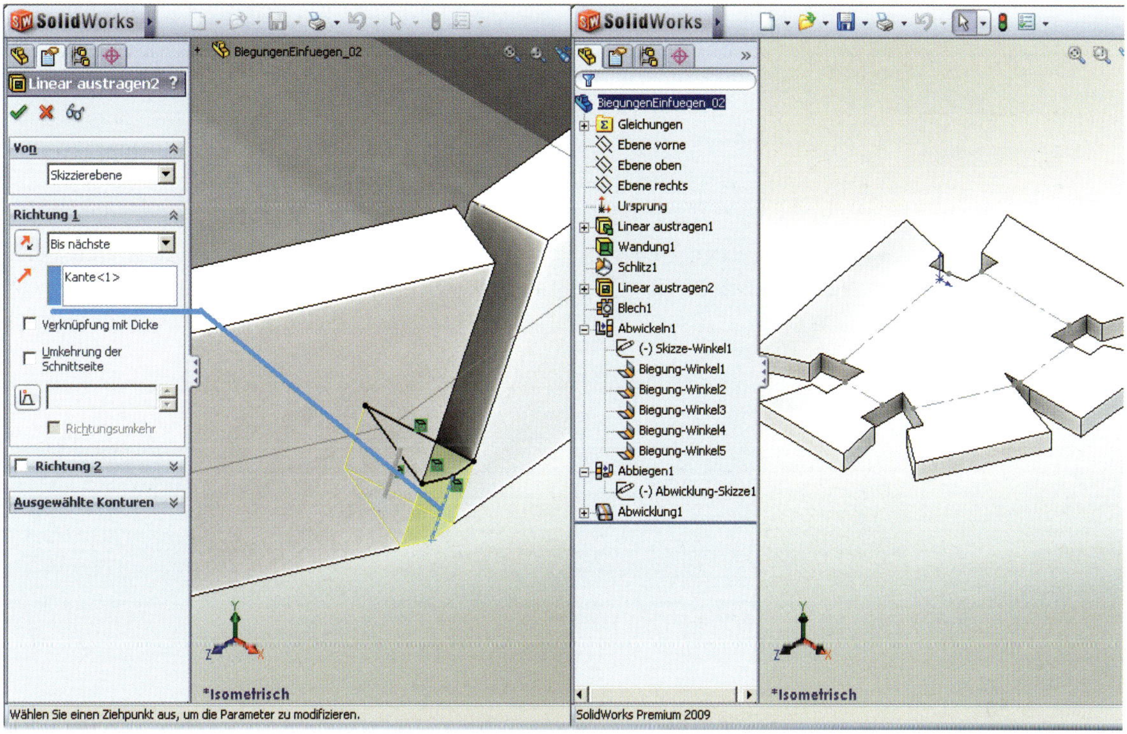

Abb. 6-11 Schnitt mit Vektor, Ergebnis: Abwicklung funktioniert ebenso wie Abbiegen

Wie in Abb. 6-11 gezeigt, sorgt das Austragen des Schnittes mit dem Vektor sofort zu den gewünschten Körperflächen, die dann direkt für die Abwicklung und das Abbiegen verwendet werden können.

Spiegelung einer Kurve

Eine 3D-Kurve soll gespiegelt werden. Dies geht nicht direkt, aber mit einem kleinen Workaround: Man erstellt eine 3D-Skizze und geht über eine linear ausgetragene Oberfläche mit angegebenem Vektor bei anschließendem Spiegeln des Körpers. Die Kante des gespiegelten Oberflächenkörpers (hier nicht dargestellt) würde die gewünschte Kurve wiedergeben.

Verwendeter Befehl

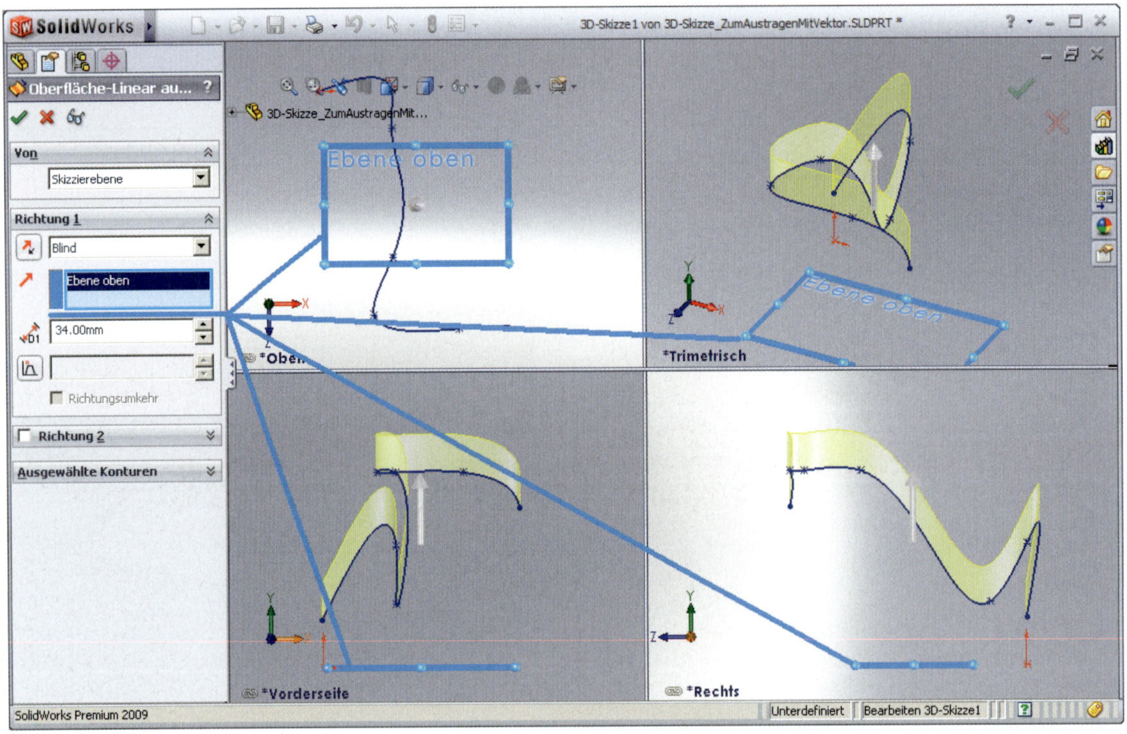

Abb. 6-12 Spline in einer 3D-Skizze in Vierfachansicht; als Vektor wird die Standardebene oben verwendet.

6.6 Wie man mit einer Ebene ein Modell schneidet

Verwendeter Befehl

Interessant ist diese Funktion z.B., wenn man einen Oberflächenkörper aufdickt (EINFÜGEN->FEATURES->WANDDICKE AUFTRAGEN...). Das Material beim Aufdicken wird stets senkrecht zur Oberfläche aufgedickt, was bei unterschiedlichen Winkeln z.B. zur Austragungsrichtung, zu Stufen führt.

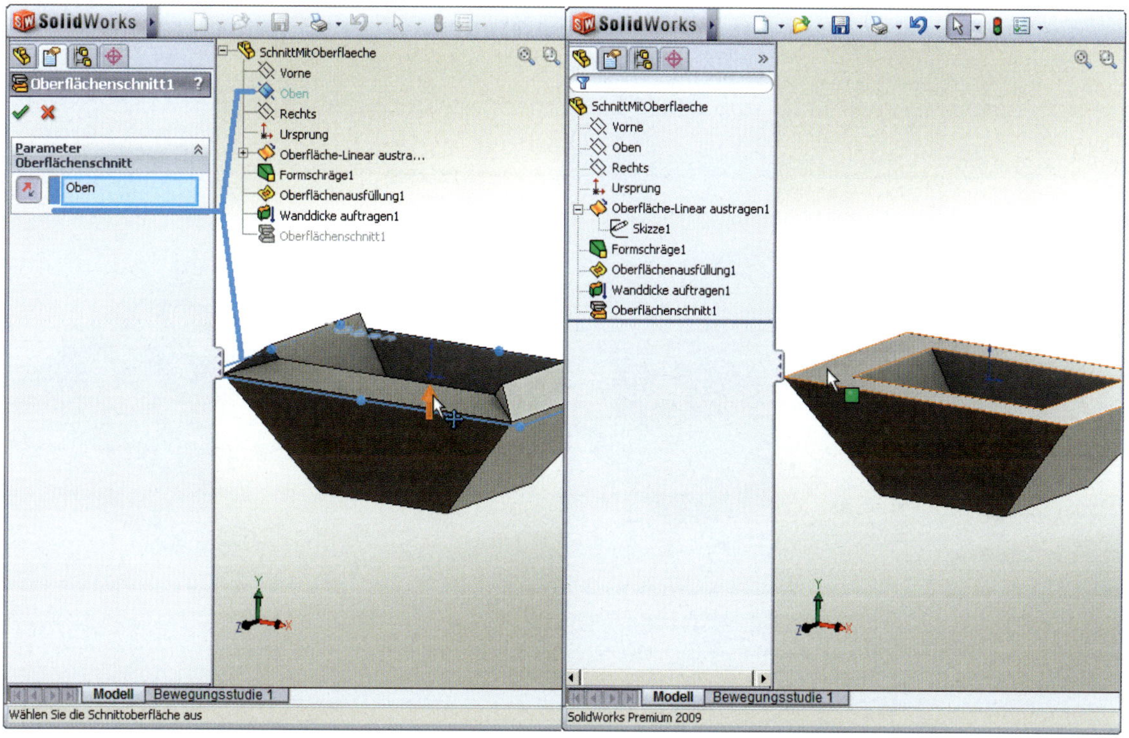

Abb. 6-13 Schnitt mit Oberfläche. Links im Bild sind die acht Flächen der offenen Seite erkennbar; Datei (Version 2009): 5-02_SchnittMitOberflaeche.sldprt.

Die Vorgehensweise dabei ist: Ebene auswählen, EINFUGEN->SCHNITT->MIT OBERFLÄCHE..., die Richtung kann gewechselt werden. Anders als beim Schnitt mit einer realen Oberfläche ist die Ebene unendlich groß. Bei einer realen Oberfläche weist die Fehlermeldung *Operation konnte aufgrund der geometrischen Bedingungen nicht durchgeführt werden* darauf hin, dass die Oberfläche nicht groß genug ist.

6.7 Dass ein linearer Schnitt nicht alles schneiden muss

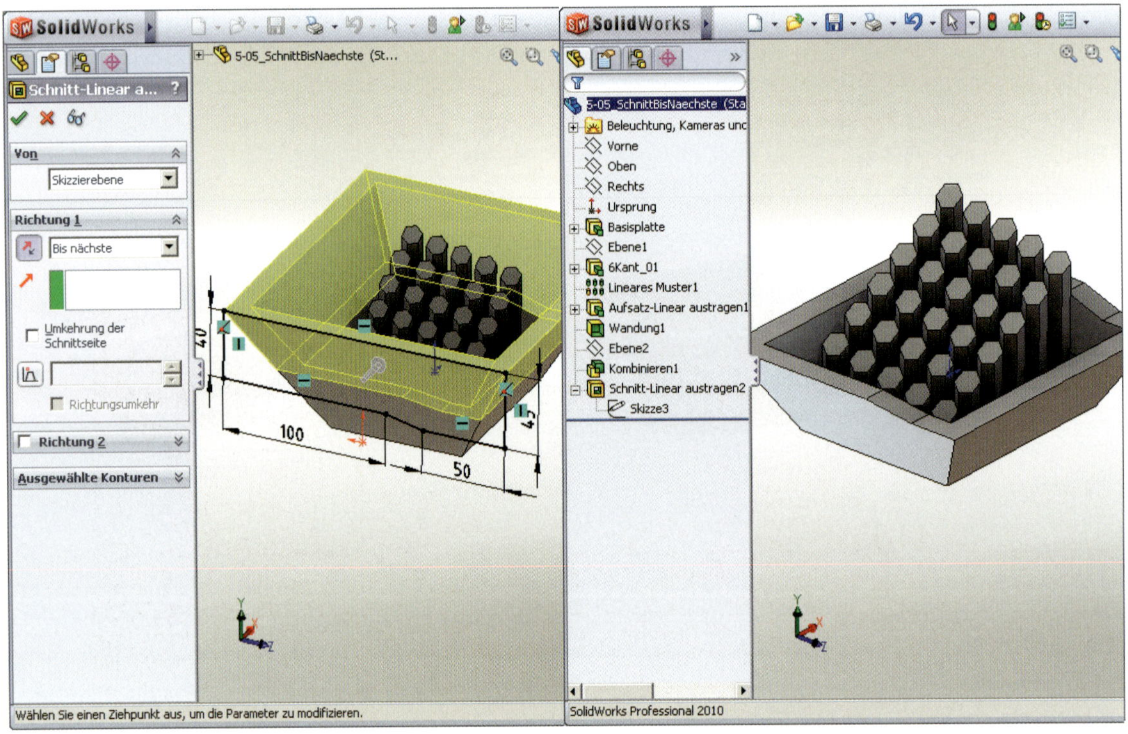

Abb. 6-14 Verwenden der Option Bis Nächste beim linear ausgetragenen Schnitt; Datei (Version 2010): 5-05_SchnittBisNaechste.sldprt

Ähnlich wie schon zuvor bei dem Schnitt mit einer Ebene gezeigt, wird hier ein definierter Bauteilrand benötigt. Die inneren Aufsätze dürfen aber nicht geschnitten werden. Durch die Option Bis Nächste lässt sich dies bewerkstelligen.

6.8 Wie man einen offenen Linienzug für einen Schnitt verwendet

Verwendeter Befehl

Häufig ist bei Modellen die Außenkontur zu bearbeiten, Material wird weggeschnitten. Generell wird bei skizzenbasierten SolidWorks-Features mit einer voll definierten Skizze mit einem geschlossenen Linienzug gearbeitet. Beim geschlossenen Linienzug wird beim linearen Austragen als Feature sofort die Tiefe (Endbedingung: Blind) angezeigt. Um nicht jedes Mal die Tiefe definieren zu müssen, kann man auch mit einem offenen Linienzug arbeiten. Ein offener Linienzug beim linear ausgetragenen Schnitt führt automatisch zur Endbedingung DURCH ALLES in Richtung 1 und in Richtung 2. Dieser Schnitt DURCH ALLES lässt sich nur durch ein DÜNNES FEATURE in eine andere Endbedingung ändern. Die Randbedingung zur Erstellung dieses Features lautet: Der Linienzug verläuft innerhalb der Modellgeometrie (in Projektionsrichtung der Skizze) und bis zur Modellgeometrie oder darüber hinaus.

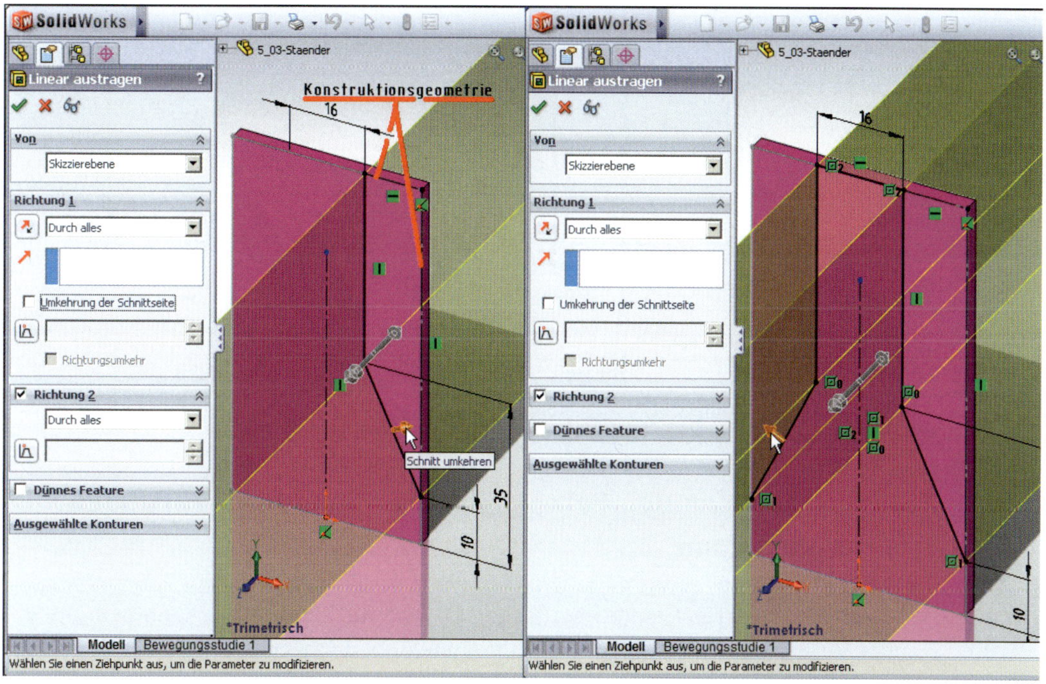

Abb. 6-15 Schnitt mit offenem Linienzug. Links im Bild: Zwei Linien bilden mit zwei Konstruktionslinien einen geschlossenen Kurvenzug. Rechts: die zwei Linien gespiegelt um die Mittellinie und mit einer horizontalen Linie verbunden; Datei (Version 2009): 5-03_Staender.sldprt

In der rechten Bildhälfte von Abb. 6-15 werden die gespiegelten Linien mit den ursprünglichen Linien durch eine weitere Volllinie verbunden, da die Funktion nur einen offenen Linienzug zulässt. Wenn man diese Verbindung nicht hinzufügt, erscheint die Fehlermeldung:

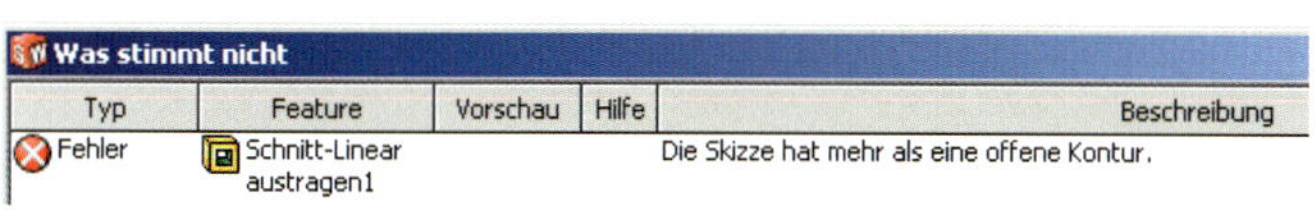

Abb. 6-16 Fehlermeldung „offene Kontur"

Tipp:

Wenn man ein Viereck wie in Abb. 6-17 erzeugen will (zwei Linien und zwei Konstruktionslinien), kann man auch mit einem Rechteck starten, die horizontale Beziehung der unteren Linie löschen, den Endpunkt mit der linken Maustaste ziehen und die beiden gewünschten Linien (oben und rechts) zur Konstruktionsgeometrie umdefinieren.

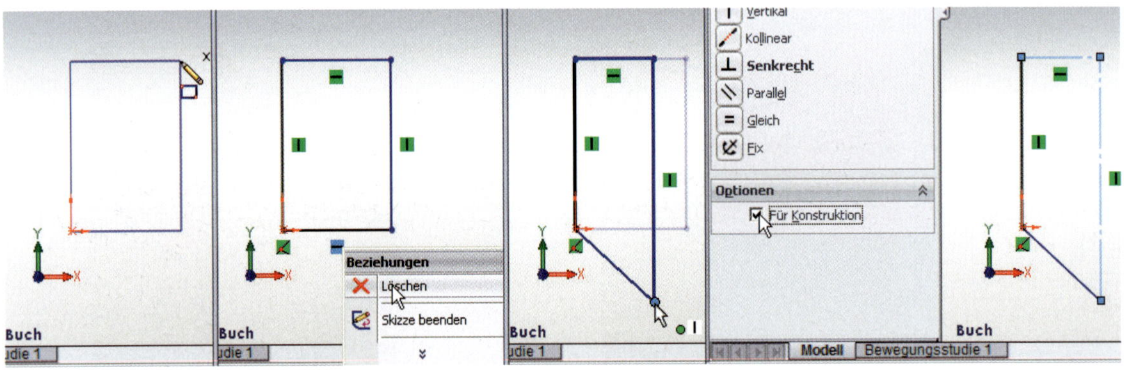

Abb. 6-17 In wenigen Schritten vom Rechteck zum offenen Linienzug

6.9 Wofür man den Befehl „Schnitt-Wanddicke auftragen" verwenden kann

Verwendeter Befehl

wird im FeatureManager™ und Pull-down-Menü als SCHNITT-WANDDICKE AUFTRAGEN *angezeigt.*

Wenn der Schnitt mit einer Oberfläche zur Fehlermeldung führt, kann man mit einem Vorgang mit SCHNITT-WANDDICKE AUFTRAGEN analysieren, warum das Feature fehlschlägt. In dem einfachen Beispiel kann man schon erahnen, dass der Oberflächenschnitt fehlschlägt, weil die Bohrungen eine Öffnung im Schnittwerkzeug darstellen und somit der Volumenkörper nicht vollständig geschnitten werden kann. Bei komplexeren Modellen ist der Bereich, der zum Fehlschlagen führt, meist schwieriger herauszufinden.

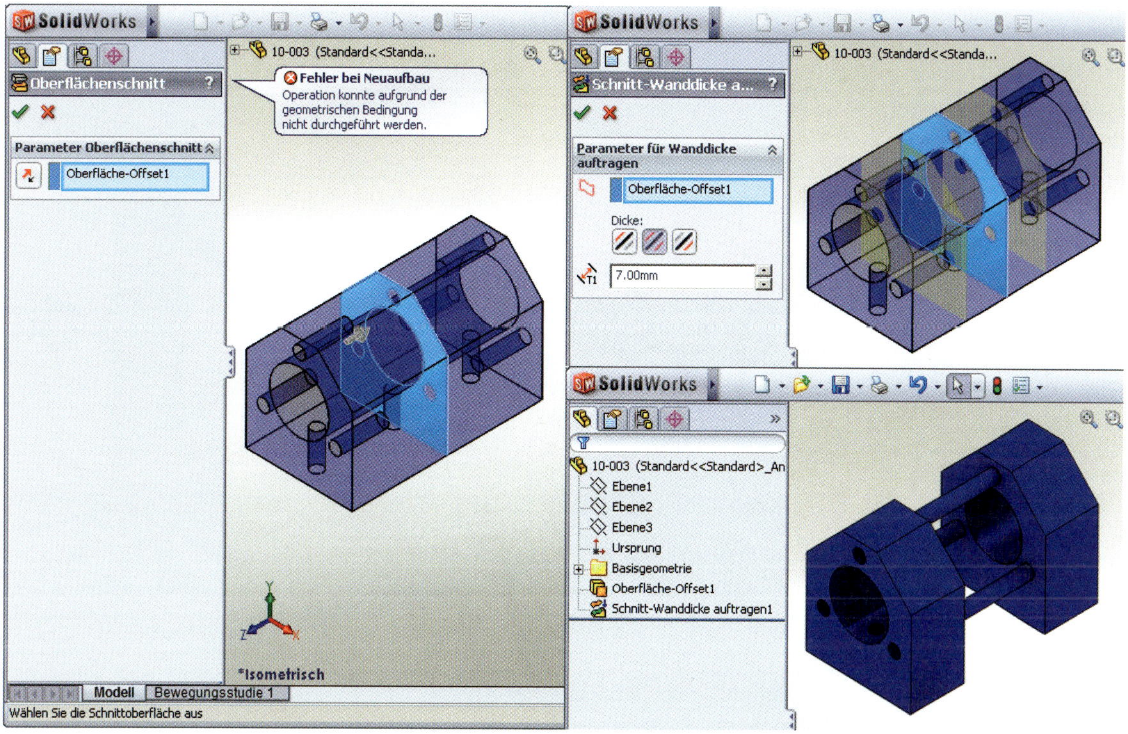

Abb. 6-18 Links: Fehlschlagen des Oberflächenschnittes. Rechts: SCHNITT-WANDDICKE AUFTRAGEN als Analysewerkzeug – es bleiben drei Zylinder stehen (unten).

Ein weiteres Beispiel mit SCHNITT-WANDDICKE AUFTRAGEN ist an die Technik von Mike Wilsons kurvengesteuerten Mustern angelehnt. Schon mit der SolidWorks-Version 2001plus sind kurvengesteuerte Muster möglich, die sich an Raumkurven orientieren. Die Ausrichtung der Features scheint nicht so trivial zu sein, da erst einige Versionen später auch die Ausrichtung der Features wie erwartet berechnet und dargestellt wird. Als Workaround für wenige Speziallösungen kann man, wie hier gezeigt, mit der Funktion SCHNITT-WANDDICKE AUFTRAGEN arbeiten.

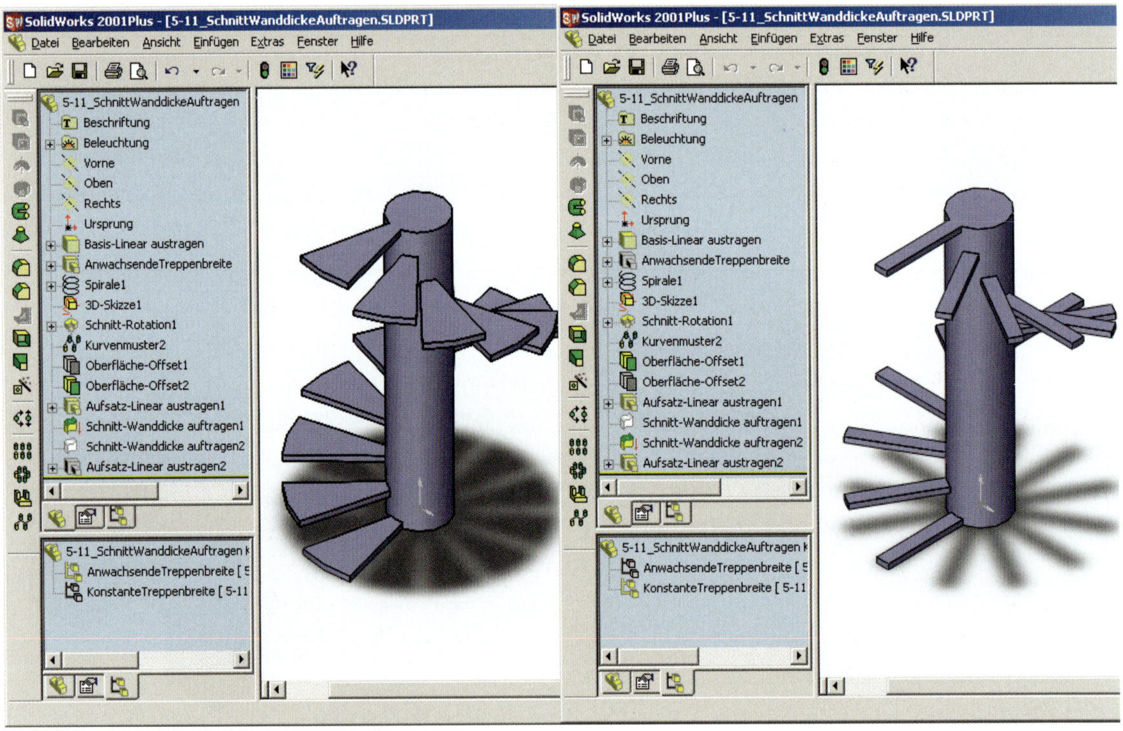

Abb. 6-19 Kurvengesteuertes Muster. Links: SCHNITT-WANDDICKE AUFTRAGEN mit zylindrischer Offset-Oberfläche; Rechts: SCHNITT-WANDDICKE AUFTRAGEN mit polygonförmiger Offset-Oberfläche; Datei (Version 2001plus): 5-11_SchnittWanddickeAuftragen.sldprt

Der Screenshot soll nur als Beweis dienen, dass dies auch schon mit SolidWorks-Version 2001plus funktioniert hat.

1. Das erste Feature basiert auf einer Polygonskizze. Das erste FEATURE BASIS-LINEAR AUSTRAGEN stellt die Säule in der Mitte dar.
2. Das Feature ANWACHSENDETREPPENBREITE trägt eine Kreisskizze linear als Aufsatz aus. In der Konfiguration *KonstanteTreppenbreite* ist dieses Feature unterdrückt.
3. Die Spirale ist die Basis für die Anordnung der Stufen.
4. Da die Spirale nicht direkt als Kurve für das kurvengesteuerte Muster verwendet werden kann, ist hier eine 3D-Skizze eingefügt. Die Spirale wird als Element in die Skizze übernommen. Dieser Spline wird als Kurve für das kurvengesteuerte Muster akzeptiert.
5. Das Feature Schnitt-Rotation1 unterbricht die Fläche1.

6. Das kurvengesteuerte Muster KURVENMUSTER2 unterbricht in der Konfiguration *AnwachsendeTreppenbreite* die zylindrische Fläche an den Stellen, an denen später eine Stufe entstehen soll.
   In der Konfiguration *KonstanteTreppenbreite* werden die Planflächen des Polyeders unterbrochen.
7. Der OBERFLÄCHEN-OFFSET1 wird auf alle Seitenflächen des Polyeders angewendet. In der Konfiguration *AnwachsendeTreppenbreite* ist dieses Feature unterdrückt.
8. Der OBERFLÄCHEN-OFFSET2 wird auf die Zylinderfläche in der Mitte angewendet. In der Konfiguration *KonstanteTreppenbreite* ist dieses Feature unterdrückt.
9. Der AUFSATZ-LINEAR AUSTRAGEN1 sorgt für das eigentliche Volumen der Treppenstufen.
10. Für das Feature SCHNITT-WANDDICKE AUFTRAGEN1 wird die mit dem Feature OBERFLÄCHEN-OFFSET2 erstellte Oberfläche verwendet. Die Wanddicke ergibt die Stufenbreite.
11. Für das Feature SCHNITT-WANDDICKE AUFTRAGEN2 wird die mit dem Feature OBERFLÄCHEN-OFFSET1 erstellte Oberfläche verwendet. Die Wanddicke ergibt die Stufenbreite.
12. Der AUFSATZ-LINEAR AUSTRAGEN2 wird nur in der Konfiguration *KonstanteTreppenbreite* verwendet, um die aus dem Polygon entstandenen Flächen zu verdecken.

Wesentlicher Punkt: Bei der Erstellung des Modells mit konstanter Treppenbreite muss man lediglich darauf achten, dass man den Winkel zwischen den Stufen (die Anzahl der Stufen) mit der Anzahl der Polygonlinien in der Basisskizze abstimmt. Dies könnte man zum Beispiel mit der Verwendung von Gleichungen erreichen.

6.10 Wie man eine Wendeltreppe aus Blech erstellt

Das zuvor gezeigte kurvengesteuerte Muster stand in der SolidWorks-Version 2001 noch nicht zur Verfügung. Eine Möglichkeit, trotzdem aus einem Einzelteil die Geometrie einer Wendeltreppe zu erzeugen, war durch die Verwendung von Blechfeatures gegeben. SKIZZIERTE BIEGUNG ist ein Blechfeature, mit dem sich die Geometrie darstellen lässt.

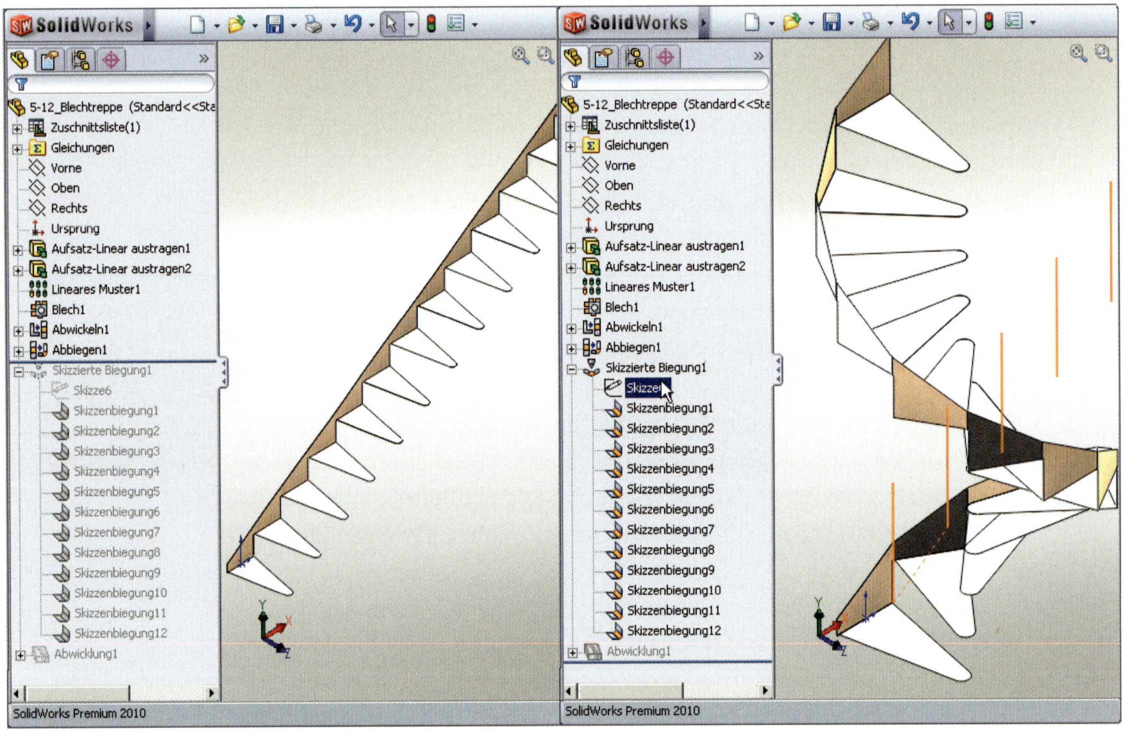

Abb. 6-20 SKIZZIERTE BIEGUNG. Links: Darstellung ohne SKIZZIERTE BIEGUNG als lineare Treppe; rechts: eingefügtes Blechfeature SKIZZIERTE BIEGUNG; Datei (Version 2010): 5-12_Blechtreppe.sldprt

Verwendeter Befehl

Das in Abb. 6-20 gezeigte Beispiel basiert auf der Blechmethode Biegungen einfügen. Voraussetzung dafür ist eine gleichmäßige Wandstärke. Es wird nur eine Stufe modelliert und diese durch ein lineares Muster vervielfältigt. Nach dem Einfügen der Biegungen wird zwischen zwei Stufen eine Linie skizziert, hier im Beispiel zwischen der ersten und zweiten Stufe. Mit einem Skizzenmuster wird die Linie vervielfältigt. Die Angabe des Winkels mit 30° gilt für jede Biegelinie. Dadurch ist die Wendeltreppe erst möglich.

6.11 Dass man drei Punkte auch für eine Winkelbemaßung nutzen kann

Manchmal stehen beim Bemaßen eines Winkels keine zwei Linien (oder Konstruktionslinien) zur Verfügung. Alternativ kann man auch drei Punkte zum Bemaßen eines Winkels verwenden. Dazu muss man die Punkte nacheinander anklicken.

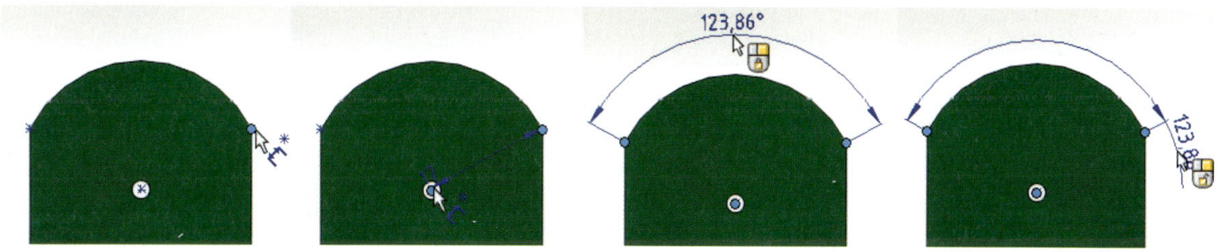

Abb. 6-21 Von links nach rechts: ersten Punkt auswählen; zweiten Punkt auswählen; dritten Punkt auswählen und die Bemaßung platzieren; das Platzieren der Bemaßung ist auch außerhalb der Maßhilfslinien möglich (RMT verwenden, man beachte das Symbol am Mauszeiger).

6.12 Dass man die Positionsskizze des Bohrungsassistenten für ein skizzengesteuertes Featuremuster verwenden kann

Verwendete Befehle

Das Beispiel zeigt, wie ein Flansch mit einem featuregesteuerten Komponentenmuster in einer Baugruppe eingebaut wird. Dazu muss die Intelligenz für das Komponentenmuster im Einzelteil liegen. Die Besonderheit an dieser Stelle: Das skizzengesteuerte Muster im Einzelteil basiert auf der Positionsskizze eines Bohrungsassistentfeatures.

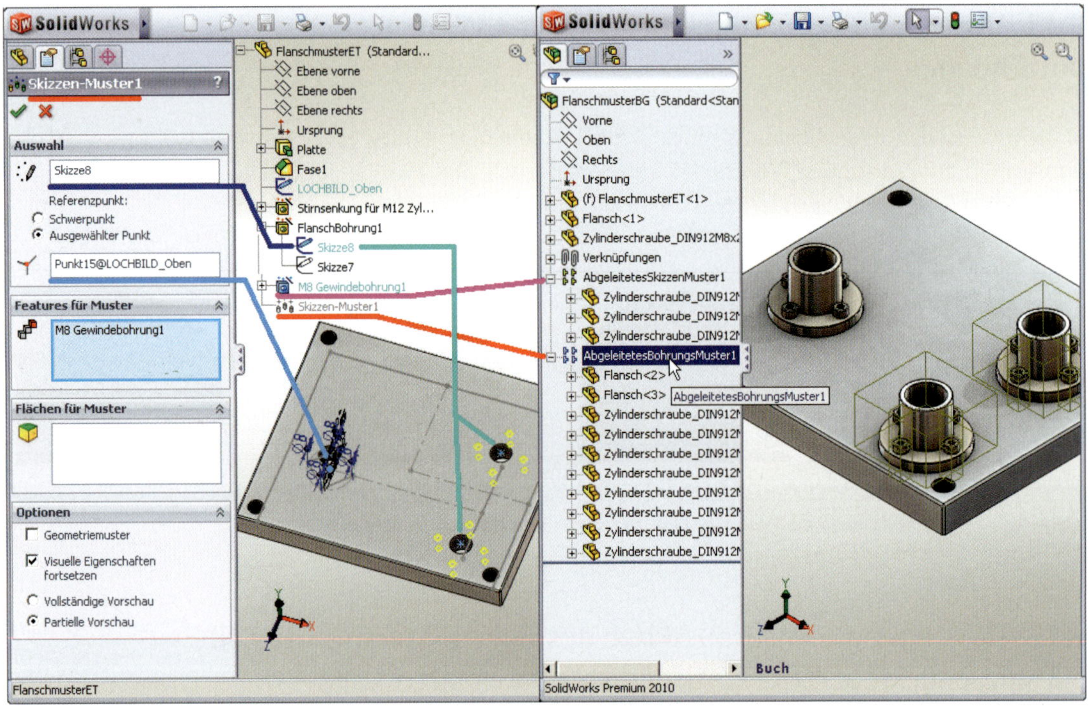

Abb. 6-22 Skizzenmuster basiert auf Positionsskizze des Bohrungsassistentfeature.

In Abb. 6-22 zeigt die linke Hälfte die Definition des Skizzenmusters. Die Skizze8 ist die Positionsskizze des Bohrungsassistentfeatures FlanschBohrung1. Die M8 GEWINDEBOHRUNG1 (vier Gewindebohrungen) wird an die entsprechenden Orte der Flanschbohrungen (Punkte in der definierenden Skizze8) gesetzt. In der rechten Hälfte ist die Verwendung der Features für die abgeleiteten Komponentenmuster (AbgeleitetesSkizzenMuster1 und AbgeleitetesBohrungsMuster1) dargestellt. Ein Flansch und eine Zylinderschraube müssen eingefügt und positioniert werden. Die restlichen Instanzen von Flanschen und Schrauben können durch Verwenden der featuregesteuerten Komponentenmuster erstellt werden. Das spart Zeit, da das Einfügen und die Verknüpfung der weiteren Modellinstanzen nicht erforderlich sind.

Erweiterungen um einen Flansch mit Schrauben sind ganz leicht möglich, indem man in der Positionsskizze der FlanschBohrung1 einen weiteren Skizzenpunkt hinzufügt. In der Baugruppe werden (nach dem Aktualisieren) die neuen Instanzen der Komponenten eingefügt. Das Entfernen eines Skizzenpunktes in der Positionsskizze der FlanschBohrung1 entfernt auch die Instanz des Flanschs sowie die Instanzen der Schrauben in der Baugruppe. Durch diese Vorgehensweise wird kein Teil vergessen, die Stückliste enthält immer alle Teile.

6.13 Wofür die Nummer der Instanz wichtig ist

Verwendeter Befehl

Die Instanz einer Komponente in der Baugruppe wird durch die Zahl in <>-Klammern angezeigt. Jede Komponente muss eindeutig identifiziert sein, allein schon zur Verknüpfung. Wissenswert ist, dass die Nummerierung sich immer an der höchsten Zahl einer eingefügten Komponenteninstanz orientiert. Wenn man ein Teil einfügt, bekommt es die <1>, die nächsten sind z.B. <2>, <3>, <4> und <5>. Löscht man nun <3> und fügt erneut die Komponente wieder ein, wird diese Instanz mit <6> eingefügt. Löscht man <6> und fügt die Komponente erneut ein, wird <7> eingefügt.

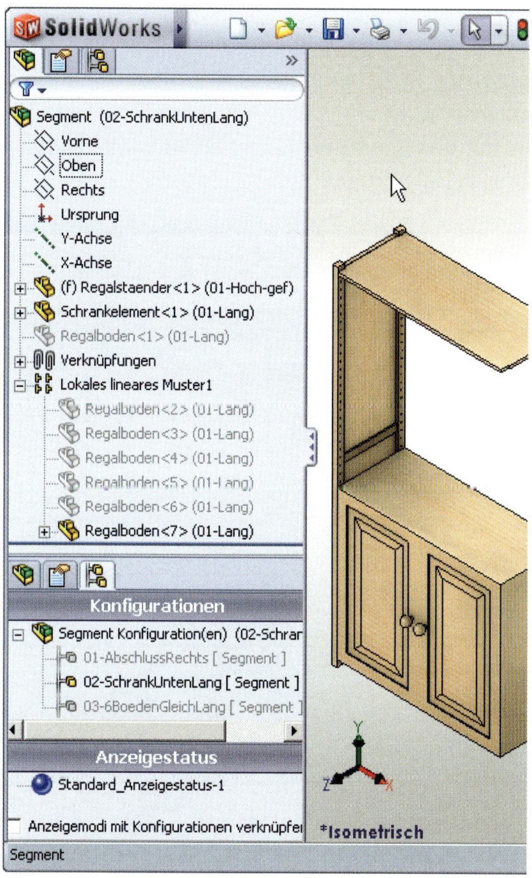

Abb. 6-23 Eine konfigurierte Unterbaugruppe; Datei (Version 2010): 5-06_Segment.sldasm

Zur Vollständigkeit erwähnt: Speichert man die Baugruppe nach dem Löschen von <6> (mit <5> als höchster Instanz) und fügt nach erneutem Öffnen die nächste Instanz ein, erhält diese die <6>. Besonders wichtig ist die Kenntnis der Instanz, wenn man z.B. die Konfiguration von Komponenten in der Baugruppe über eine Konstruktionstabelle steuern will.

Das Beispiel basiert auf einer Unterbaugruppe mit Konfigurationen. Die Komponenten sind mit Konfigurationen angelegt, in der Unterbaugruppe ist ein Komponentenmuster vorhanden. Im Komponentenmuster (Lokales lineares Muster1) kann man hinter dem Namen die Nummern der Komponenteninstanzen sehen. Die einzelnen Konfigurationen stellen im Beispiel die Varianten mit Regalböden oder Schrankelemente zwischen den Regalständern dar. Natürlich ist hier die Anzahl der Konfigurationen noch nicht vollständig angelegt. Allein die Vorstellung, dass auch verschiedene Breiten und Tiefen der Regalböden und Schrankelemente als Konfiguration angelegt werden können, zeigt die mögliche Vielfalt. Die verwendeten Komponenten werden in eine (neue) Konfiguration eingefügt und wenn erforderlich mit einem Komponentenmuster vervielfältigt.

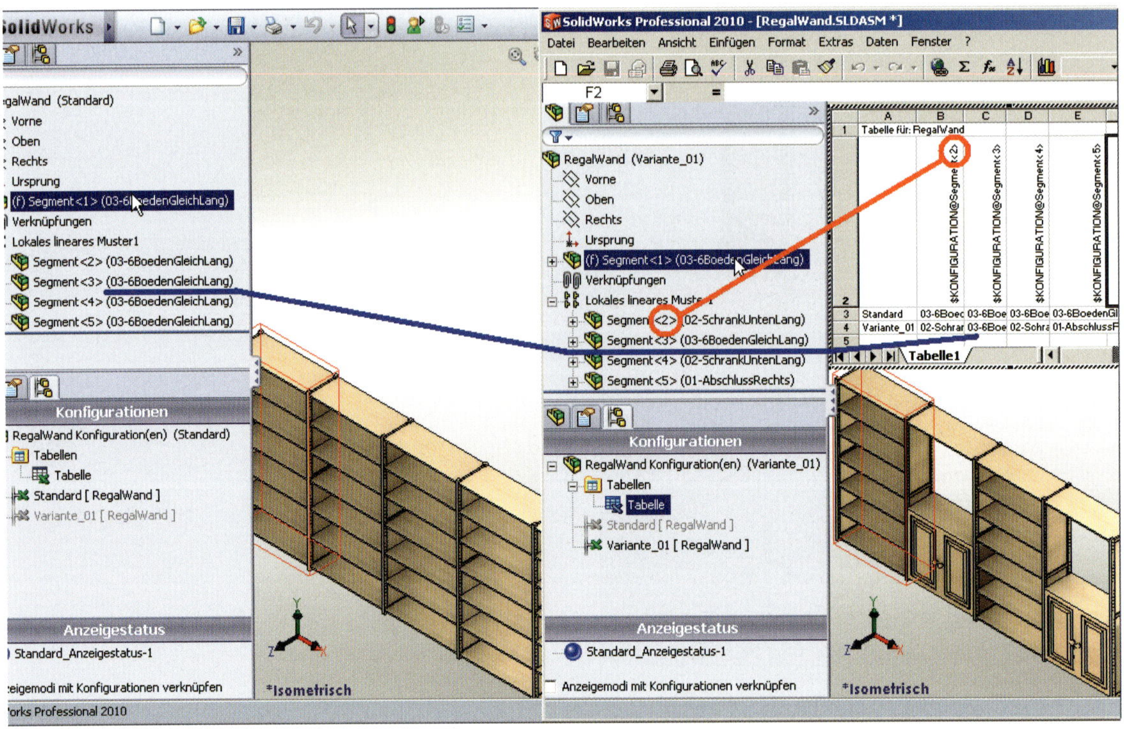

Abb. 6-24 Komponenteneigenschaft Konfiguration über eine Tabelle gesteuert. Links Konfiguration Standard, rechts Konfiguration Variante_01; Datei (Version 2010): 5-07_RegalWand.sldasm

Um das Beispiel fortzuführen, wird die Unterbaugruppe Segment.sldasm in eine übergeordnete Baugruppe eingefügt. Ein lokales lineares Muster vervielfältigt die Unterbaugruppe Segment.sldasm in dieser Baugruppe. Die gewählte Konfiguration der Komponenteninstanzen (Segment.sldasm) muss in die Spalte mit der Formatierung $KONFIGURATION@Segment<2> und der korrespondierenden Zeile der Baugruppenkonfiguration eingefügt werden. Die <2> stellt hier die Musterinstanz dar.

Tipp:

Um die Formatierung richtig erzeugt zu bekommen, kann man auch eine Konfiguration von Hand anlegen. Anschließend könnte man die Komponenteneigenschaften einer oder mehrerer Baugruppenkomponenten aufrufen und die Konfiguration der Baugruppenkomponente nur für diese Konfiguration (der Hauptbaugruppe) wählen. Die automatische Erstellung einer Excel-Tabelle bringt die richtige Formatierung mit sich. Zur Erhöhung des Automatisierungsgrades könnte man die Baugruppe Segment.sldasm in die Featurebibliothek einfügen. Die Excel-Tabelle könnte man in einer externen Tabelle speichern. Die Vorgehensweise zum Erstellen einer neuen Baugruppe wäre:

1. neue Baugruppe erzeugen
2. Komponentenbaugruppe aus der Featurebibliothek einfügen
3. Mustern wie gewünscht
4. Einfügen der externen Excel-Tabelle

Ein weiterer Vorteil durch die Verwendung einer Excel-Tabelle liegt darin, dass die Varianten (bei entsprechender Dokumentation) auch ohne die Anwendung von SolidWorks erstellt werden können. Die Variantenmodelle können natürlich nur im SolidWorks selbst erzeugt werden.

6.14 Um den Unterschied zwischen Umwickeln und Trennlinie

Verwendeter Befehl

Bis zur SolidWorks-Version 2010 war es immer schwierig, komplexere Trennlinien zu erzeugen. Eine der gravierendsten Einschränkungen der Trennlinien-Funktion war, dass keine eingebetteten Konturen zulässig waren. Die Trennlinien-Funktion konnte z.B. nicht zum Auftrennen von Flächen oder Oberflächen durch Texte verwendet werden, da diese (je nach Schriftart) bei vielen Buchstaben eine eingebettete Kontur aufweisen, ähnlich wie zwei konzentrische Kreise. Auch die Verwendung mehrerer geschlossener Profile war nicht möglich. Wenn man sich aber auf eine Fläche beschränken kann, dann ist die Funktion Umwickeln für solche Anwendungsfälle geeignet.

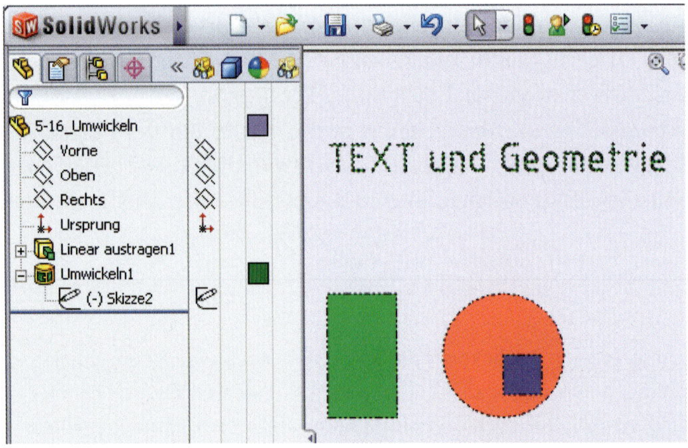

Abb. 6-25 Umwickeln als Trennlinie genutzt; Datei (Version 2009): 5-16_Umwickeln.sldprt

In Abb. 6-25 ist das Feature mit grüner Farbe hervorgehoben. Die rote und die blaue Fläche sind separat eingefärbt. Wie man leicht sieht, ist der Text auch in der Featurefarbe eingefärbt. Die Darstellung der Ränder der Flächen ist durch die Systemoption ANZEIGE TANGENTIALER KANTEN IN TEIL/BAUGRUPPE im Untermenü ANZEIGE/AUSWAHL eingestellt; hier: ALS PHANTOM. In der SolidWorks-Version 2010 lassen sich solche Geometrien mit dem TRENNLINIEN-Befehl direkt auf mehrere Flächen projizieren.

Beim Exportieren in ein Neutralformat (IGES, STEP) werden die mit dem Befehl TRENNLINIE aufgetrennten Flächen nicht übertragen. Es entsteht wieder eine durchgehende Fläche.

6.15 Wie man einen (nicht vorhandenen) Eckpunkt an importierter Geometrie bemaßen kann

Verwendete Befehle

Wenn man Skizzengeometrie in SolidWorks erzeugt, kann man den Schnittpunkt von Linien beibehalten, wenn diese verrundet werden. Allein dadurch, dass die Geometrie vor dem Verrunden bemaßt wurde, kann über den Befehl der Skizzenverrundung mit der Option ECKEN MIT ZWANGSBEDINGUNGEN BEIBEHALTEN die Bemaßung zu dem Schnittpunkt erhalten werden. In Abb. 6-26 wird neben dem Befehl SKIZZENVERRUNDUNG auch die Art der Darstellung, ausgewählt in den Dokumenteigenschaften, gezeigt.

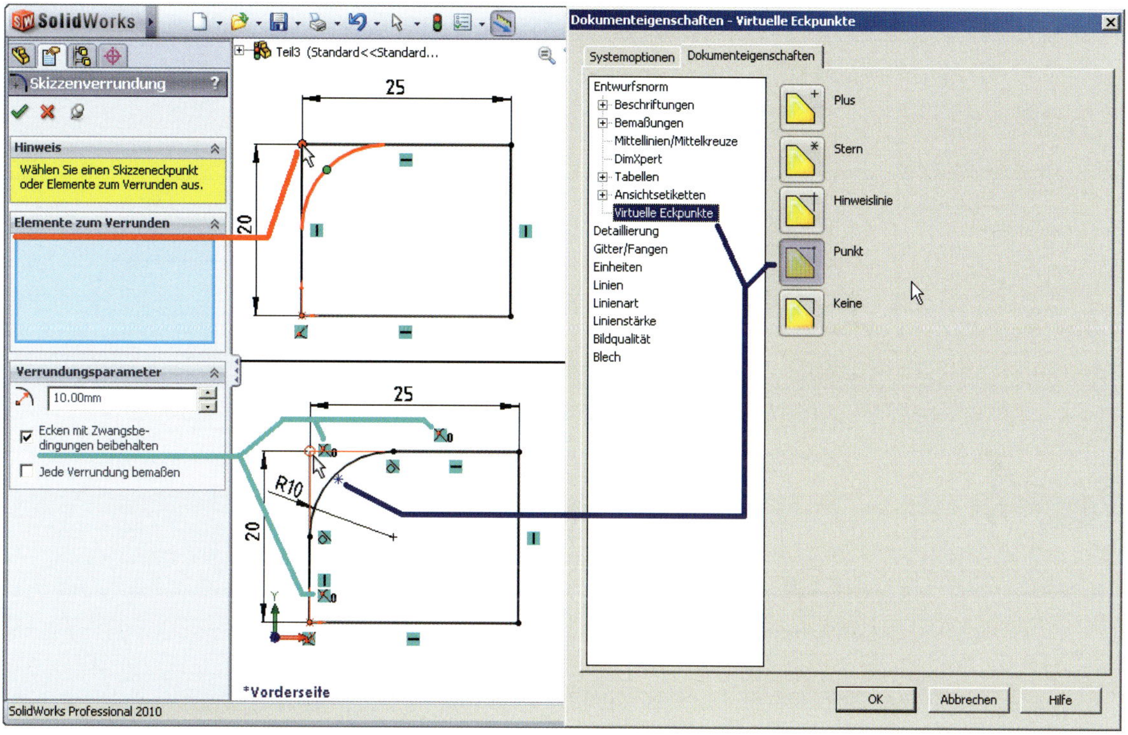

Abb. 6-26 Virtuelle Eckpunkte in der Teileskizze

Wenn man mit importierter Geometrie arbeitet, ist dies so nicht möglich. In einer Zeichnung kann man den virtuellen Schnittpunkt einfach erzeugen.

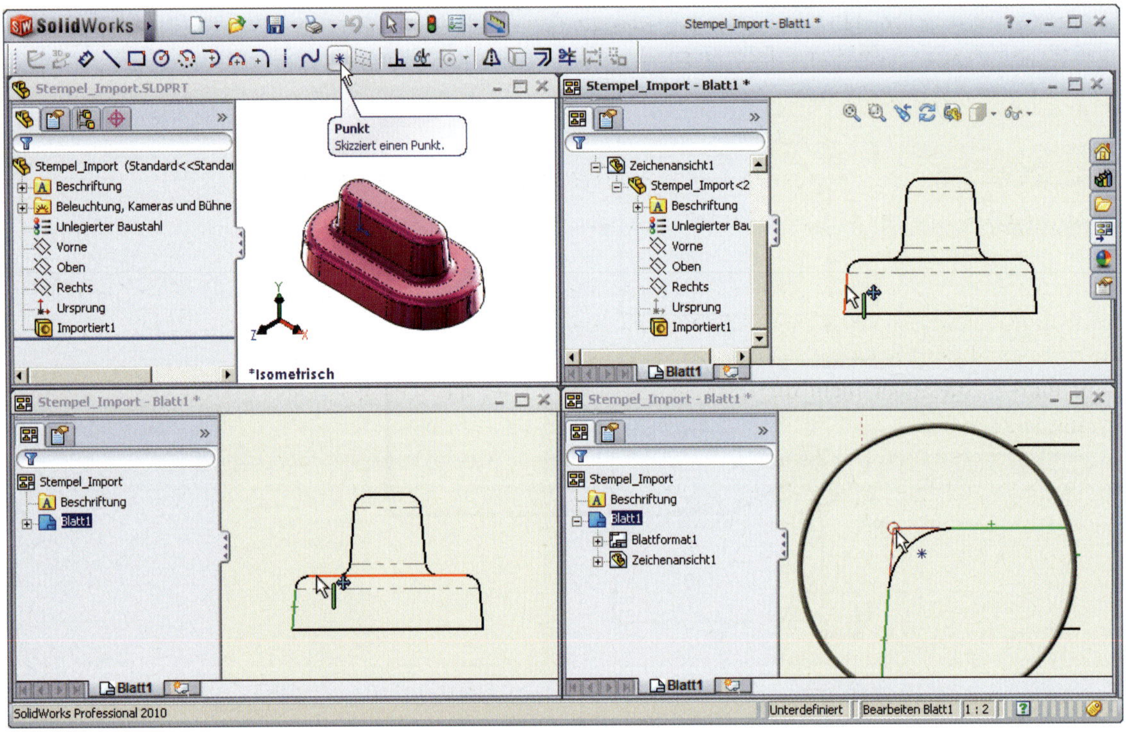

Abb. 6-27 Virtueller Eckpunkt in der Zeichnung von importierter Geometrie

In Abb. 6-27 oben links ist der importierte Körper dargestellt. Oben rechts wird eine der Kanten ausgewählt, die für den virtuellen Schnittpunkt benötigt wird. Unten links wird die zweite Kante (mit gedrückter **<Strg>**-Taste) gewählt. Direkt danach wird der Befehl PUNKT angewendet, der zum virtuellen Eckpunkt (Lupenanzeige unten rechts) führt. Die Art der Darstellung des virtuellen Eckpunktes wird auch hier in den Dokumenteigenschaften eingestellt.

6.16 Dass man auch in Zeichnungen mit benutzerdefinierten Ansichten arbeiten kann

Verwendeter Befehl

Auch in Zeichnungen kann man den Befehl AUSRICHTUNG ANSICHT verwenden.

Die Leertaste (auch SpaceBar) ist als Standard-Tastenbelegung im SolidWorks definiert. Während im Modellierbereich das erscheinende Fenster mit den Standardansichten gefüllt ist, findet man im Zeichnungsbereich nur einen Eintrag: *Ganzes Blatt. Eine sinnvolle neue Ansicht ist der Bereich des Schriftfeldes der Zeichnung.

Dies sollte man besonders dann verwenden, wenn auch die Funktion TITELBLOCK zum Einsatz kommt. Zweckmäßigerweise würde man diese Ansichtsdefinition in alle Zeichnungsvorlagen einfügen.

Abb. 6-28 Ausrichtung Ansicht

6.17 Wie man intelligente Komponenten in einer anderen Baugruppenebene wirken lassen kann

Zuvor wurde schon der Umgang mit intelligenten Komponenten gezeigt. In der Baugruppenebene, in der die intelligente Komponente eingefügt wird, werden auch die intelligenten Feature auf die entsprechenden Komponenten angewendet. Manchmal ist dies aber nicht die Baugruppenebene, in der die Stücklistenposition erzeugt werden soll.

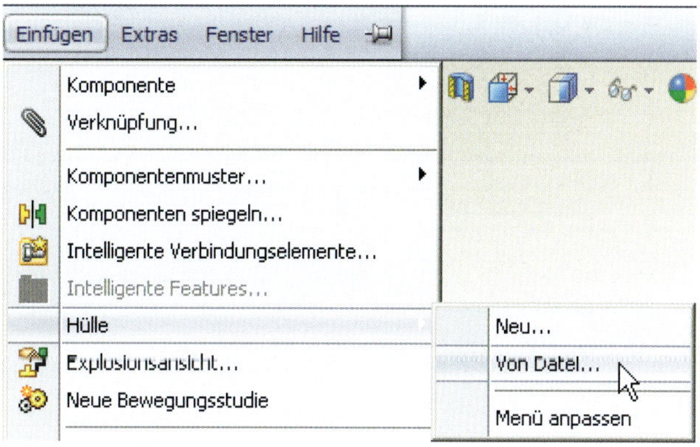

Abb. 6-29 Einfügen einer Hülle

Um trotzdem mit den intelligenten Features arbeiten zu können, wird im folgenden Beispiel in der Ebene der intelligenten Komponente das Teil, auf welches das intelligente Feature wirken soll, als HÜLLE eingefügt. Der schon zuvor beschriebene Effekt, dass dieses Hüllenteil nicht in Stücklisten, übergeordneten Baugruppen als Grafik oder Volumen auftaucht, nicht in Zeichnungen sichtbar ist, dass diese Komponente keine Masse und keine Auswirkungen bei der Kollisionsuntersuchung hat, wird hier auch ausgenutzt. Auf die Komponente Unterteil.sldprt (als Hülle eingefügt) werden in der Baugruppe BestueckteLeiterplatte.sldasm die intelligenten Features der Steckverbinder angewendet.

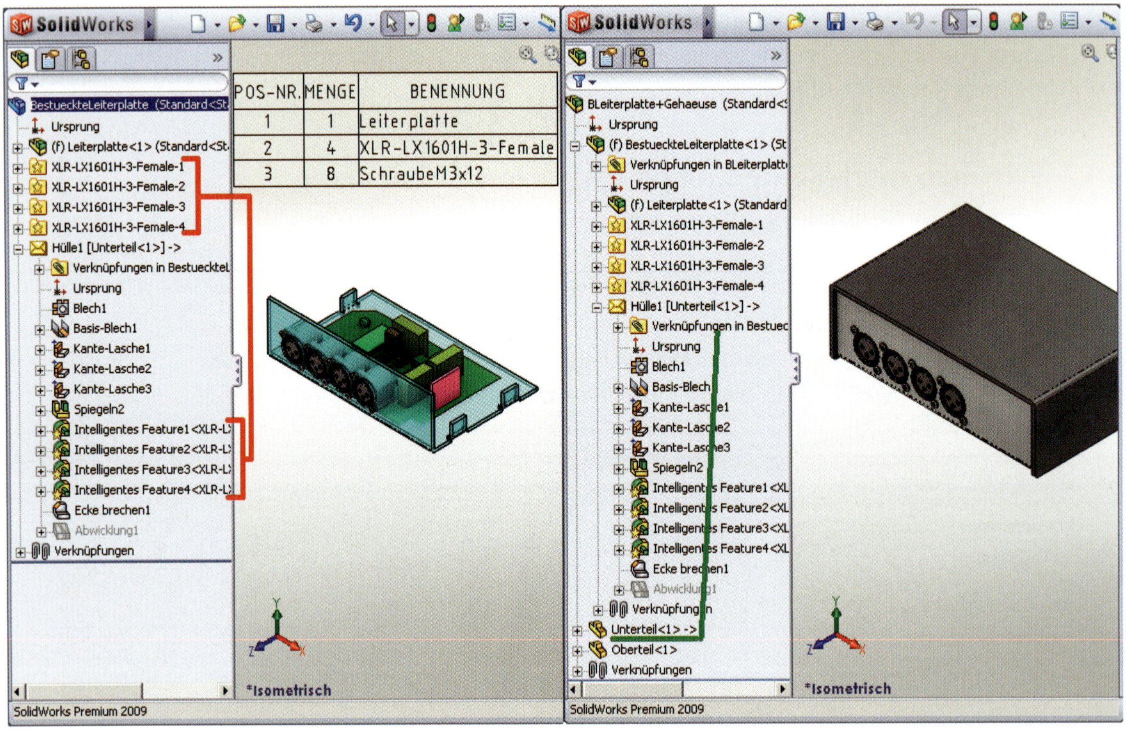

Abb. 6-30 Links: anwenden der intelligenten Feature auf die HÜLLE1[UNTERTEIL<1>]; rechts: UNTERTEIL<1> als Komponente

Die Komponente selbst wird erst, wie in Abb. 6-30 zu sehen, in der Baugruppe BLeiterplatte+Gehaeuse eingesetzt. Die Stückliste in Baugruppe BestueckteLeiterplatte.sldasm dient zum Nachweis, dass die Hülle nicht ausgewertet wird. Im FeatureManager™ kann man ablesen, dass die intelligenten Feature auf die HÜLLE1[UNTERTEIL<1>] angewendet werden.

6.18 Wie man ein Feature an einer Kontur entlang mustert

Verwendeter Befehl

Manche Geometrien, die prinzipiell ein Muster darstellen, lassen sich nicht so leicht als Muster im SolidWorks umsetzen. In den folgenden Beispielen verändert sich die Geometrie der vermusterten Feature abhängig von anderer Geometrie. Mit einem linearen Muster und der Option SKIZZE VARIIEREN lassen sich solche Geometrien, zum Teil ohne Verwendung von Mehrkörpergeometrien, erstellen. Dabei sind natürlich die Randbedingungen des Features einzuhalten.

Skizze variieren mit Features

Wie schon in der Einleitung beschrieben, soll hier ein Schlitzmuster mit seiner Ausrichtung einer definierten Kontur folgen. Im endgültigen Beispiel war eine Siebdruckmaske zu modellieren:

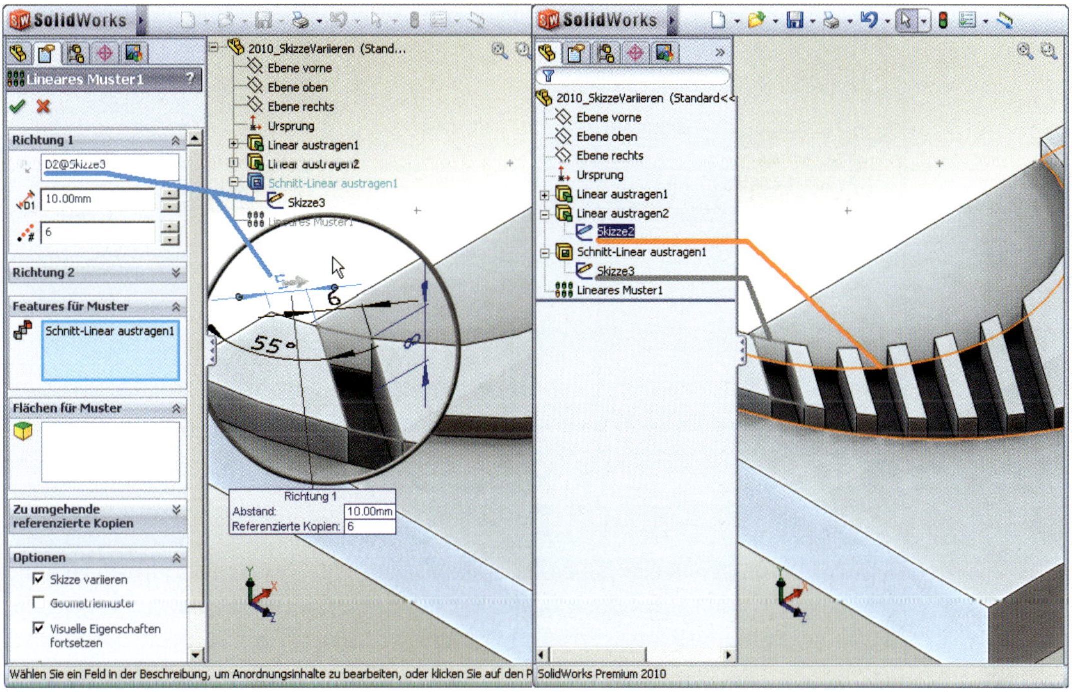

Abb. 6-31 Lineares Muster mit der Option SKIZZE VARIIEREN: PropertyManager links, fertige Geometrie rechts

Im Feature LINEAR AUSTRAGEN2 wird die Geometrie mit nicht konstantem Querschnitt erzeugt (vgl. Abb. 6-31). Die SKIZZE3 im Feature SCHNITT-LINEAR AUSTRAGEN1 übernimmt die Kanten der nicht konstanten Geometrie, und es werden zwei parallele Linien hinzugefügt, die zu einem geschlossenen Linienzug führen. Mit Bemaßungen wird die Skizze vollständig definiert. Das Maß D2@Skizze3 ist vom Eckpunkt der Geometrie bis zur Linie angefügt (5 mm). Dieses Maß muss für die Richtung des linearen Musters ausgewählt werden, damit die Option SKIZZE VARIIEREN aktiviert werden kann. Logischerweise kann die Option GEOMETRIEMUSTER in Kombination dazu nicht gesetzt werden – die Geometrie des Musters **soll** sich verändern. In der rechten Bildhälfte ist das ausgeführte Muster mit veränderlicher Größe sichtbar. Die in die SKIZZE3 übernommenen Kanten aus der SKIZZE2 könnten in diesem Fall durch einen Kreisbogen mit der Beziehung KORADIAL erstellt werden.

Skizze variieren mit Körpern

Die Option SKIZZE VARIIEREN lässt keine Verwendung von Mehrkörpergeometrien zu. In dem folgenden Beispiel wird mit einer Hilfsgeometrie gearbeitet, die nach Fertigstellen der gewünschten Geometrie wieder entfernt wird:

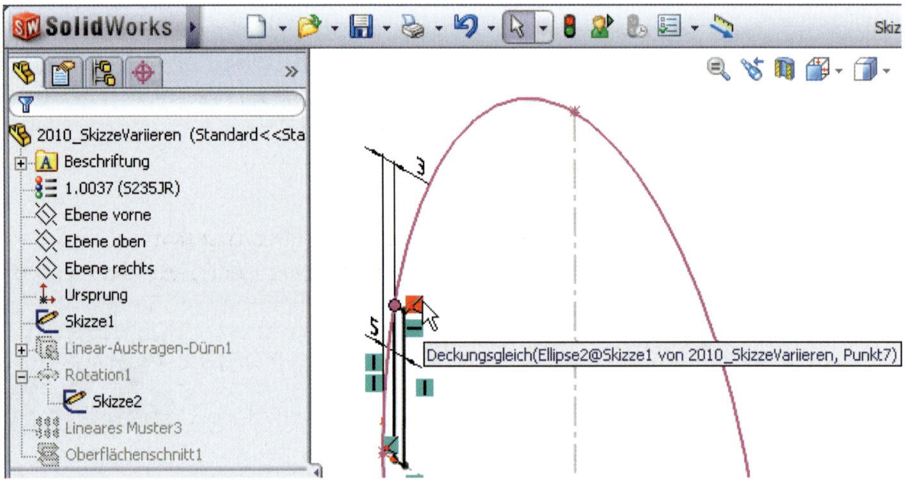

Abb. 6-32 Skizzengeometrie zur Vorbereitung

Um der Ellipsengeometrie folgen zu können, wird eine DECKUNGSGLEICH-Beziehung zwischen der SKIZZE2 des Rotationsfeatures und der Ellipse aus SKIZZE1 hergestellt. Bevor das Rotationsfeature erstellt wird, erzeugt man die verbindende Geometrie. Das Feature LINEAR-AUSTRAGEN-DÜNN1 dient als Hilfsgeometrie, um die Volumenkörper zu verbinden. Im nächsten Schritt wurde ein Stab als Rotationsgeometrie erstellt. Dieser Stab wird im nächsten Schritt linear vermustert mit der Option SKIZZE VARIIEREN.

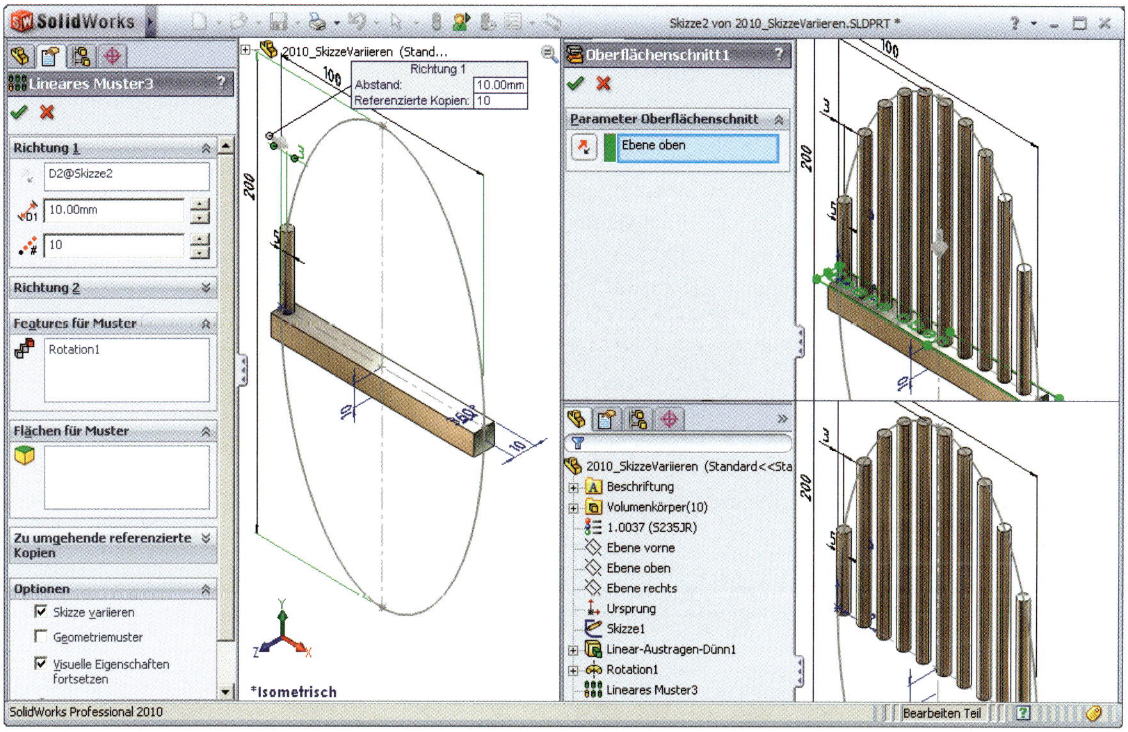

Abb. 6-33 Lineares Muster mit SKIZZE VARIIEREN

Wie gewünscht, folgt die Geometrie beim Vermustern der vorgegebenen Kontur. Mit Fertigstellen der Geometrie wird durch einen Oberflächenschnitt (mit der EBENE OBEN) die Hilfsgeometrie abgetrennt.

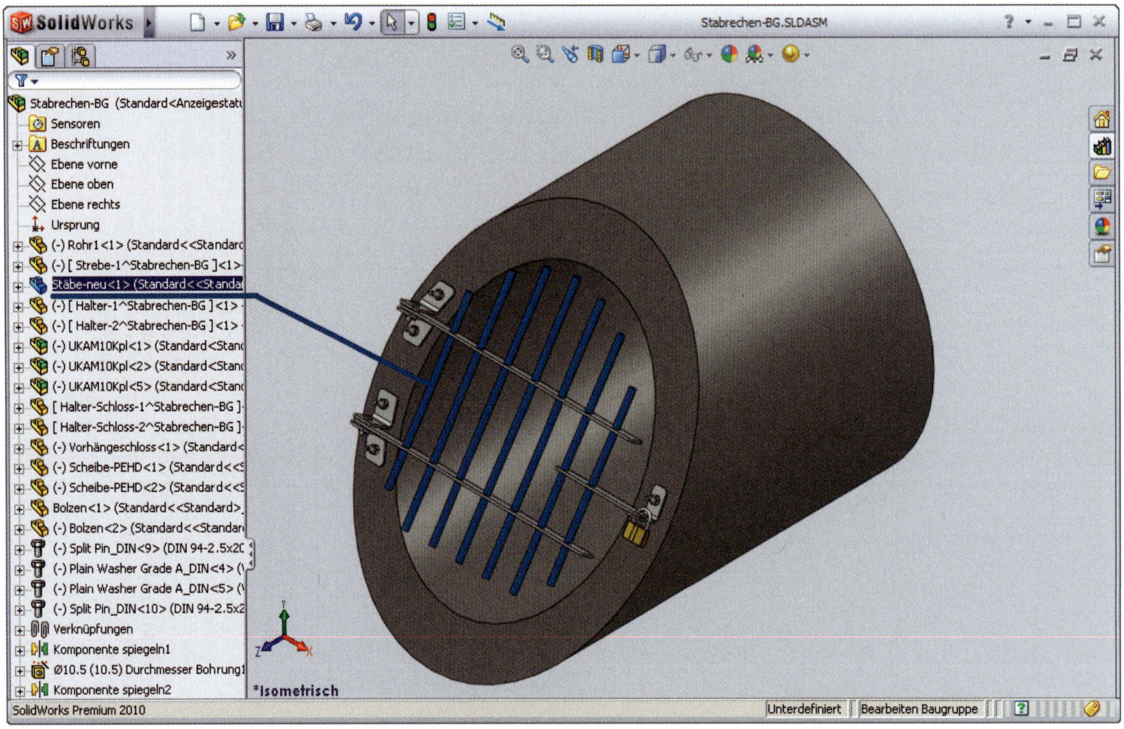

Abb. 6-34 Stabrechen – mit freundlicher Genehmigung der Firma ABS Armaturen GmbH

Verwendete Befehle

Das Anwendungsbeispiel für diese Funktion: ein Stabrechen. Die gesuchte Geometrie im Falle des Stabrechens ist die Länge der einzelnen Stäbe, die hier sinnvollerweise vor dem Verschweißen zugeschnitten werden sollen.

6.19 Wie man einen Fly-trough live machen kann

Mit der SolidWorks-Version 2006 wurden neben den Viewports (zwei oder vier angezeigte Ansichtsrichtungen eines Modells) auch die Kameras eingeführt. Diese Kombination ermöglicht, mit nur wenig Übung, einen gut kontrollierbaren Fly-through durch ein selbst erstelltes Modell.

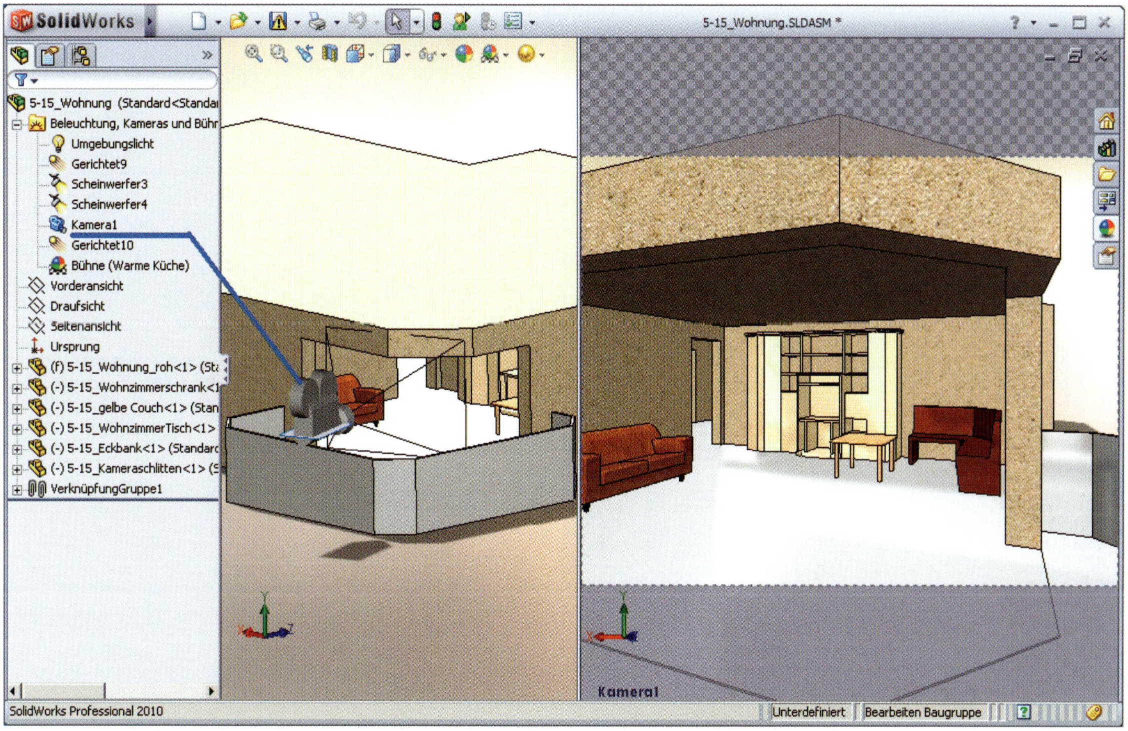

Abb. 6-35 In SolidWorks-Version 2010 können die Kameras als Symbole eingeblendet werden.

Um die Kameraposition möglichst einfach zu kontrollieren, wird die Kamera auf ein Teil montiert, das dann bewegt wird. In der SolidWorks-Literatur wird dieses Teil häufig als Kameraschlitten bezeichnet (so auch hier).

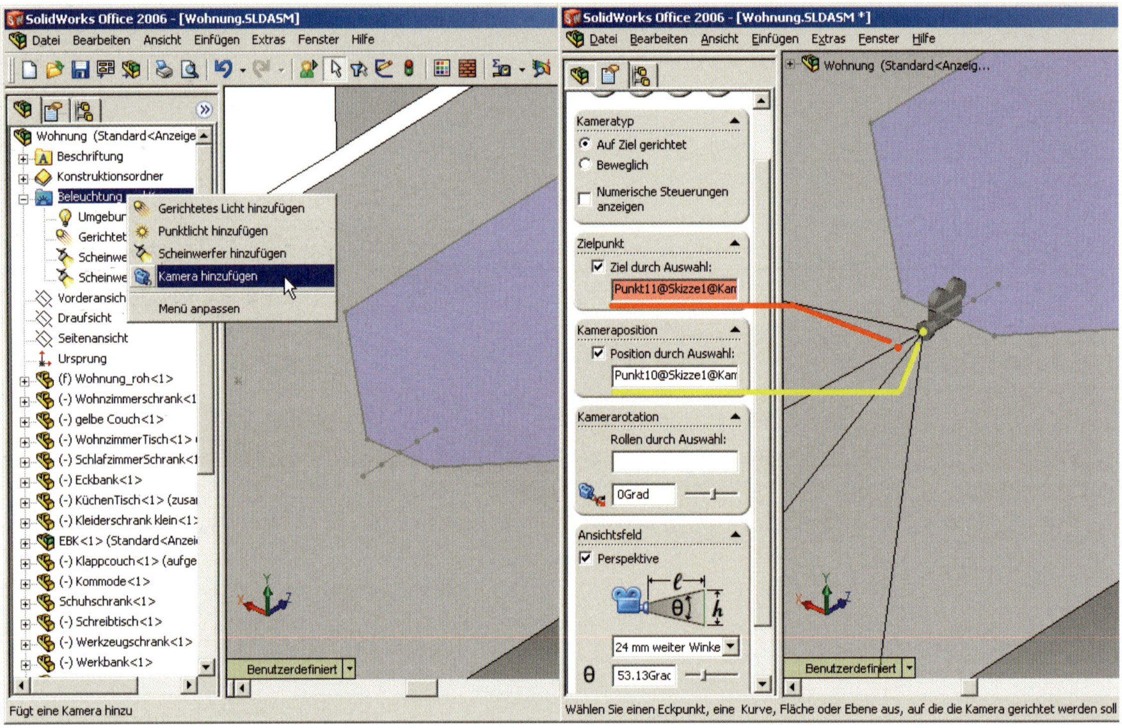

Abb. 6-36 Definition der Kamera in der Baugruppe. Links: Befehl im Kontextmenü verfügbar. Rechts: Auswahl von Kameraposition und Zielpunkt; Datei (Version 2006): 5-15_Wohnung.sldasm

Das Einzelteil 5-15_Kameraschlitten.sldprt besteht aus einem Oberflächenkörper mit ausreichend großer Geometrie. Eine Skizze mit zwei definierten Punkten außerhalb des Oberflächenkörpers wird benötigt, um die Kamera dort zu positionieren. Wenn die Kamera innerhalb des Flächenköpers angeordnet ist, zeigt sich später im Kamerabild ein Streifen mit mindestens einem Pixel Breite. Eine eingeblendete Skizzenlinie hat den gleichen Effekt. Beim Einfügen des Kameraschlittens in die Baugruppe, kann man diesen mit vorzugsweise einer Abstandsverknüpfung versehen – in etwa Augenhöhe eines Betrachters zum Boden. Dies und die Fase am Oberflächenkörper dienen der besseren Bedienbarkeit und Orientierung, später beim KOMPONENTENVERSCHIEBEN in der Baugruppe. Wie in Abb. 6-36 zu sehen, werden in der Baugruppe die Kameraposition und der Kamerazielpunkt definiert, indem die Skizzenpunkte des Kameraschlittens zur Auswahl kommen.

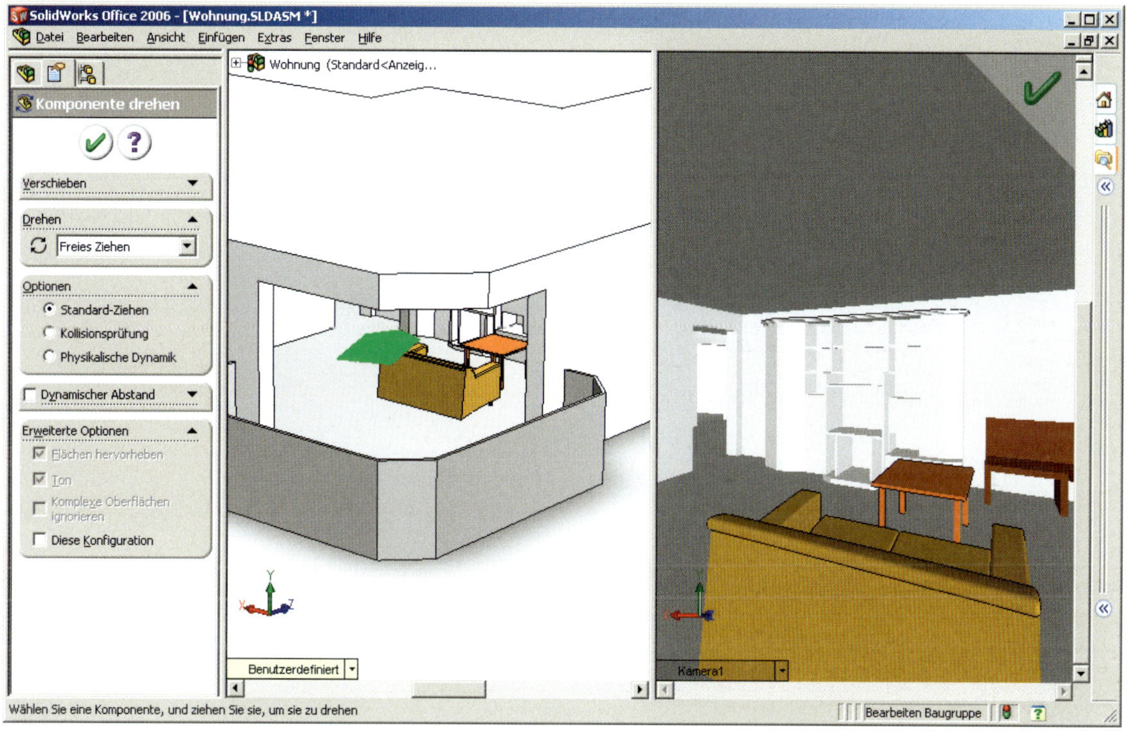

Abb. 6-37 Verdrehen der Kamera in der Baugruppe. Links: Befehl im FeatureManager™. Rechts: Sicht durch die Kamera; Datei (Version 2006): 5-15_Wohnung.sldasm

Abb. 6-37 zeigt eine Doppelansicht vertikal geteilt (Viewport). Die Ansichtsrichtung, die im Ansichtsfenster gezeigt wird, ist frei wählbar. Im rechten Ansichtsfenster wird die (An-)Sicht durch die Kamera auch dann gezeigt, wenn im linken Ansichtsfenster der Kameraschlitten bewegt wird. Die Befehle KOMPONENTE VERSCHIEBEN und KOMPONENTE DREHEN bieten, je nach Freiheitsgrad der Verknüpfungen des Kameraschlittens in der Baugruppe, die Möglichkeit, die Kameraposition live zu verändern. Das gewünschte Ergebnis lässt sich im rechten Ansichtsfenster begutachten.

In Verbindung mit einem 3Dconnexion-Eingabegerät (Spacemaus/SpaceExplorer/SpacePilot/SpacePilotPro) und einem der aktuelleren Treiber (nach Mai 2009) lässt sich der Kameraschlitten auch mit dem Befehl TOGGLE SUBPART MOVEMENT bewegen. In den Treiberversionen zuvor wird das Kamerabild erst mit Loslassen des Eingabegerätes aktualisiert.

6.20 Welche hilfreichen Tastenkombinationen es gibt?

Hilfreiche Tastenkombinationen

<Alt> – Alt-Taste drücken

<Strg> – Strg-Taste drücken

<Shift> – Shift- oder Umschalt-Taste drücken

<Tab> – Tab(ulator)-Taste drücken

<a> – Taste "a" drücken

<c> – Taste "c" drücken

<m> – Taste "m" drücken

<LMT-Klick> – Mit linker Maustaste klicken

<LMT-Ziehen> – Linke Maustaste gedrückt halten und die Maus verschieben

<RMT-Ziehen> – Rechte Maustaste gedrückt halten und die Maus verschieben

<MMT-Ziehen> – Mittlere Maustaste (Rad) gedrückt halten und die Maus verschieben

<MMT-Drehen> – Mittlere Maustaste (Rad) drehen

<Eingabe> – Eingabetaste/Enter/Carrige Return

<Alt> drücken blendet die Pull-down-Menüleiste ein (wenn sie nicht schon festgesteckt ist).

<Alt> drücken schaltet beim Ansicht rotieren die Funktion Detaillierungsgrad temporär aus.

<Alt> gedrückt halten schaltet im Modus Numerische Eingabe auf Bildschirm bei Elementerstellung aktivieren (erst ab SolidWorks-Version 2009) temporär das Hinzufügen von Bemaßungen aus.

<Alt> gedrückt halten, um im Modifizieren-Fenster ein Zehntel Inkrement zu verändern, gilt für das Ändern mit den Drehfeldinkrementschaltern, Wheel oder **<MMT-Drehen>**

<Alt>+**<LMT-Klick>** auf eine Achse der Referenztriade, dreht das Modell parallelverschoben um diese Achse pro Klick 15 Grad; zusätzlich gedrückte **<Strg>** kehrt die Drehrichtung um.

<Alt>+**<LMT-Ziehen>** an der Gewichtung bzw. der Richtung der Gewichtung eines Splines -> symmetrisches Ziehen

<Alt>+<LMT-Ziehen> beim Verschieben einer Bemaßung, setzt Fangfunktion außer Kraft (SolidWorks-Version 2007)

<Alt>+<LMT-Ziehen> an einem Element einer Beschriftungsgruppe -> verschiebt dieses Element in der Gruppe (SolidWorks-Version 2005)

<Alt>+<LMT-Ziehen> einer Komponente im FeatureManager™ in einer BG verhindert das Austauschen in die Unterbaugruppe

<Alt>+<LMT-Ziehen> der Kante, Fläche oder eines Eckpunktes einer Komponente in einer Baugruppe: Einfügen von intelligenten Verknüpfungen; **<Alt>** kann losgelassen werden, wenn der Mauszeiger die Büroklammer anzeigt. **<Tab>** kehrt die Ausrichtung um (SolidWorks-Version 2004)

<Alt>+<LMT-Ziehen> eines PhotoWorks-Materials aus dem Taskfensterbereich ohne den PropertyManager für das Material zu öffnen.

<Alt>+<LMT-Ziehen> einer Zeichenansicht im FeatureManager™ der Zeichnung vom aktiven Blatt zu einem inaktiven Blatt -> verschiebt die Zeichenansicht auf das inaktive Blatt.

<Alt>+<LMT-Ziehen> an beliebiger Stelle einer Zeichenansicht zum Verschieben der Ansicht.

<Alt>+<LMT-Ziehen> an beliebiger Stelle einer Tabelle zum Verschieben der Tabelle.

<Alt>+<LMT-Ziehen> um die Spaltengröße in einer Tabelle rechts zu verändern (links – nur <ziehen>).

<Alt>+<LMT-Ziehen> einer Form- und Lagetoleranz (mit Hinweislinie an ein Element angefügt) erzeugt eine Hilfslinie.

<Alt>+<LMT-Ziehen>, um im MotionManager die Position mehrerer Schlüsselpunkte gleichzeitig zu verschieben.

<Alt>+<LMT-Ziehen> im Modus INSTANT-3D, um die Endbedingung BIS OBERFLÄCHE zu erzeugen.

<Alt>+<MMT-Ziehen> Drehen um Bildschirmmitte (Bildschirmebene = rollen) auch in der Kameraansicht. Geht auch mit **<Alt>** und Drücken der Pfeiltasten.

<Alt>+<MMT-Drehen>, um in der Vergrößerungsglasansicht (<g>) eine Schnittansicht parallel zum Bildschirm anzuzeigen (SolidWorks-Version 2009).

<Alt>+<RMT-Ziehen> in der Baugruppe, um in Baugruppen mit Mausgesten arbeiten zu können (SolidWorks-Version 2010).

<Alt>+<Eingabe> drücken, um mehrere Textlinien in einer Tabelle hinzuzufügen (SolidWorks-Version 2010).

<Alt>+Rahmen ziehen im Befehl KANTEN EINBLENDEN/AUSBLENDEN zum Abwählen von Kanten, die vollständig in der Rahmenauswahl enthalten sind.

<Alt>+<Eingabe> drücken, um mehrere Textzeilen in Tabellenzellen hinzufügen zu können.

<Strg> gedrückt halten beim Einfügen von Beschriftungen mit Hinweislinien (z.B. Oberflächenzeichen, Form- und Lagetoleranzen ...), zum Hinzufügen mehrfacher Hinweislinien(pfeile)

<Strg> gedrückt halten beim Skizzieren, um Fangfunktion und Hinzufügen von automatischen Beziehungen zu unterdrücken

<Strg> gedrückt halten beim Positionieren von Lichtquellen, um Fangfunktionen außer Kraft zu setzen

<Strg> gedrückt halten, um die Ausrichtung von Hilfs-, Schnitt-, Projektionsansichten oder winkligen Schnitten beim Erzeugen zu übergehen.

<Strg> gedrückt halten, um im Modifizieren-Fenster das Zehnfache Inkrement zu verändern.

<Strg>+<LMT-Ziehen> eines Endpunktes der Hinweislinie einer Beschriftung fügt eine weitere Hinweislinie hinzu.

<Strg>+<LMT-Ziehen> eines Features im Grafikbereich oder aus dem FeatureManager™ kopiert das Feature auf eine andere Fläche, auch fensterübergreifend in andere Teile. Die Voraussetzungen für das Feature müssen erfüllt sein: Ein skizzenbasiertes Feature benötigt eine Planfläche, ein angewandtes Feature – z.B. Verrundung –, einen Volumenkörper oder passenden Flächenkörper; auch fensterübergreifend, d.h. von einem zu einem anderen Teil übertragbar. Dazu müssen beide Teile im Grafikbereich angezeigt werden, z.B. die Fenster der Teile NEBENEINANDER ANORDNEN.

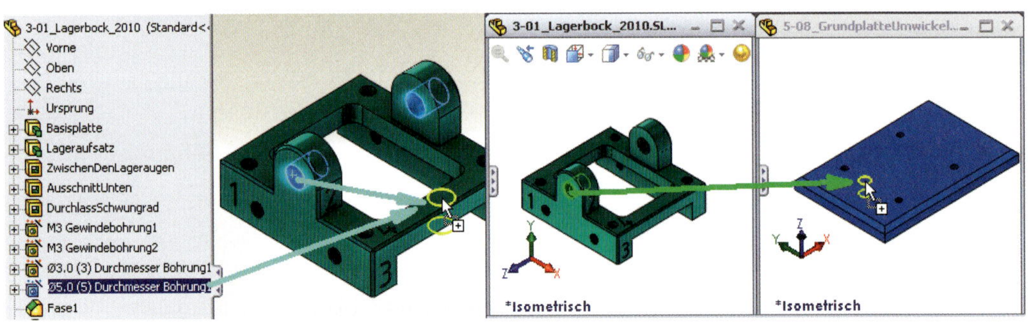

Abb. 6-38 Feature kopieren. Links: im Einzelteil aus dem FeatureManager™ oder Grafikbereich. Rechts: von Teil zu Teil im Grafikbereich.

<Strg>+<LMT-Ziehen> eines Skizzenelementes kopiert eben dieses.

<Strg>+<LMT-Ziehen> einer steuernden Bemaßung (oder andere eingefügte Modellelemente) aus einer Zeichenansicht in eine andere Zeichenansicht kopieren.

<Strg>+<LMT-Ziehen> einer Zeichenansicht im FeatureManager™ der Zeichnung vom aktiven Blatt zu einem inaktiven Blatt kopiert die Zeichenansicht auf das inaktive Blatt.

Abb. 6-39 Ansicht kopieren

<Strg>+<LMT-Ziehen> beim Erstellen eines Parallelogramms bricht die rechtwinklige Ausrichtung in den Versionen bis SolidWorks-Version 2007. Ohne **<Strg>** zu drücken wird ein gedrehtes Rechteck skizziert. Ab SolidWorks Version 2008 gibt es ein geändertes Verhalten: Da die Auswahlmöglichkeit jetzt im FeatureManager™ besteht, funktioniert die Kombination mit der Taste **<Strg>** nicht mehr. Alternativ: drücken der Taste **<a>** (siehe unten).

<Strg>+<LMT-Ziehen> eines Punktes beim Erstellen eines variablen Radius erzeugt einen weiteren Punkt.

<Strg>+<LMT-Ziehen> einer Ebene, um eine neue (parallele) Ebene zu erstellen. Bis einschließlich SolidWorks-Version 2009 kann man sofort im FeatureManager™ den Parameter (Abstand der Ebene zur Referenz) eingeben, das Eingabefeld ist aktiv. Mit der SolidWorks-Version 2010 (bis mind. SP4.0) kommt ein geändertes Verhalten hinzu: Das Eingabefeld für den Parameter Abstand ist nicht mehr aktiv, man kann stattdessen eine weitere Referenz auswählen.

<Strg>+<LMT-Ziehen> einer Komponente in einer Baugruppe im Grafikbereich oder aus dem FeatureManager™ in den Grafikbereich: Die gewählte Komponente wird der aktiven Baugruppe hinzugefügt (Kopie der aktiven Konfiguration), auch ein Hinzufügen in ein anderes Baugruppenfenster ist möglich.

Abb. 6-40 Links: Komponente aus dem FeatureManager™ kopieren und einfügen; rechts: Komponente im Grafikbereich kopieren

Wird die Tastenkombination im Grafikbereich angewendet, kann man – je nach Geometrie – schon gleich eine Verknüpfung hinzufügen. In Abb. 6-40, rechte Hälfte, wird mit gehaltener **<Strg>**-Taste eine zylindrische Fläche angewählt, und die Grafikvorschau zeigt (ganz rechts), wie zusätzlich zum Einfügen der Komponente eine KONZENTRISCH-Verknüpfung hinzugefügt werden kann. Wird statt der zylindrischen Fläche eine Planfläche gewählt, wird zusätzlich eine DECKUNGSGLEICH-Verknüpfung hinzugefügt. Die Auswahl einer Kante für diese Tastenkombination, die eine Planfläche und eine zylindrische Fläche verbindet, bietet beim Positionieren auf eine ähnliche Kante (auch zwischen Plan- und zylindrischer Fläche) die Darstellung wie ein Bolzen in einer Bohrung. Hier werden gleich zwei Verknüpfungen zusätzlich zum Einfügen der Komponente angelegt: DECKUNGSGLEICH und KONZENTRISCH. **<Tab>** kehrt in allen Fällen die Ausrichtung um.

<Strg>+<LMT-Ziehen> eines (oder mehrerer) Feature in den Taskfensterbereich, um ein Bibliotheksfeature zu erstellen.

<Strg>+<LMT-Ziehen> eines Blocks, um ihn zu kopieren.

<Strg>+<LMT-Ziehen> eines Steuerpunktes im variablen Verrundungsradius, um einen weiteren Steuerungspunkt hinzuzufügen.

<Strg>+<LMT-Ziehen>, um im MotionManager die Position eines oder auch mehrerer Schlüsselpunkte gleichzeitig zu kopieren.

<Strg>+<MMT-Ziehen > Verschieben des Ansichtsbereiches in der Vergrößerungsglasansicht (**<g>**) (SolidWorks-Version 2009).

<Strg>+<MMT-Ziehen > Verschieben der Modellansicht, auch in der Kameraansicht (in Zeichnungen **<Strg>** nicht erforderlich).

<Strg>+<Alt>+<MMT-Ziehen > Kameraansicht: Drehen um den Zielpunkt.

<Strg>+<Tab> Geöffnete Dokumente durchblättern/durchsuchen (mit zusätzlicher Grafikvorschau, SolidWorks-Version 2008).

<Shift> beim Bemaßen von Kreisen und Kreisbögen wird Min-/Max-Kreisbedingung gewählt.

<Shift> zur Auswahl von transparenten Elementen (auch die angezeigten Bemaßungen von transparenten Komponenten in Baugruppen – z.B. nach Doppelklick – auf Features bzw. Flächen) (SolidWorks-Version 2006).

<Shift> zur Auswahl eines Elementes von kolinearen Liniensegmenten in einer Zeichnung (SolidWorks-Version 2005).

<Shift>+c klappt die Baumstruktur im FeatureManager™ zu.

<Shift>+<Tab> drücken, um in einer 3D-Skizze bei der numerischen Eingabe auf dem Bildschirm (z.B. bei der Erstellung eines Rechtecks) von einer Bemaßung zur nächsten zu wechseln. Die Eingabe der Bemaßung ist abhängig vom Skizziermodus: Mit <LMT-Ziehen> und Loslassen werden die Bemaßungen sofort hinzugefügt (ohne direkte numerische Eingabemöglichkeit). Außerdem muss dazu unter Extras -> Optionen -> Systemoptionen -> Skizze die Numerische Eingabe auf Bildschirm bei Elementerstellung aktivieren gesetzt sein. Im PropertyManager wird dadurch ein Optionsfeld angezeigt, das ein Hinzufügen der Bemaßung zur Geometrie ermöglicht. Wenn diese Option nicht gesetzt wird, wird nur die Größe übernommen. Die Bemaßung würde nicht hinzugefügt (SolidWorks-Version 2009).

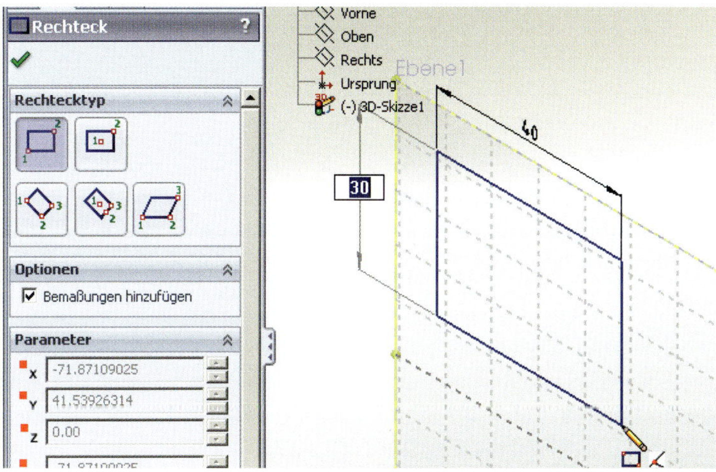

Abb. 6-41 Wechsel zwischen den Bemaßungen beim Rechteck durch Drücken der Tasten <Shift>+<Tab>

<Shift>+<LMT-Klick> auf eine Achse der Referenztriade dreht das Modell parallelverschoben um diese Achse um 90 Grad; zusätzlich gedrückte Taste <Strg> kehrt die Drehrichtung um.

<Shift>+<LMT-Klick> auf einen Kreisbogen setzt die min. oder max. Kreisbogenbedingung beim Bemaßen von Abständen. Nur <Shift> zeigt die Voransicht, wie die Bemaßung hinzugefügt wird.

<Shift>+<LMT-Ziehen> eines Features z.B. im Grafikbereich: verschiebt das Feature auf eine andere Planfläche, auch fensterübergreifend, wenn die Fenster nebeneinander oder übereinander angeordnet sind.

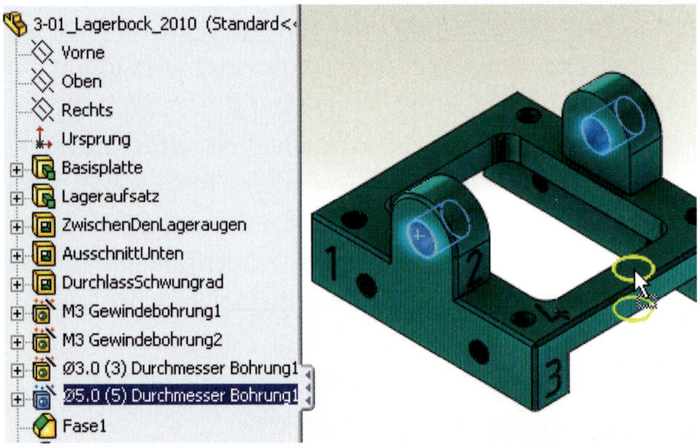

Abb. 6-42 Feature verschieben

<Shift>+<LMT-Ziehen> einer steuernden Bemaßung (oder anderer eingefügter Modellelemente) aus einer Zeichenansicht in eine andere: verschiebt die Bemaßung auf die Ansicht.

Abb. 6-43 Ansicht verschieben

<Shift>+<LMT-Ziehen> einer Zeichenansicht im FeatureManager™ der Zeichnung vom aktiven Blatt zu einem inaktiven Blatt: verschiebt die Zeichenansicht auf das inaktive Blatt.

<Shift>+<LMT-Ziehen> einer Zeichenansicht im Grafikbereich verschiebt mit allen Kindansichten gemeinsam (kann auch mit **<Alt>** kombiniert werden) (im WhatsNew SolidWorks-Version 2004 noch mit **<Alt>+<LMT-Ziehen>** beschrieben).

<Shift>+<LMT-Ziehen> einer Beschriftung oder eines Blocks in die Konstruktionsbibliothek: speichern der Beschriftung oder des Blocks in die Konstruktionsbibliothek.

<Shift>+<LMT-Ziehen> beim Erstellen einer Linie, wird an den Inkrementen gefangen (LÄNGENFANGFUNKTION), die durch das Gitter festgelegt sind. Das Gitter muss dabei nicht eingeblendet sein.

Abb. 6-44 Linke Bildhälfte: Fangen an Inkrementen ist eine Dokumenteigenschaft, rechte Bildhälfte: Darstellung am Mauszeiger (Bemaßungssymbol)

Nach den Einstellungen in Abb. 6-44 ergibt sich mit dem gewählten Gitterabstand 100 mm, der Anzahl der Nebengitterlinien pro Hauptgitterlinie 10 und der Anzahl der Fangpunkte pro Nebengitterlinie 5 ein Fangraster von 2 mm (= 100 mm/10/5).

<Shift>+<MMT-Ziehen > Zoomen (stufenloses Zoomen, Bildschirmmitte), auch Kameraansicht.

<Shift>+<MMT-Drehen>, wenn man eine vertikale Bildlaufleiste hat, kann man die Modellansicht rauf/runter verschieben.

<Shift>+<Pfeiltasten> zum Drehen einer Komponente beim Einfügen aus der Komponentenbibliothek per Drag and Drop. Voraussetzung dafür ist, dass die Komponente eine ACHSE mit dem Namen ***Rotationsachse*** oder ***Axis of Rotation*** im FeatureManager™ beinhaltet. Der Drehwinkel wird in den Optionen durch das Komponentenrotationsinkrement festgelegt (Standard 15°), wenn die Zusatzanwendung Routing aktiv ist (mögliche Werte 1°, 5°, 15°, 30°, 45° oder 90°). Die Funktion selbst ist auch im Standard-SolidWorks verfügbar (ohne verfügbare oder eingeschaltete Zusatzanwendung Routing).

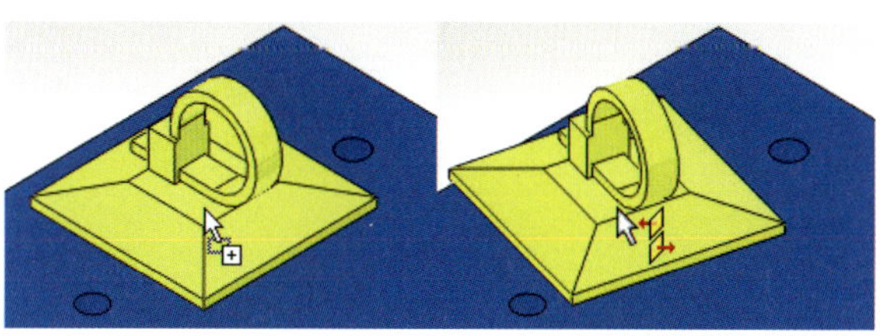

Abb. 6-45 Drehen von Komponenten beim Einfügen aus der Komponentenbibliothek

<Tab> drücken, um die Ausrichtung umzukehren (intelligente Verknüpfungen, einfügen von Formwerkzeugen).

Abb. 6-46 Wechsel der Ausrichtung der Verknüpfungen durch Drücken der Taste ***<Tab>****: links konzentrisch, deckungsgleich ausgerichtet; rechts konzentrisch, deckungsgleich gegenausgerichtet*

Um zur Darstellung wie in Abb. 6-46 in einer Baugruppe zu kommen, wird zunächst <Alt> gedrückt und die hervorgehobene Kante der Schraube angeklickt. Dann kann <Alt> wieder losgelassen werden (wenn man <Alt> weiter gedrückt hält, wechselt man mit <Tab> durch die geöffneten Anwendungen). Alternativ öffnet man die Schraube in einem separaten Fenster und zieht die hervorgehobene Kante mit **<LMT-Ziehen>** in das Baugruppenfenster auf die gewünschte Bohrung.

<Tab> drücken, um durch die Liste bei ANDERES AUSWÄHLEN zu navigieren (rechte Maustaste, um Flächen auszublenden, SolidWorks-Version 2005; ein Durchscrollen durch die Liste ist auch möglich mittels **<MMTdrehen>**, SolidWorks-Version 2007).

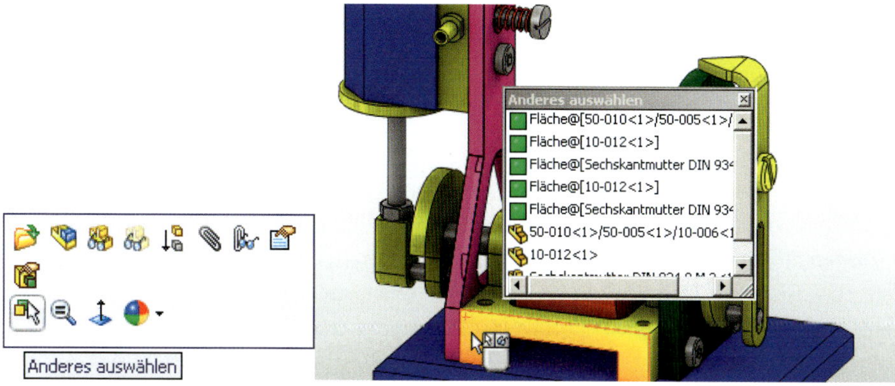

Abb. 6-47 Links: aufrufen des Befehls ANDERES AUSWÄHLEN. *Rechts: durch das Fenster mit Drücken der Taste* ***<Tab>*** *das gewünschte Element anwählen. Man beachte die Mausdarstellung am Mauszeiger.* ***<LMT>*** *wählt im Grafikbereich ein Element,* ***<RMT>*** *blendet ein Element aus.*

<Tab> drücken, um die Skizzierrichtung in einer 3D-Skizze zu ändern.

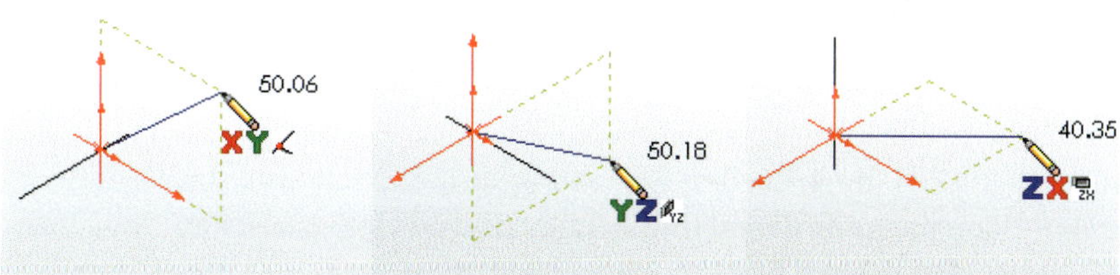

Abb. 6-48 Wechsel der Skizzierrichtung (Ebene) durch Drücken der Taste ***<Tab>****: links in XY-Ebene, Mitte in YZ-Ebene, rechts in ZX-Ebene*

<Tab> drücken, um bei der Bemaßung in einer 3D-Skizze von einer zur anderen Bemaßungsrichtung zu wechseln (SolidWorks-Version 2010).

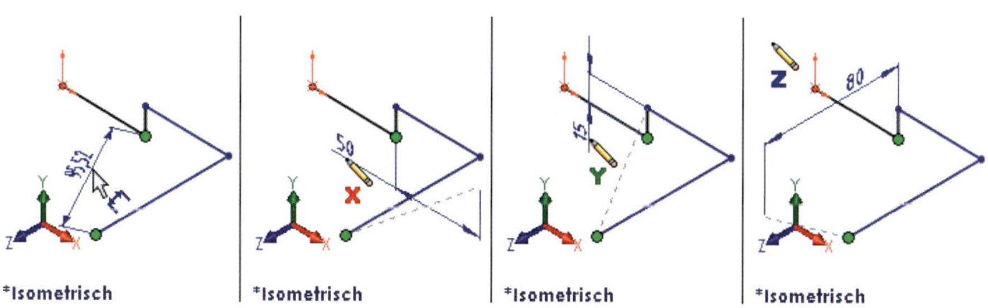

Abb. 6-49 Wechsel der Bemaßungsrichtung durch Drücken der Taste ***<Tab>***

<Tab> drücken, um in einer 2D-Skizze bei der numerischen Eingabe auf dem Bildschirm (z.B. bei der Erstellung eines Rechtecks) von einer Bemaßung zur nächsten zu wechseln. Die Eingabe der Bemaßung ist abhängig vom Skizziermodus: Mit **<LMT-Ziehen>** und Loslassen werden die Bemaßungen sofort hinzugefügt (ohne direkte numerische Eingabemöglichkeit). Außerdem muss dazu unter EXTRAS -> OPTIONEN -> SYSTEMOPTIONEN -> SKIZZE die NUMERISCHE EINGABE AUF BILDSCHIRM BEI ELEMENTERSTELLUNG AKTIVIEREN gesetzt sein. Im PropertyManager wird dadurch ein Optionsfeld angezeigt, das ein Hinzufügen der Bemaßung zur Geometrie ermöglicht. Wenn diese Option nicht gesetzt wird, wird nur die Größe übernommen. Die Bemaßung würde nicht hinzugefügt (SolidWorks-Version 2009).

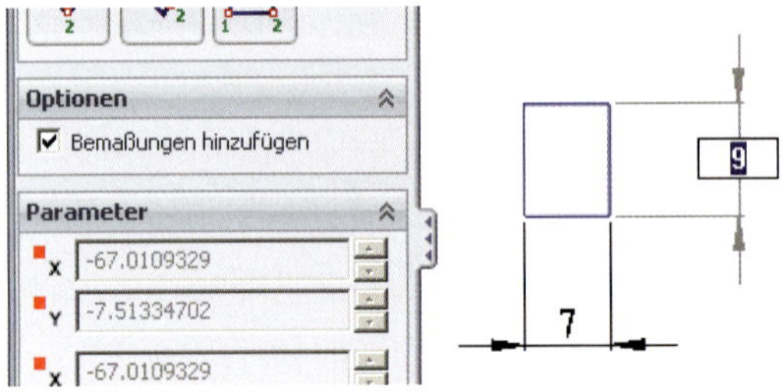

*Abb. 6-50 Wechsel zwischen den Bemaßungen beim Rechteck durch Drücken der Taste **<Tab>***

<Tab> drücken, um bei der schnellen Bemaßung in der Zeichnung die Position zu wechseln. Bei einer linearen Bemaßung erfolgt der Wechsel zwischen zwei Positionen, bei der radialen Bemaßung (Kreis oder Radius) zwischen vier Positionen (SolidWorks-Version 2010).

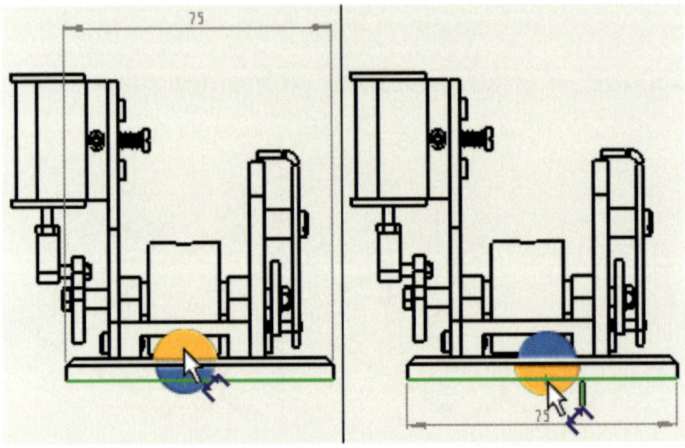

*Abb. 6-51 Wechsel der Manipulatorposition mit **<Tab>**: hier linear*

<Tab> drücken, um die Lichtposition um 180° zu wechseln.

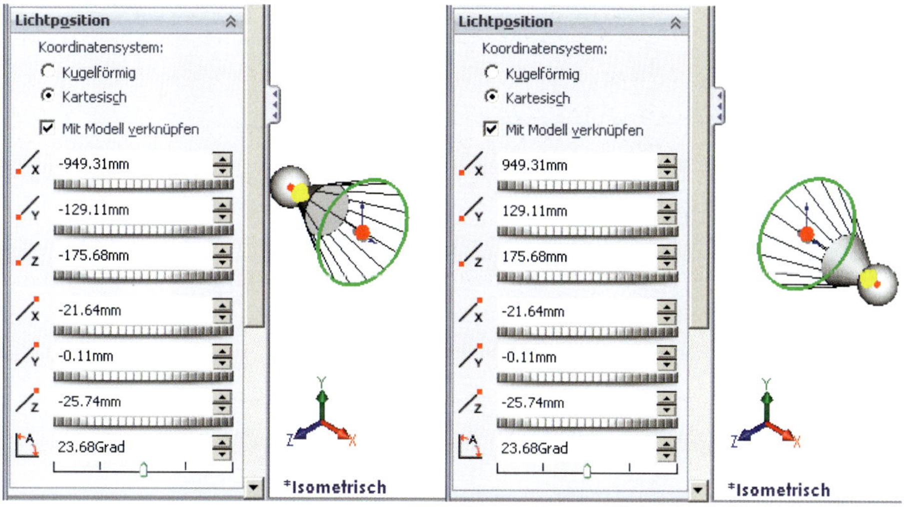

Abb. 6-52 Wechsel der Lichtquellenposition mit ***<Tab>***

<Tab> drücken, um im Titelblock einer Zeichnung zwischen den Feldern des Titelblocks zu wechseln.

<a> drücken, um die verschiedenen Möglichkeiten beim Skizzieren zu wechseln.

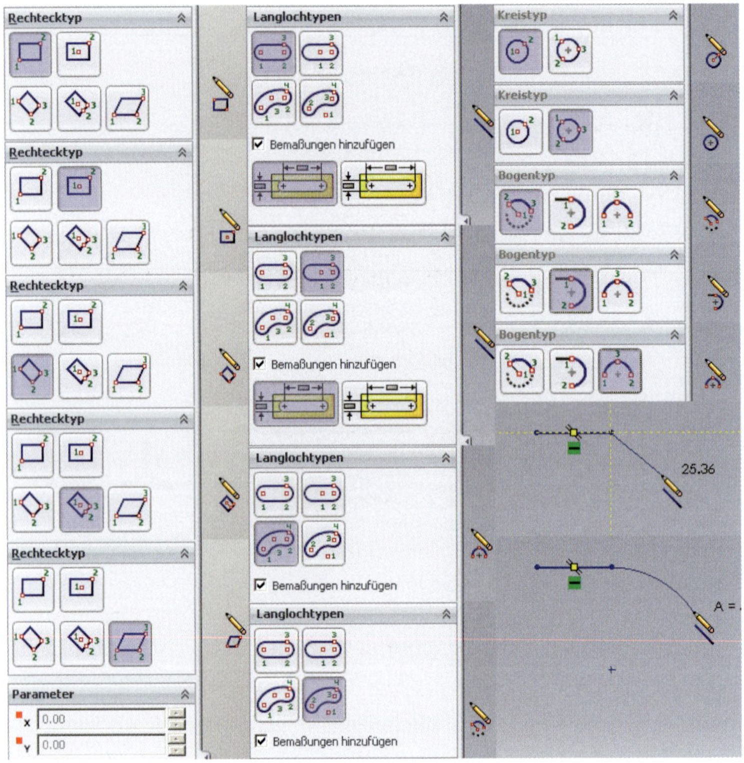

Abb. 6-53 Typ wechseln durch Drücken der Taste ***<a>****, linke Spalte: Rechtecktyp, mittlere Spalte: Langlochtyp, rechte Spalte: Kreistyp, Bogentyp und Linie alternativ zum tangentialen Bogen*

<m> drücken, um im Modus INSTANT 3D eine Skizze mit der Option MITTIG auszutragen (SolidWorks-Version 2008).

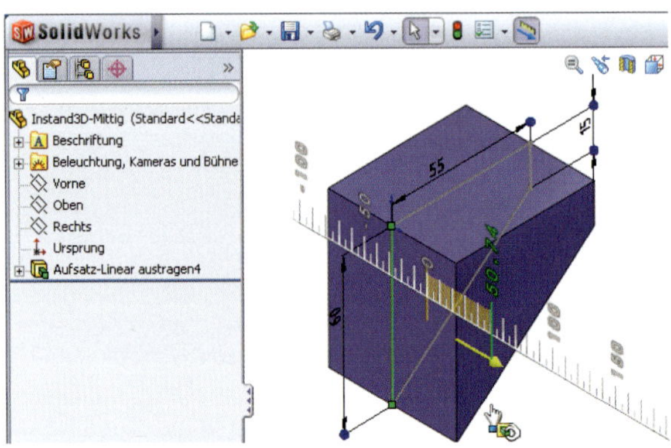

Abb. 6-54 Linear ausgetragener Aufsatz mit INSTANT *3D und der Option* MITTIG

7 Anhang

7.1 Bildquellennachweis

Kapitel 1.3.1, Abb. 1-20 Designmodell als Basisteil

Kapitel 1.3.3, Abb. 1-28 Konzeptteil (Master-1245) in allen Baugruppen

Kapitel 3.6, Abb. 3-7 Von links nach rechts: Designmodell, Gussmodell und bearbeiteter Guss

Vielen Dank an

Karl Manuel,

PFAFF Industriesysteme und Maschinen AG

Hans-Geiger-Straße 12

67661 Kaiserslautern

www.pfaff-industrial.com

Kapitel 1.3.2, Abb. 1-22 Skizzen im steuernden Teil

Vielen Dank an

Reinhardt Muth

LiftConsulting

Neutrale Planungsgesellschaft für Aufzug- und Fördertechnik mbH

Krautgartenstraße 30

65205 Wiesbaden

www.liftconsulting.de

Kapitel 5.2.5, Abb. 5-29 Ein Messestand, erzeugt mit intelligenten Komponenten

Vielen Dank an

Mike Insam

Julius Blum GmbH

Industriestraße 1

A-6973 Höchst

http://www.blum.com/at/de/index.php

Kapitel 6.18, Abb. 6-34 Stabrechen
Vielen Dank an
Andre Dieme
ABS Armaturen GmbH
Gohfelder Straße 2
32549 Bad Oeynhausen
http://www.abs-armaturen.net/

7.2 Literaturnachweis

[1] - Keith Pedersen, CAPINC, Life-Long Mates, Tutorial zum download auf www.capinc.com

[2] – Greg Jankowski, SolidWorks Corp., Understanding and Increasing Large Assembly & Drawing Performance, Vortrag auf der SolidWorksWorld 2006

[3] – Stefan Berlitz, Eigene Hüllfunktion, Inoffizielle deutsche SolidWorks Hilfeseite, Bereich KnowHow

[4] – Stefan Berlitz, Vortrag auf der CATPro 2005, Stuttgart, Download der Vortragsfolien: Inoffizielle deutsche SolidWorks Hilfeseite, Bereich KnowHow

Index

2

A

B

C

D

E

U

V

W

Z